AF901607

Insekten

Monarchfalter
(*Danaus plexippus*)

INHALT

Insekten sind die häufigsten, vielfältigsten und einflussreichsten Tiere der Erde. Es gibt fast fünfmal mehr Käferarten als alle Arten von Vögeln, Säugetieren und sonstigen Wirbeltieren zusammengenommen. Bisher wurden etwa eine Million Arten benannt, aber es gibt wahrscheinlich weitere 4,5 Millionen oder mehr, die der Wissenschaft bislang unbekannt sind.

WAS SIND INSEKTEN?

Insekten sind kleine Tiere mit einem Außenskelett, deren Körper in drei Abschnitte unterteilt ist: Kopf, Brust (Thorax) und Hinterleib (Abdomen). Die meisten haben drei Bein- und zwei Flügelpaare, aber es gibt viele Ausnahmen, und die Vielfalt an Formen ist faszinierend. Was macht die Insekten so erfolgreich? Sechs Beine sind in evolutionärer Hinsicht offenbar erfolgreicher als vier oder zwei, und zudem war die Flugfähigkeit ein großer Vorteil (S. 42–43). Die Beine und Flügel der Insekten sind auf verschiedenste Weisen umgebildet. Viele Insektenlarven und einige ausgewachsene Insekten haben gar keine Beine, wie z. B. Schildlausweibchen, die an ihrer Wirtspflanze festsitzen. Außerdem besitzen etliche adulte Insekten überhaupt keine Flügel oder bilden sie nur zu bestimmten Zeiten aus, beispielsweise wenn sie neue Wirte oder Partner suchen müssen.

Das wahrscheinlich vielseitigste Merkmal des Insektenkörpers sind die Mundwerkzeuge. Sie bestehen aus mehreren Teilen und können stark umgebildet sein. Viele bestäubende Insekten müssen tief in Blütenkelche gelangen, um Nektar zu trinken (S. 86–87), saproxylische Arten nagen Gänge in hartes Holz (S. 38–39) und Parasiten saugen unbemerkt das Blut größerer Tiere (S. 90–91). Einige Insekten können mit einem Stachel am Hinterleib stechen (S. 94–95). Dieses Merkmal entwickelte sich bei verschiedenen Gruppen. Der Stachel war ursprünglich ein Ovipositor, mit dem das Weibchen Eier in die Wirtspflanzen legte. Heute stechen mehr als 30 000 Wespenarten ihre Beute.

Bei Insekten kann man außerdem viele unterschiedliche Verhaltensweisen beobachten. Sie bildeten schon vor unvorstellbar langer Zeit – lange bevor sich die ersten Menschen entwickelten – komplexe Gemeinschaften. Ein gemeinsames Merkmal der sozialen Insekten (S. 46–47) – Ameisen, Termiten sowie soziale

Bienen und Wespen – ist ihre Fähigkeit, große, komplizierte Nester zu bauen, in denen sie ihren Nachwuchs großziehen. Außerdem haben sich verschiedene Kommunikationsweisen entwickelt, wie der Schwänzeltanz der Honigbienen, bei dem Informationen über Nahrungsquellen weitergegeben werden.

Insekten interagieren auf vielfältige Weise mit uns und anderen Lebewesen. In der Natur kann man zahlreiche Arten beobachten, die sich von Pflanzen ernähren. Die, die im Inneren von Pflanzen leben, wie Blattminierer, bekommen wir jedoch nur selten zu Gesicht. Wir bemerken Bestäuber und natürlich Insekten, die uns beißen oder stechen, aber die winzigen Wespen, die im Körper anderer Insekten parasitieren, und die noch kleineren Wespen, die wiederum in den Parasiten parasitieren, nehmen wir nicht wahr. In unserer Umgebung suchen räuberische Arten nach Beute oder fangen ihre Opfer mit Fallen, und das Verhalten sozialer Insekten ist hoch kompliziert. Einige Ameisen zum Beispiel ernähren sich vom Honigtau, den Blatt- und Schmierläuse absondern. Oft beschützen sie ihre Nahrungslieferanten gleichzeitig vor Fressfeinden. Es wurde sogar beobachtet, dass Ameisen Schmierläuse auf bessere Pflanzen transportieren, ähnlich wie Landwirte ihre Nutztiere auf bessere Weiden treiben (S. 62–63).

Während fast 500 Millionen Jahren Evolution haben sich Insekten an fast jeden Lebensraum angepasst (S. 102–105). Am vielfältigsten sind sie in tropischen Wäldern, aber auch in den gemäßigten Breiten leben Millionen Insekten. Manche Arten kommen in extremen Lebensräumen vor, wie in Wüsten, dunklen Höhlen und auf Berggipfeln. Viele sind an das Leben im Boden angepasst und andere verbringen die meiste Zeit unter Wasser. Nur in den Ozeanen kommen wenige Insekten vor. Die Meerwasserläufer (*Halobates* spp.) findet man aber sogar auf dem offenen Meer.

Vielfältige Tropenwälder
Tropische Wälder bieten Insekten die vielfältigsten Lebensräume. Der Ritterfalter *Trogonoptera brookiana* (links) und die Laternenträgerzikade *Pyrops candelaria* (unten) kommen hier vor.

Haselnussbohrer (*Curculio nucum*)
Eichelbohrer (*Curculio glandium*) und Haselnussbohrer leben auf Eichen und Haselsträuchern. Die Rüsselkäfer legen ihre Eier in Eicheln und Haselnüsse, die Larven entwickeln sich in deren Innerem. Rüsselkäfer vermehren sich manchmal so stark, dass Maßnahmen ergriffen werden, um Schäden an Nutzpflanzen abzuwenden.

Seit der Periode des Ordoviziums haben sich Insekten daran angepasst, sich von fast allen Pflanzen- und Tierarten zu ernähren. Sie fressen sogar die härtesten Pflanzenteile und scheinbar unverdauliche Materialien wie Kleidung und Teppiche. Bestimmte Arten verzehren unsere Nutzpflanzen und andere, wie Mücken und Tsetsefliegen, übertragen die Erreger von Krankheiten wie Malaria und Denguefieber auf uns und unsere Nutztiere. Solche Arten müssen wir deshalb in Schach halten. Heute bemüht man sich häufiger, Insekten mit Methoden der biologischen Schädlingsbekämpfung zu kontrollieren (S. 220–221).

Zahlreiche Insekten interagieren mit uns, aber nur wenige verzehren unsere Nutzpflanzen oder stechen uns. Wegen ihrer unzähligen Interaktionen mit anderen Arten spielen Insekten eine wichtige Rolle. Sie bestäuben auch die Blüten von Nutzpflanzen, indem sie Pollen von einer Pflanze zur nächsten transportieren, sodass sich Früchte und Samen entwickeln können. Insektenarten, die Schäden anrichten, haben natürliche Feinde, wie Wespen mit parasitoider Lebensweise (S. 68–71). Andere Arten, wie z. B. Florfliegenlarven, werden zur biologischen Schädlingsbekämpfung eingesetzt (S. 74–75). Und ohne die Insekten, die in der Natur Abfälle recyceln, würden die Ökosysteme bald zusammenbrechen. Gäbe es keine Insekten, wäre die Natur außerdem längst nicht so schön und faszinierend.

Leider sind die Insekten wie viele andere Tiergruppen gefährdet. Gründe sind der Klimawandel (S. 196–197), die Zerstörung ihrer natürlichen Lebensräume, die Ausbreitung invasiver Arten (S. 198–199) und Umweltverschmutzung. Viele Menschen setzen sich für den Erhalt der Insektenvielfalt ein, indem sie Lebensräume schützen (S. 204–205) oder sich von der Rewilding-Bewegung anregen lassen (S. 206–207). Entomologinnen und Entomologen engagieren sich, damit sich gefährdete oder lokal ausgestorbene Insektenarten ansiedeln und vermehren können. Die erfolgreiche Wiederansiedlung des Schwarzfleckigen Ameisenbläulings (*Phengaris arion*) in England, der hier in den 1970er-Jahren ausgestorben war, ist ein ermutigendes Beispiel dafür, wie man der Abnahme der Insektenvielfalt entgegenwirken kann. Um Insekten schützen zu können, muss man herausfinden, warum sie seltener werden. Ein Ergebnis solcher Forschungen ist, dass man den Schwarzfleckigen Ameisenbläuling heute wieder in Regionen beobachten kann, in denen er bereits verschwunden war (S. 208–209).

Dieses Buch bietet spannende Einblicke in die Welt der Insekten: in ihre Biologie, ihre Vielfalt und ihre Lebensweisen, die Interaktionen mit uns und anderen Lebewesen und die Bemühungen zu ihrem Schutz. Aber vor allem geht es darum zu zeigen, dass die Ökosysteme ohne sie zusammenbrechen würden.

Das Buch wurde von mehr als 90 Mitgliedern der britischen Royal Entomological Society verfasst, einer der größten entomologischen Gesellschaften weltweit. Die Zusammenarbeit war ein Vergnügen und wir alle sind von der faszinierenden Welt der Insekten begeistert. Wir hoffen, dass wir auch Sie für diese Tiergruppe begeistern können und dass einige von Ihnen – sei es als Amateure oder Profis – ihr Wissen über die kleinen Wesen, die die Welt am Laufen halten, an andere weitergeben.

Schwarzfleckiger Ameisenbläuling (*Phengaris arion*)
Dieser Bläuling wurde im Vereinigten Königreich erfolgreich wieder angesiedelt. Man erforschte seine enge Beziehung zur Säbeldornigen Knotenameise (*Myrmica sabuleti*) genau, sodass Maßnahmen zu seinem Schutz erarbeitet werden konnten.

Laubheuschrecke (*Eubliastes viridicorpus*)

VERSTEHEN

KAPITEL I

WAS IST EIN INSEKT und wie viele verschiedene Insektenarten gibt es? Erfahren Sie, welche äußeren und inneren Merkmale Insekten kennzeichnen und wie sich diese Tiere, die fast überall vorkommen, im Lauf der Evolution zu den Arten entwickelt haben, die wir heute beobachten können.

Seit etwa 250 Jahren entdecken und benennen Taxonomen neue Arten. Von den schätzungsweise 1,5 Millionen wissenschaftlich beschriebenen und benannten Tierarten (einige Arten wurden allerdings unbeabsichtigt mehrmals benannt) sind die meisten, nämlich etwa eine Million Arten, Insekten.

WIE VIELE INSEKTEN GIBT ES?

FRÜHE SCHÄTZUNGEN Die erste Schätzung, wie viele Insektenarten es weltweit gibt (einschließlich der noch nicht erforschten Arten) stammt von den britischen Entomologen William Kirby und William Spence, die ihre Berechnungen 1826 anstellten. In der vierten Auflage von »Introduction to Entomology« gingen sie davon aus, dass es weltweit 110 000 bis 120 000 Pflanzen- und Pilzarten gibt. Weil sie an jeder Art etwa sechs Insektenarten beobachtet hatten, vermuteten sie, dass es auf der Erde ungefähr 600 000 Insektenarten gibt.

INSEKTENREGEN Um 1980 setzte man Nebelgeräte ein, um die Insekten in den Baumkronen zu erforschen. Die Geräte wurden in die Kronenregion befördert, wo sie Insektizide versprühten. Den daraufhin einsetzenden Regen aus toten Insekten fing man mit aufgespannten Schirmen auf. Der Entomologe Terry Erwin wandte die Methode in Zentralamerika an und schätzte, dass es 30 Millionen Arten von Insekten und anderen terrestrischen Arthropoden (Tiere mit einem Außenskelett und gegliedertem Körper) einschließlich Spinnen und Milben geben könnte. Er vermutete, dass weit mehr Insektenarten an und von einer bestimmten Baumart leben. Nigel Stork und seine Kollegen sammeln seitdem Daten, um Erwins Annahmen zu überprüfen. Mit mathematischen Modellen errechneten sie eine deutlich niedrigere Zahl von Arthropodenarten weltweit, nämlich 5,5 Millionen Insektenarten und 7 Millionen Arten terrestrischer Arthropoden. Zu diesem Ergebnis kam man auch mit drei anderen Methoden.

Dunkle Erdhummel (*Bombus terrestris*)
Dies ist eine der weltweit etwa 270 Hummelarten. Die Arbeiterin hat eine helle Hinterleibsspitze, aber weil noch mehrere andere Arten dieses Merkmal haben, kann man die Individuen nur mit DNA-Analysen genau bestimmen.

Büffelzikade (*Stictocephala bisonia*)
Dieses kleine, nur 6–8 mm lange Insekt ist nach seinem Kopf benannt, der an einen Büffel mit schwarzen Hörnern erinnert. Es kommt in Nordamerika, Europa, Asien und Nordafrika vor.

Pflanzenwespen (Symphyta)
Weltweit gibt es schätzungsweise etwa 8000 Pflanzenwespenarten, die fünf Familien zugeordnet werden. Viele sind an eine bestimmte Pflanzenart gebunden. Oft sieht man sie an einem Blattrand fressen, während sie sich mit ihren vorderen Beinen festhalten.

Die Vielfalt der Insekten ist bemerkenswert und im Lauf der Evolution haben sich unzählige einzigartige Lebensweisen entwickelt, sodass diese Gliederfüßer fast alle Lebensräume besiedeln konnten. Dies zeigt, wie Insekten das Leben auf der Erde perfektioniert haben.

EVOLUTION DER INSEKTEN

LANGE GESCHICHTE Die meisten Menschen wissen, dass es erstaunlich viele Insektenarten gibt, aber dass die Insekten eine sehr alte Tiergruppe sind, die sich während 400 Millionen Jahren weiterentwickelt hat, ist weniger bekannt. Insekten waren die ersten Tiere, die fliegen konnten, Gesänge hervorbrachten und in der Landwirtschaft und Tierhaltung eingesetzt wurden. Tatsächlich gehörten Insekten zu den ersten Tieren, die das Festland besiedelten, und sie erlebten das Massenaussterben, bei dem die Trilobiten (Gliederfüßer im Meer), Ammoniten und alle Dinosaurier außer den Vögeln für immer verschwanden. Jetzt sind der Klimawandel, invasive Arten, die Zerstörung vieler Lebensräume und die Umweltverschmutzung die bedeutendsten Gefährdungsursachen.

FRÜHE INSEKTEN Die ersten Insekten waren kleine, flugunfähige Tiere, die sich von den nährstoffreichen Sporen früher Pflanzen ernährten oder tote Lebewesen fraßen. Die Felsenspringer und Silberfischchen (S. 144–145), die es noch heute gibt, sind direkte Nachfahren dieser frühen Insekten. Etwa 60 bis 70 Millionen Jahre später entwickelte sich die vollständige Metamorphose, bei der der Lebenszyklus aus Ei, Larve, Puppe und adultem Insekt besteht (S. 28–29). So ist es möglich, dass die Larve in einem anderen Lebensraum lebt und sich anders ernährt als das erwachsene Insekt. Insekten mit vollständiger Metamorphose sind für die heutige Vielfalt verantwortlich und bilden die besonders artenreichen Linien: Wespen, Bienen und Ameisen (S. 164–165), Käfer (S. 170–171), Fliegen und Mücken (S. 174–175) sowie Schmetterlinge (S. 176–177).

EROBERUNG DER LUFT
Irgendwann im Lauf der Evolution konnten Verwandte der Silberfischchen mit Fortsätzen an der Brust von Pflanze zu Pflanze gleiten, und mit der Zeit entwickelten sich daraus Flügel mit Gelenken. Heute können etwa 95 Prozent der Insekten fliegen. Aber die Flügel kommen nicht nur beim Fliegen zum Einsatz, sondern tragen auch zur Thermoregulation und Kommunikation bei (um Partner anzulocken und vor Fressfeinden zu warnen) oder schützen und tarnen das Insekt.

EVOLUTIONSGESCHICHTE DER INSEKTEN

1.

Insekten entwickelten sich vor etwa 410 Millionen Jahren, lange Zeit nach den ersten Landpflanzen.

2.

Sie haben einen gemeinsamen Vorfahren mit den Entognatha, einer Klasse flügelloser Gliederfüßer. Der Vorfahre beider Linien entwickelte sich aus einem Krebstier, das im Meer lebte.

FELSENSPRINGER (*MACHILOIDES*)

EINTAGSFLIEGE (*ECDYONURUS TORRENTIS*)

3.

Der erste Hinweis auf ein fliegendes Insekt ist das Fossil *Rhyniognatha hirsti*, das vor 410 Millionen Jahren lebte. Etwa zur gleichen Zeit eroberte eine Gruppe, die von Silberfischchen abstammte, die Luft.

4.

Geflügelte Insekten durchliefen vor etwa 356 bis 299 Millionen Jahren eine adaptive Radiation – sie entwickelten sich in verschiedene Richtungen, um sich an neue Lebensräume anzupassen. Es entstanden viele unterschiedliche Formen.

5.

Die Insekten mit vollständiger Metamorphose durchliefen vor 299 bis 252 Millionen Jahren eine adaptive Radiation.

6.

Vor 252 Millionen Jahren gingen bei einem Massenaussterben viele Insekten zugrunde. Die heutigen Ordnungen überlebten.

7.

Mehrere Ordnungen, wie die Schmetterlinge und Käfer, durchliefen eine Coevolution mit den Blütenpflanzen und wurden sehr artenreich.

Der Insektenkörper passte sich im Lauf der Evolution an fast jeden Lebensraum der Erde an. Kaum eine andere Tiergruppe erwies sich als so anpassungsfähig.

DER KÖRPERBAU EINES INSEKTS

Der Insektenkörper besteht aus drei Abschnitten: Kopf, Brust (Thorax) und Hinterleib (Abdomen). Am und im Kopf befinden sich die Komplexaugen, das Gehirn, die Fühler (Antennen) und die Mundwerkzeuge. An der Brust sitzen die Beine und Flügel (S. 18–19) und im Hinterleib befinden sich viele innere Organe, wie der Darm und das Fortpflanzungssystem (S. 20–21). Insekten sind Hexapoden, deren sechs Beine an der Unterseite der Brust ansetzen. Oben an der Brust befinden sich bei vielen Arten die Flügel, die sich aus Ausstülpungen der Kutikula entwickelt haben (siehe unten). Sie werden von Muskeln in der Brust bewegt, die mehr als Tausend Mal pro Sekunde kontrahieren können.

AUSSENSKELETT Der Insektenkörper ist von einem robusten Außenskelett umgeben, das hauptsächlich aus dem Polysaccharid Chitin besteht. Diesen Panzer nennt man auch Kutikula, und er stützt und schützt den Körper. Die Kutikula dehnt sich aus, wenn das Insekt wächst, aber weil sie sich nicht unbegrenzt dehnen kann, muss sich das Insekt von Zeit zu Zeit häuten. Dabei wird die alte Kutikula abgeworfen und durch eine neue ersetzt.

INNERE STRUKTUREN Im Inneren des Körpers befinden sich in jedem Abschnitt Tracheen (feine Kanäle des Atmungssystems), Muskeln und Ansammlungen von Nervenzellkörpern (Ganglien). Das Kreislaufsystem der Insekten unterscheidet sich von dem der Wirbeltiere (S. 20–21). Zur Sauerstoffaufnahme sind in jedem Körperabschnitt Tracheen ausgebildet. Die Koordination des Körpers ist möglich, weil das Gehirn und die Ganglien in den Körperabschnitten miteinander in Verbindung stehen (S. 20–21). Nervensignale müssen in den Ganglien koordiniert werden, wenn sich Körperteile wiederholt in bestimmten Mustern bewegen, wie beim Laufen und Fliegen.

KÖRPERABSCHNITTE Insekten sind auch deshalb eine so vielfältige Gruppe, weil ihr Körper aus Segmenten aufgebaut ist. In den verschiedenen Abschnitten konnten sich deshalb ähnliche Strukturen mehrfach ausbilden. Bei adulten Insekten entspringt normalerweise an jedem Abschnitt der Brust ein Beinpaar. Viele Insektenlarven besitzen außer diesen Beinen weitere Beinpaare (»Bauchfüße«) an einem oder mehreren Abschnitten des Hinterleibs. Bei den meisten Schmetterlingsraupen z. B. entspringen am Hinterleib fünf Beinpaare, von denen man das hinterste als »Nachschieber« bezeichnet. Raupen der Familie Spanner (Geometridae) besitzen dagegen nur zwei Beinpaare am Hinterleib. Ihr Körper bildet typische Schlaufen, wenn sie sich fortbewegen, daher der deutsche Name »Spanner«.

Abschnitte des Körpers
Alle Insekten haben denselben Grundbauplan. Bei adulten Insekten wie diesem Bienenwolf (*Philanthus triangulum*) erkennt man die drei Abschnitte deutlich.

Der Kopf ist der erste Abschnitt des Insektenkörpers. Er ist die »Steuerzentrale«. Am und im Kopf befinden sich die Fühler, die Augen und verschiedene Mundwerkzeuge.

DER INSEKTENKOPF

Der Hals (Cervix) verbindet den Kopf mit der Brust. Er ist membranös, und Muskeln bewegen den Kopf. Eine feste Kapsel umgibt und schützt den Kopf. Sie besteht aus Chitin und Proteinen (der Kutikula) und wird innen von einem Netz aus Streben, dem Tentorium, gestützt. Die Hauptbereiche des Kopfs nennt man von oben nach unten Scheitel (Vertex), Stirn (Frons) und Kopfschild (Clypeus). Bei ursprünglicheren Insekten weist der Kopf nach unten, sodass der Scheitel sich oben befindet und die Mundwerkzeuge nach unten ausgerichtet sind. Bei Pflanzenfressern wie Heuschrecken ist dies häufig der Fall. Bei räuberischen Insekten mit beißend-kauenden Mundwerkzeugen, wie z.B. bei Marienkäfern, sind die Mundwerkzeuge nach vorn ausgerichtet.

MUNDWERKZEUGE Die Mundwerkzeuge sind an die Nahrung des Insekts angepasst. Man unterscheidet beißend-kauende, stechend-saugende und leckend-saugende Mundwerkzeuge. Das Labrum (Oberlippe) schützt die anderen Teile der Mundwerkzeuge. Dazu gehören die Mandibeln (Oberkiefer), mit denen die Nahrung zerschnitten und gekaut wird, und die Maxillen (Unterkiefer), mit denen sie wie mit Pinzetten festhaltgehalten wird. Galea und Lacinia (äußere und innere Kaulade) kommen beim Kauen zum Einsatz. Einige Insekten haben einen langen Rüssel (Proboscis), der bei vielen Arten aus den verlängerten Maxillen gebildet wird. Schmetterlinge rollen ihren Saugrüssel ein, wenn sie keine Nahrung aufnehmen.

FÜHLER Die Fühler (Antennen) sind hoch spezialisierte Sinnesorgane, die bei den verschiedenen Insektenordnungen sehr unterschiedlich ausgebildet sind. Ursprünglich bestanden sie aus drei Segmenten: dem Scapus an der Basis, dem Pedicellus und dem segmentierten Flagellum. Die Länge und der Bau des Flagellums sind sehr variabel. Es gibt viele Theorien, warum sich so vielfältige Fühler entwickelt haben. Eine ist, dass die Oberfläche und Form den Luftstrom über die Fühler und somit die Wahrnehmung chemischer Stoffe beeinflusst. Einfacher ausgedrückt: In größeren Fühlern haben mehr Sinneszellen Platz.

AUGEN Die meisten adulten Insekten besitzen zwei große Augen beiderseits des Kopfs. Es sind Komplexaugen, auch Facettenaugen genannt, die aus vielen Einzelaugen (Ommatidien) bestehen. Jedes Einzelauge besitzt eine Linse und mehrere Sinneszellen. Die Zahl der Einzelaugen variiert, bei Libellen sind es mehr als 10 000. Die Augen sind meist nach außen gewölbt, sodass das Insekt ein großes Sehfeld hat. Vor, über und unter sich sieht es räumlich. Die meisten adulten Insekten haben außerdem drei Ocellen, sehr einfache Augen, die nur Bewegungen und die Lichtintensität wahrnehmen. Insektenlarven haben keine Komplexaugen, aber zwei bis acht Augen mit je einer Linse, die man Stemmata nennt.

Bau des Kopfs
Der Kopf kann bei adulten Insekten sehr unterschiedlich aussehen, je nach der Ordnung oder Familie, dem Lebensraum und der Ernährungsweise.

Zweigefleckter Eilkäfer (*Notiophilus biguttatus*)
Die Mundwerkzeuge dieses Käfers bestehen aus einem großen Labrum in der Mitte und dem zweigeteilten Labium unterhalb. Seitlich befinden sich die paarigen Maxillen und Mandibeln.

Großes Wiesenvögelchen (*Coenonympha tullia*)
Schmetterlinge nehmen mit ihren Fühlern chemische Stoffe in ihrer Umgebung wahr, wenn sie auf der Suche nach Nahrung oder einem Partner sind. Die Fühler tragen außerdem dazu bei, im Flug das Gleichgewicht zu halten.

Dunkle Binsenjungfer (*Lestes macrostigma*)
Bei Kleinlibellen befinden sich beiderseits des Kopfs sehr große Komplexaugen. Weil die Fühler relativ kurz sind, setzen Libellen auch ihre Augen beim Navigieren und Aufspüren von Beute ein.

Der Grundbauplan des Körpers ist bei allen Insekten ähnlich, aber viele der äußeren Strukturen sind sehr variabel.

ÄUSSERER KÖRPERBAU: BRUST UND HINTERLEIB

FLÜGEL Es gibt flügellose Insekten, aber die meisten Arten haben vier Flügel, die auf vielfältige Weise modifiziert sind. Bei einigen Arten sind beide Flügelpaare ähnlich groß und ähnlich geformt, aber bei den meisten ist ein Flügelpaar umgebildet. Die Vorderflügel vieler Insekten, wie die der Käfer, bedecken und schützen den Körper. Bei anderen Gruppen sind die hinteren Flügel sehr klein. Bei Zweiflüglern sind sie zu winzigen Schwingkölbchen umgebildet, die man auch als Halteren bezeichnet. Bei Libellen, Wespen und anderen Gruppen sind alle Flügel membranartig und durchscheinend, während Schmetterlingsflügel mit winzigen überlappenden Schüppchen bedeckt sind. Die meisten Insekten fliegen mit ihren Flügeln und viele bringen mit ihnen auch Geräusche hervor.

BEINE Abgesehen von wenigen Ausnahmen haben adulte Insekten sechs Beine, die an den Abschnitten der Brust ansetzen. Ein typisches Bein besteht aus sechs Segmenten: Coxa, Trochanter, Femur (bei den meisten Insekten das größte und kräftigste Segment), Tibia, Tarsus (in mehrere Glieder unterteilt) und Prätarsus (mit einer oder mehreren Krallen). Dies ist der Grundbauplan des Laufbeins, das an viele Funktionen angepasst sein kann, wie Springen, Schwimmen, Graben oder Geräusche erzeugen. Bei verschiedenen räuberischen Insekten sind die Beine Greiforgane. Bei Gottesanbeterinnen etwa bilden Femur und Tibia stachelige Fangbeine. Viele Ektoparasiten, wie Läuse, haben gut entwickelte Krallen, mit denen sie sich an den Haaren ihrer Wirte festhalten.

OVIPOSITOR Diese Struktur dient zur Eiablage und kann sehr unterschiedlich aufgebaut sein. Einige Heuschreckenweibchen beispielsweise haben einen dicken, kräftigen Ovipositor, mit dem sie die Eier in den Boden legen. Bei parasitoiden Wespen dagegen ist der Ovipositor nadelförmig. Sie stechen den Körper anderer (oft viel größerer) Insekten an und legen ihre Eier hinein. Bei vielen Bienen, Wespen und Ameisen ist der Ovipositor zu einem Stachel umgebildet, mit dem sie Gift einspritzen können.

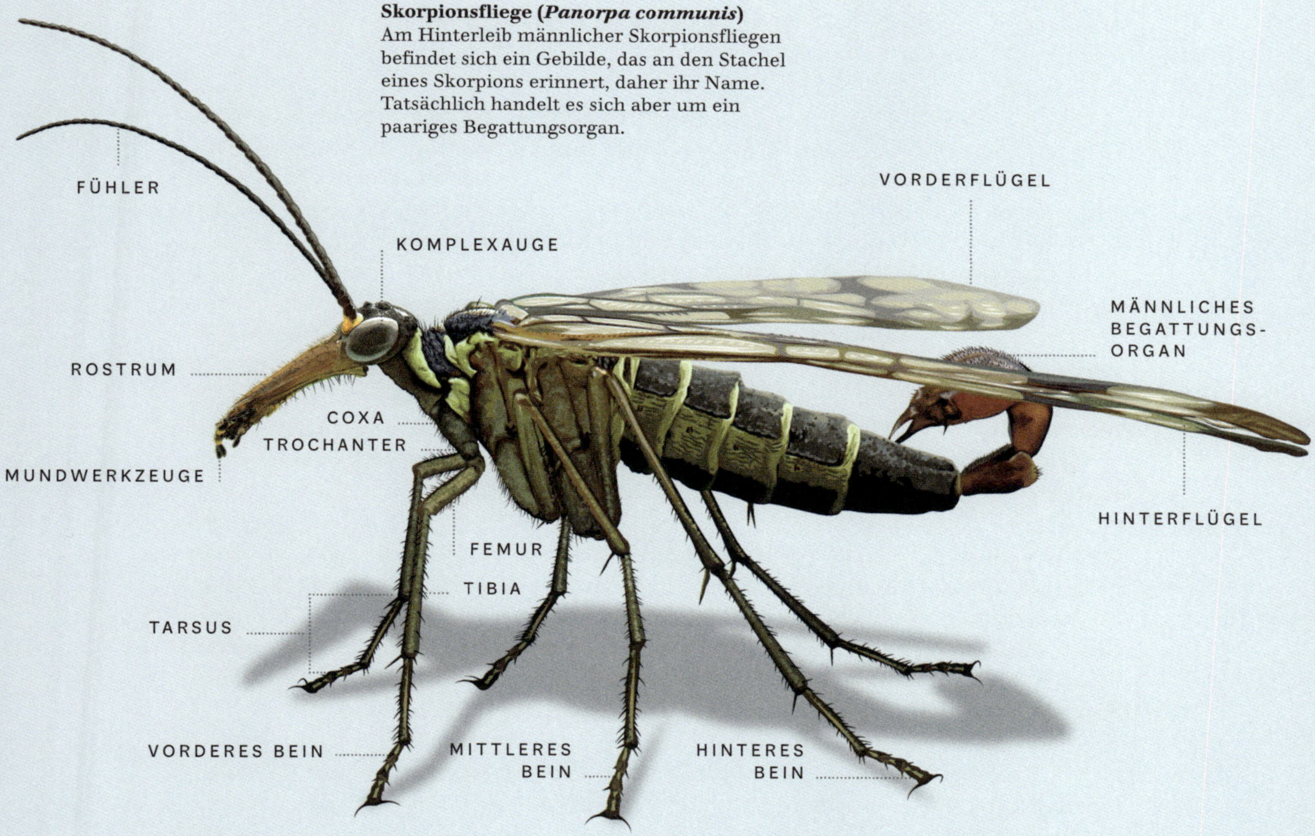

Skorpionsfliege (*Panorpa communis*)
Am Hinterleib männlicher Skorpionsfliegen befindet sich ein Gebilde, das an den Stachel eines Skorpions erinnert, daher ihr Name. Tatsächlich handelt es sich aber um ein paariges Begattungsorgan.

Der innere Körperbau von Insekten unterscheidet sich stark von dem der Wirbeltiere, weil der Sauerstoff nicht in einem geschlossenen Kreislauf transportiert und die Blutflüssigkeit nicht durch ein geschlossenes Gefäßsystem gepumpt wird.

INNERER KÖRPERBAU

ATMUNGSSYSTEM Anders als bei Wirbeltieren, die Kiemen oder Lungen besitzen, besteht das Atmungssystem eines Insekts aus einem Netzwerk von Tracheen (winzigen röhrenförmigen Kanälen), durch die der Sauerstoff in jedes Segment transportiert wird. Die Tracheen stehen über kleine Öffnungen mit der Außenwelt in Verbindung, die man als Stigmen bezeichnet. Sie ermöglichen den Austausch von Sauerstoff und Kohlendioxid. Bei kleineren Insekten geschieht der Gastransport im Tracheensystem fast ausschließlich durch Diffusion, während größere Arten kompliziertere Anpassungen haben. Sie öffnen und schließen einige der Tracheen gezielt, um die Gase aktiv zu transportieren. Der Transport der Gase bestimmt in allen Fällen, wie groß ein Insekt werden kann. Im Karbon vor etwa 300 Millionen Jahren, als die Sauerstoffkonzentration in der Atmosphäre höher war als heute, gab es viel größere Insekten. Verwandte der Libellen hatten beispielsweise Flügelspannweiten von etwa 60 cm.

OFFENER KREISLAUF Statt »echtem« Blut besitzen Insekten eine transparente Flüssigkeit, die man Hämolymphe nennt. Sie fließt frei durch die Körperhöhlen und kommt direkt mit den Geweben und Organen in Kontakt. Das offene Kreislaufsystem unterscheidet sich vom geschlossenen System der Wirbeltiere, bei dem das Herz Blut durch Gefäße pumpt. Bei Insekten pumpt eine offene Struktur, ein muskulöses, schlauchförmiges Herz, die Hämolymphe.

NERVENSYSTEM Bei Insekten ist das Nervensystem nicht in einem Gehirn konzentriert, sondern es befinden sich Nervenknoten im ganzen Körper, die man Ganglien nennt. Die Koordination der Signale in den Ganglien ist wichtig für Funktionen wie Laufen und Fliegen, bei denen die Bewegung in einem bestimmten Muster erfolgt. Die Zahl der Ganglien variiert: Bei Fruchtfliegen sind sie verschmolzen, während sie sich bei Honigbienen in sieben getrennten Nervensträngen befinden. Diese Kontrollzentren können unabhängig vom Gehirn agieren. Eine Heuschrecke ohne Kopf überlebt tatsächlich eine ganze Weile und kann sogar umherlaufen.

VERDAUUNG Der Verdauungstrakt eines Insekts besteht aus Vorder-, Mittel- und Enddarm. Der Vorderdarm setzt sich aus mehreren Teilen zusammen, u. a. dem Kropf. In ihm wird die Nahrung gespeichert und manchmal zerlegt. Die Bildung von Verdauungsenzymen und die Spaltung und Aufnahme der Nährstoffe finden im Mitteldarm statt. Unverdauliche Reste passieren den Enddarm und werden über den After abgegeben. Der Verdauungstrakt kann an unterschiedliche Nahrung angepasst sein. Pflanzensaftsauger wie Blattläuse und Blutsauger wie Mücken nehmen viel Wasser auf und sind im Körperbau und Verhalten daran angepasst, dass die Hämolymphe nicht zu stark verdünnt wird.

Feldhummel
(*Bombus ruderatus*)
Ihre Zunge kann mehr als 10 mm lang sein und wird von einer Scheide aus den Labialpalpen und Maxillen geschützt.

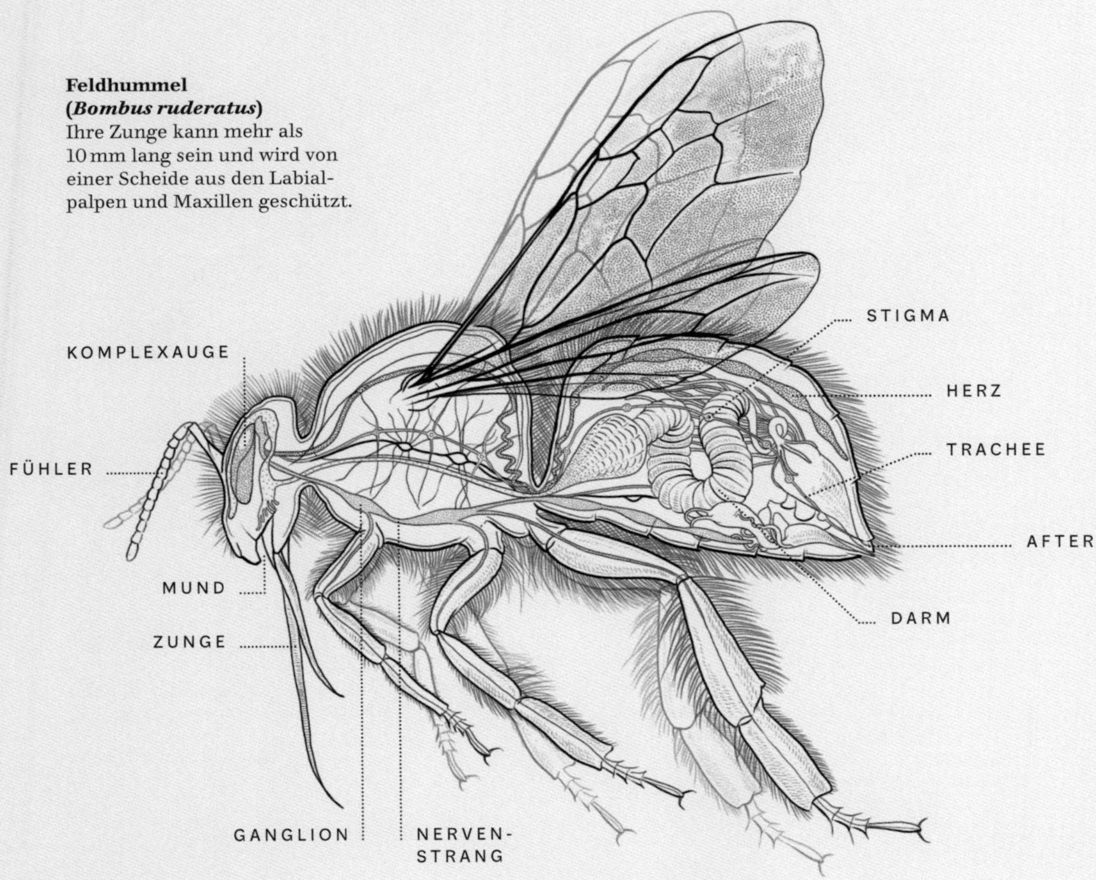

Laubheuschrecke
(*Eubliastes viridicorpus*)
Bei einer vor Kurzem entdeckten Laubheuschreckenart befinden sich große Hörorgane an den sehr langen vorderen Beinen. Diese Lage ist sinnvoll, weil so der Abstand zwischen den Hörorganen groß ist. Das Insekt kann deshalb wahrnehmen, aus welcher Richtung ein Geräusch kommt.

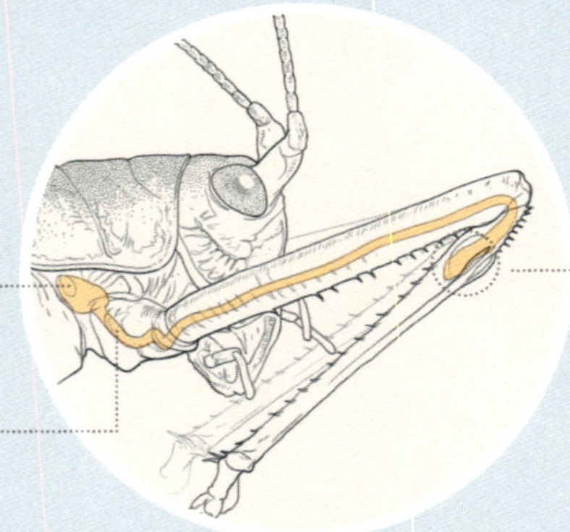

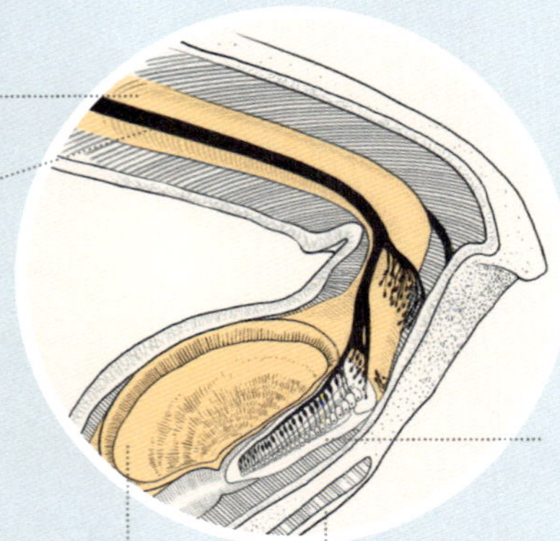

Tympanalorgan
Wenn Schallwellen auf das Trommelfell treffen, bringen sie ein mit Flüssigkeit gefülltes Organ zum Schwingen, die Crista acustica, die ähnlich funktioniert wie die Gehörschnecke eines Menschen. Hohe Töne werden an einem Ende dieses Organs wahrgenommen und tiefe Töne am anderen. Dieses Prinzip, durch das das Insekt zwischen verschiedenen Geräuschen unterscheiden kann, nennt man Tonotopie.

Gehörgang
Laubheuschrecken haben Gehörgänge wie Menschen. In der Trachee wird der Schall von einem Stigma (einer Öffnung in der Brust) zum Trommelfell (Tympanum) geleitet.

Die ersten Insekten waren vermutlich taub, aber bei dieser Gruppe haben sich etwa 20-mal unterschiedliche Hörorgane entwickelt. Man findet sie an und in fast jedem Teil des Körpers. Sie dienen dazu, Partner zu finden, Feinde wahrzunehmen und Rivalen einzuschätzen.

HÖREN

Bei Insekten gibt es zwei Typen von Hörorganen, die sehr unterschiedlich funktionieren. Bei einigen Arten, wie Fruchtfliegen und Honigbienen, dienen die Fühler als Schallrezeptoren. Das sogenannte Johnstonsche Organ befindet sich an der Basis des Fühlers. Es nimmt kleine Unterschiede in der Bewegung der Luftmoleküle wahr, wenn sich Schallwellen ausbreiten. Häufiger kommen Tympanalorgane vor, die aus einer auf einen Rahmen aufgespannten Membran bestehen. Man findet sie an verschiedenen Teilen des Insektenkörpers, wie z. B. an der Basis der Flügel oder an den Beinen. Insekten mit Tympanalorganen nehmen die Ausbreitung der Schallwellen wahr, die die Membran vibrieren lassen. Bei beiden Typen von Hörorganen wandeln spezielle Sinneszellen (Mechanosensoren) physikalische Reize in Nervensignale um.

ÄHNLICH WIE UNSERE OHREN Sehr bemerkenswert sind die Tympanalorgane von Laubheuschrecken. Wie Menschen hören Laubheuschrecken mit ihren Trommelfellen (Tympana). Aber wie bei vielen Insekten der Ordnung Orthopterea (S. 150–151) befinden sich die Trommelfelle in den vorderen Beinen – zwei in jedem Bein. Sie dienen vor allem dazu, artspezifische Gesänge von Männchen wahrzunehmen, die diese mit ihren Flügeln erzeugen. Auch Fressfeinde werden wahrgenommen, und einige Arten besitzen spezielle Strukturen, sogenannte Pinnae, mit denen sie Fledermäuse wahrnehmen.

Nest einer Feldwespe (*Belonogaster juncea*)

KAPITEL II

LEBEN

INSEKTEN HABEN IN DER NATUR viele wichtige Aufgaben und ihre Lebensweisen sind faszinierend und voller Überraschungen. Im Körper von Blattlaus-Weibchen entwickeln sich bereits die nächsten beiden Generationen und andere Arten wandern auf den Wegen ihrer Vorfahren zu unbekannten Orten. Glühwürmchen leuchten im Dunkeln und andere Insekten legen unter unseren Füßen weitläufige Städte an.

Die meisten Insekten durchlaufen eine Metamorphose. Entomologen teilen die Gruppen nach ihrer Entwicklungsweise in drei Kategorien ein: ametabole, hemimetabole und holometabole Insekten.

LEBENSZYKLUS

AMETABOL Ametabole Insekten durchlaufen keine Metamorphose, der Körperbau früher und später Stadien unterscheidet sich kaum. Wenn Felsenspringer und Silberfischchen aus ihren Eiern schlüpfen, sehen sie bereits wie kleine adulte Insekten aus. Erst nachdem sich die inneren Organe umgebildet und sie sich mehrmals gehäutet haben, können sie sich fortpflanzen. Die adulten Insekten häuten sich weiterhin und pflanzen sich fort.

HEMIMETABOL Schnabelkerfe und Heuschrecken beispielsweise gehören zu den hemimetabolen Insekten. Wenn die Nymphen aus den Eiern schlüpfen, sehen sie bereits ähnlich wie adulte Tiere aus,

Hemimetabole Entwicklung
Die Raubwanze *Rhodnius prolixus* durchläuft fünf Nymphenstadien, bis sie sich zum adulten Insekt entwickelt.

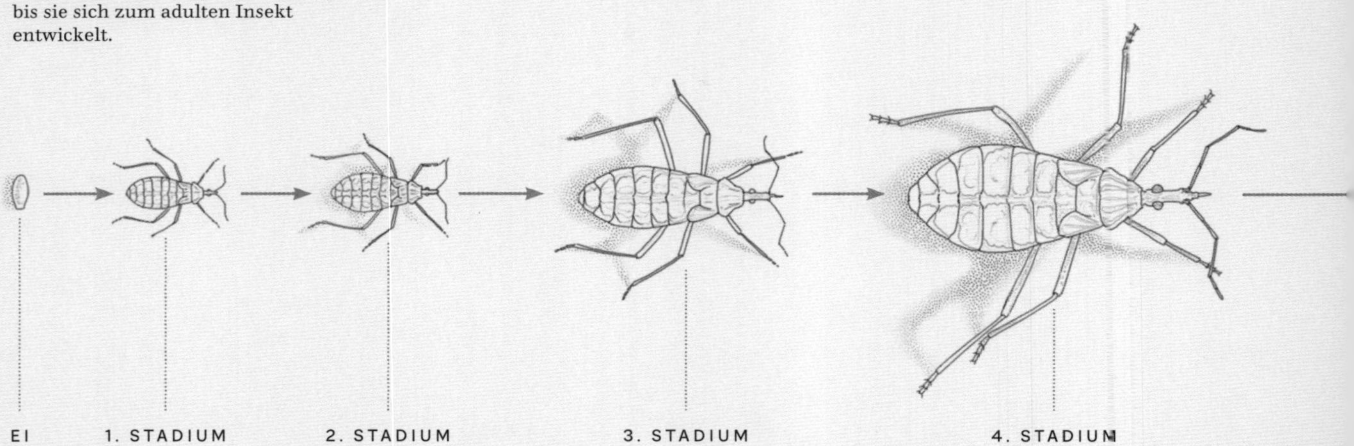

denen die Flügel fehlen. Diese Insekten durchlaufen eine unvollständige Metamorphose (S. 30–31). Die Flügel entwickeln sich in Flügelanlagen und adulte hemimetabole Insekten häuten sich nicht mehr. Eintagsfliegen bilden eine Ausnahme, denn bei ihnen entwickelt sich vor der Imago (der adulten Form) eine sogenannte Subimago: Die Nymphe lebt im Wasser und verwandelt sich an der Wasseroberfläche zur Subimago. Dieses spezielle Stadium macht es möglich, dass das adulte Insekt das Wasser verlassen kann.

HOLOMETABOL Diese Insekten durchlaufen eine vollständige Metamorphose. Aus dem Ei schlüpft eine Larve mit weichem Außenskelett (S. 28–29). Beispiele sind Käfer, Schmetterlinge, Fliegen, Wespen, Bienen und Ameisen. Die Larve sieht völlig anders aus als das adulte Insekt und die Umwandlung findet in einem Puppenstadium statt. Oft hat die Larve bei holometabolen Insekten eine ganz andere Lebensweise als das adulte Insekt – sie lebt in einem anderen Lebensraum und ernährt sich unterschiedlich. Mit ihrem relativ einfachen Körperbau kann sie schnell wachsen, sodass das Risiko geringer ist, Fressfeinden und Parasiten zum Opfer zu fallen.

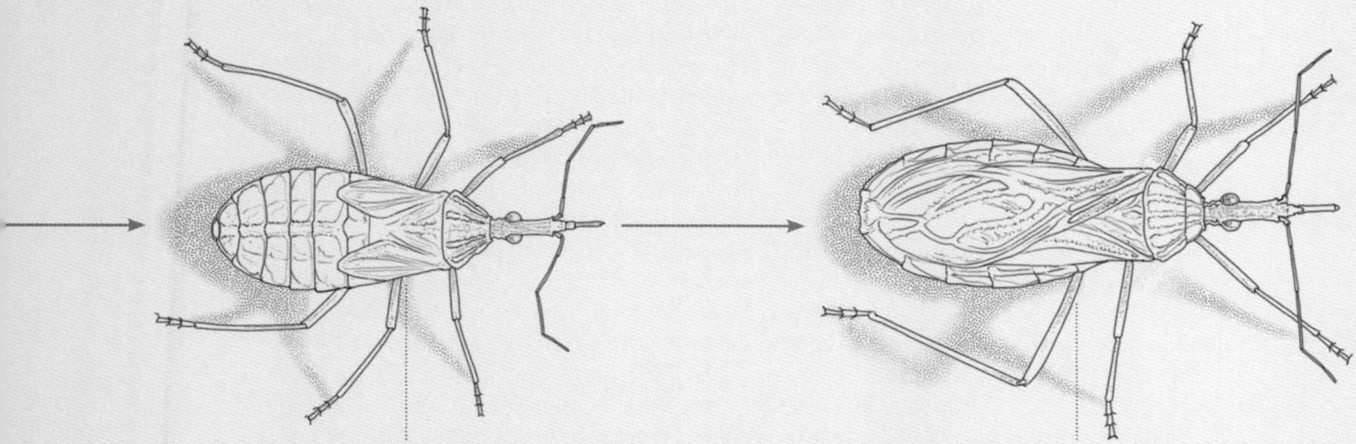

5. STADIUM

ADULTE WANZE

Bei der vollständigen Metamorphose durchläuft das Insekt vier Stadien: Ei, Larve, Puppe und adultes Insekt.

VOLLSTÄNDIGE METAMORPHOSE

Insekten, die eine vollständige Metamorphose durchlaufen, bezeichnet man als holometabol. Zu ihnen gehören die Käfer, Schmetterlinge, Fliegen und Flöhe wie auch die Wespen, Bienen und Ameisen. Ein charakteristisches Merkmal ist, dass die Larve ein weiches Außenskelett besitzt und sich stark vom adulten Insekt unterscheidet. Im Puppenstadium, in dem das Insekt keine Nahrung aufnimmt, findet die Verwandlung statt.

HIRSCHKÄFER Der Hirschkäfer (*Lucanus cervus*) gehört zu den Insekten, die eine vollständige Metamorphose durchlaufen. Die Entwicklung dauert sehr lang. Die Larven (Engerlinge) schlüpfen nach etwa drei Wochen aus den Eiern und ernähren sich ausschließlich von morschem Holz, meist von Eichenholz. Die Kutikula der Kopfkapsel und der Beine ist hart, während die anderen Körperteile weich und verwundbar sind. Dieses Stadium ist an das Leben im Holz angepasst, und nach etwa drei bis vier Jahren verlassen die Engerlinge ihren Lebensraum und bauen eine unterirdische Puppenwiege. Nachdem die adulten Käfer im Herbst aus der Puppenhülle geschlüpft sind, überwintern sie im Boden und erscheinen im Frühjahr. Obwohl sie groß sind, können Hirschkäfer gut fliegen. Die Weibchen machen sich auf die Suche nach morschem Holz, in das sie ihre Eier legen, während die Männchen um Partnerinnen werben. Sie präsentieren dabei ihre vergrößerten, geweihartigen Mandibeln und kämpfen mit anderen Männchen. Beide Geschlechter können beißen, aber für Menschen sind sie harmlos. Adulte Hirschkäfer leben nur wenige Wochen und beide Geschlechter sterben schon bald nach der Eiablage.

LEBENSZYKLUS DES HIRSCHKÄFERS

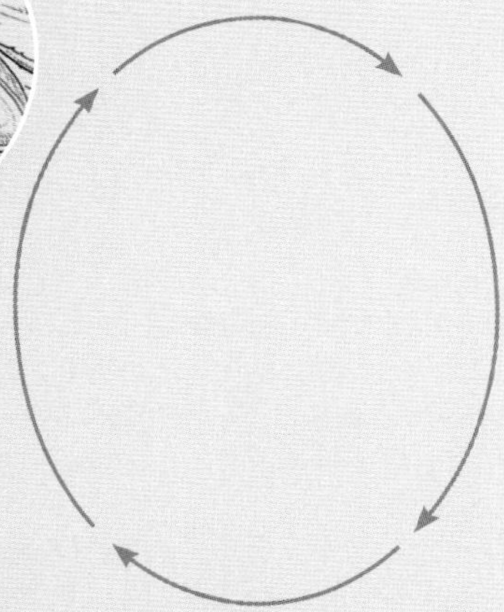

Ei
Die Eier mit etwa 3 mm Durchmesser werden einzeln oder in kleinen Gruppen im verdichteten Boden in der Nähe eines morschen Wumzelstocks abgelegt.

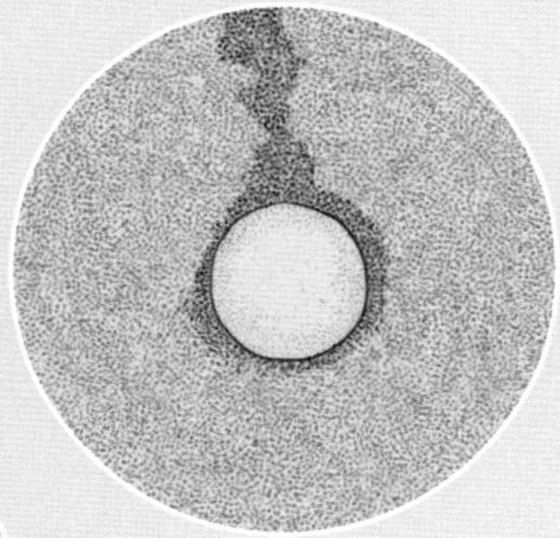

Erstes Larvenstadium
In diesem Stadium ist die Larve etwa 3 mm lang. Sie frisst mehrere Wochen und häutet sich dann.

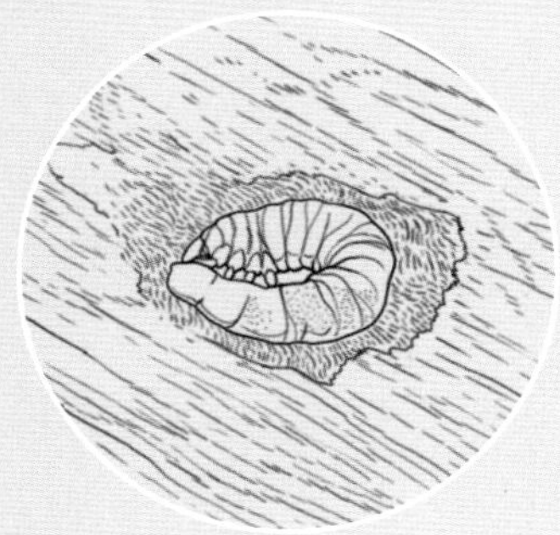

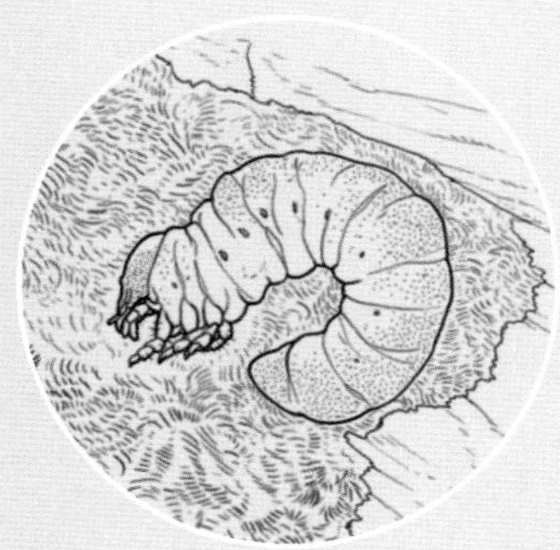

Zweites Larvenstadium
Es dauert einige Monate, bis die Larve 4 oder 5 cm lang ist. Zum Ende des ersten Jahres ist das Wachstum dieses Stadiums meistens abgeschlossen.

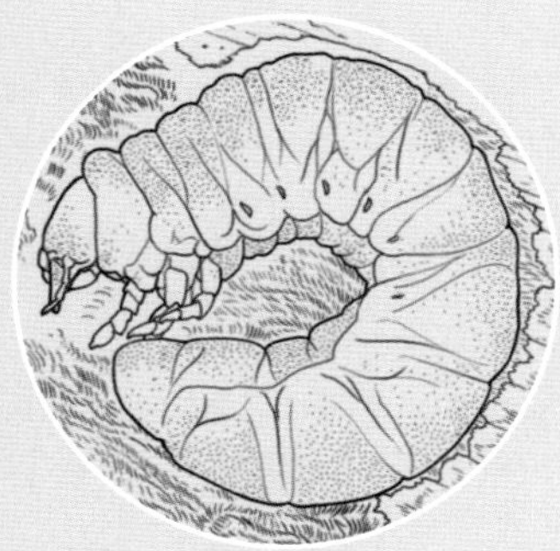

Drittes Larvenstadium
Dieses Stadium lebt mindestens zwei oder drei Jahre lang. Die ausgewachsene Larve kann 8 cm lang sein und 20 g wiegen.

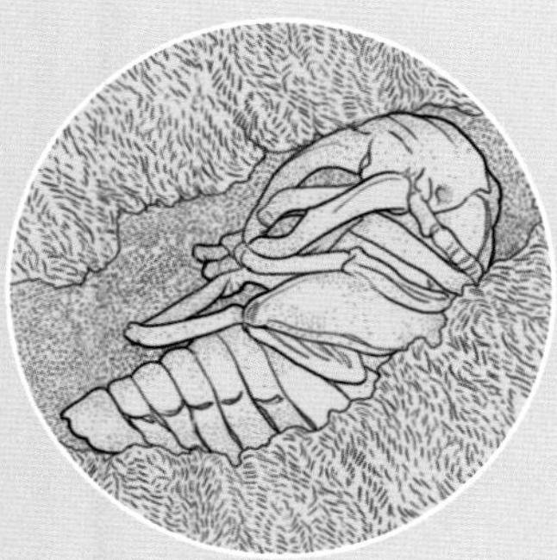

Puppe
Wenn ihr Wachstum abgeschlossen ist, gräbt sich die Larve in den Boden ein, um sich zu verpuppen. Die Puppe ist deutlich kleiner als die Larve.

Adulter Käfer
Der adulte Hirschkäfer schlüpft im Herbst aus der Puppenhülle und überwintert im Erdboden. Im Frühjahr erscheint er und sucht sich eine Partnerin. Der Kreislauf beginnt aufs Neue.

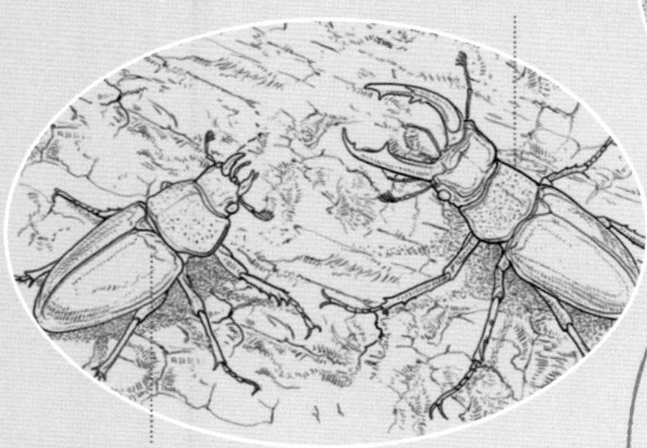

Viele Insekten durchlaufen eine unvollständige Metamorphose mit drei Stadien: Ei, Nymphe und adultes Insekt.

UNVOLLSTÄNDIGE METAMORPHOSE

Insekten, die eine unvollständige Metamorphose durchlaufen, bezeichnet man als hemimetabol. Zu ihnen gehören u. a. die Schnabelkerfe, Grillen, Heuschrecken und Schaben. Das wichtigste Merkmal dieses Lebenszyklus ist, dass die Nymphe bereits aussieht wie ein winziges adultes Insekt, wenn sie aus dem Ei schlüpft.

WIPFEL-STACHELWANZE Diese Wanzenart (*Acanthosoma haemorrhoidale*), die in Europa weitverbreitet ist, durchläuft eine unvollständige Metamorphose. Sie ernährt sich vor allem von den Säften von Weißdorn – sowohl von den Früchten als auch den Blättern – , aber man findet sie manchmal auch auf anderen Pflanzen, wie Eichen, Birken, Stechpalmen und Haselsträuchern. Adulte Insekten beider Geschlechter überwintern und kommen im Frühjahr zum Vorschein, um sich zu paaren. Die Weibchen legen ihre Eier in Gruppen auf der Unterseite der Blätter der Wirtspflanze ab und die Nymphen schlüpfen nach wenigen Tagen. Sie sehen aus wie adulte Wanzen, aber sie haben noch keine Flügel und können sich noch nicht fortpflanzen. Die Nymphen durchlaufen fünf Stadien, die man an der Größe und der Zeichnung unterscheiden kann. Wenn ein Stadium ausgewachsen ist, wirft es die zu eng gewordene Kutikula (das robuste Außenskelett) ab, sodass es wieder wachsen kann. Die Nymphen laufen umher, aber erst wenn sich die Flügel nach dem fünften Stadium und der letzten Häutung entwickelt haben, können die adulten Wanzen fliegen, um Partner und neue Nahrungsquellen zu suchen.

LEBENSZYKLUS EINER WIPFEL-STACHELWANZE

Eier
Die Eier sind etwa 0,6 mm lang.

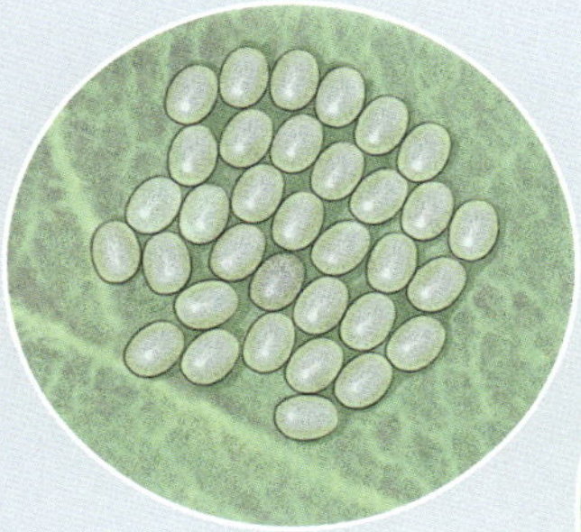

Erstes Stadium
Frisch geschlüpfte Nymphen werden bis 2 mm lang. Ihre Entwicklung verläuft variabel und hängt vor allem von der Temperatur ab.

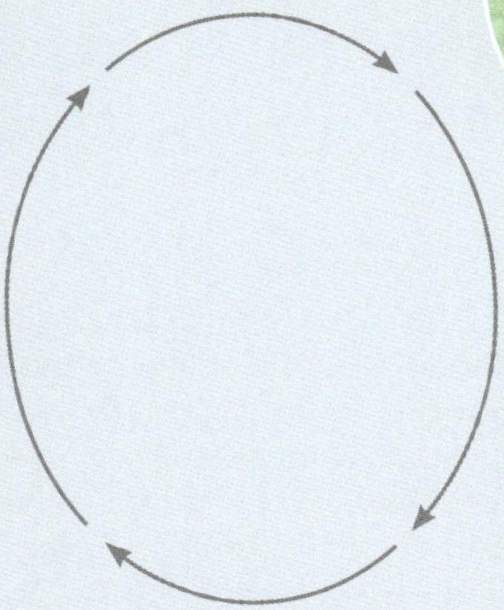

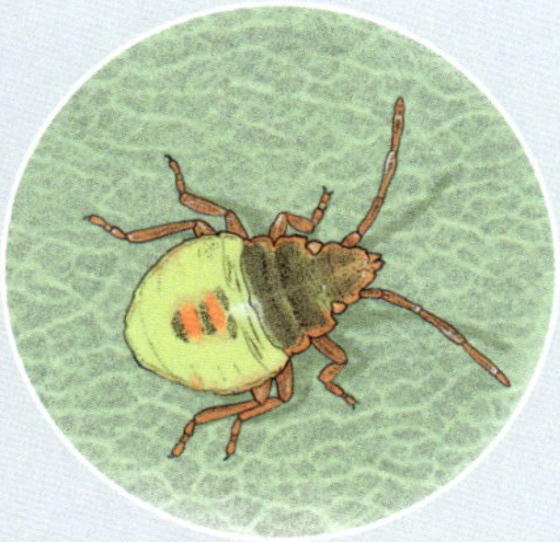

Zweites Stadium
Die Nymphe wird nun bis 5 mm lang.

Drittes Stadium
In diesem Stadium wird die Nymphe etwa 8 mm lang.

Viertes Stadium
Die Flügelanlagen sind erstmals zu erkennen. Die Nymphe wird bis 1 cm lang.

Fünftes Stadium
Im letzten Nymphenstadium sind die Flügelanlagen deutlich ausgebildet. Die Nymphe ist nun bis 1,2 cm lang. Nach der nächsten Häutung ist das Insekt ausgewachsen.

Adultes Insekt
Das ausgewachsene Insekt ist etwa 1,5 cm lang. Wenn es nicht fliegt, sind die Flügel über dem Hinterleib zusammengefaltet.

Blattläuse sind sehr erfolgreich, dies hat mit ihrem speziellen Lebenszyklus zu tun. Die Abfolge der Generationen ist kurz, sodass sich die Population bei guten Bedingungen rasch vergrößern kann.

BLATTLÄUSE: MÜTTER UND TÖCHTER

TÖCHTER UND ENKELINNEN Die Weibchen vieler Blattlausarten können Nachwuchs bekommen, ohne sich mit einem Männchen zu paaren. Sie pflanzen sich ungeschlechtlich fort und bringen genetisch identische Klone zur Welt, was man als Parthenogenese bezeichnet. Wenn diese Töchter geboren werden, entwickeln sich deren Töchter bereits in ihrem Körper. Blattläuse sind sozusagen die Matrjoschka-Puppen im Reich der Insekten.

WIRTSPFLANZEN Einige Blattlausarten bleiben während des ganzen Jahres auf einer Wirtspflanze, während andere (etwa zehn Prozent) den Sommer auf einer Pflanze und den Winter auf einer anderen verbringen. Meist handelt es sich im Sommer um eine krautige Pflanze und im Winter um einen Baum. Die Traubenkirschen-Hafer-Blattlaus (*Rhopalosiphum padi*) etwa verbringt den Sommer auf Gräsern oder Getreiden und den Winter auf Traubenkirschen. Weil die Qualität der Baumblätter zur Mitte des Sommers schlechter wird, wechseln die Insekten die Nahrungspflanze. Einige Blattlausarten, die auf ihrem Wirtsbaum bleiben, wie z. B. *Drepanosiphum platanoidis*, verbringen den Sommer in einer Sommerruhe (Ästivation), die der Winterruhe entspricht. Vielleicht hat sich der Wechsel zwischen den Wirtspflanzen entwickelt, damit die Blattläuse ihren vielen natürlichen Feinden, wie parasitoiden Wespen (S. 68–69), entgehen.

VERTEIDIGUNG

Blattläuse haben mehrere Strategien, um sich gegen natürliche Feinde zu verteidigen. Wenn sie angegriffen werden, bilden sie chemische Stoffe, um andere Blattläuse zu warnen. Außerdem besitzen sie spezielle Organe (Siphonen), mit denen sie Wachse ausscheiden können, die die Mundwerkzeuge der Angreifer (wie Marienkäfer und deren Larven) verkleben und hart werden.

FORTFLIEGEN ODER BLEIBEN Anders als bei den meisten Insektenarten haben bei vielen Blattläusen, darunter Schädlingen an Nutzpflanzen wie der Großen Getreideblattlaus (*Sitobion avenae*) und der Bleichen Getreideblattlaus (*Metopolophium dirhodum*), manche Individuen keine Flügel. Befinden sich an einer Pflanze viele Blattläuse, kommen geflügelte Individuen zur Welt, die sich auf andere Pflanzen ausbreiten. Auch ihre längeren Fühler und weitere Merkmale sind bei der Ausbreitung hilfreich. Flügellose Blattläuse sind tendenziell im Winter (bei Eier legenden Arten) und auch im Frühling häufiger, wenn sich die Population darauf konzentriert, so viele Nachkommen wie möglich zu produzieren.

Erbsenblattlaus (*Acyrthosiphon pisum*)
Ein Blattlausweibchen bringt eine weit entwickelte Tochter zur Welt. Dieses Phänomen, das man als Viviparie bezeichnet, kommt bei Insekten selten vor. Die meisten Arten legen Eier, um sich fortzupflanzen.

Ein Ei wird injiziert
Eine parasitoides Wespenweibchen sticht mit seinem Ovipositor eine Blattlaus an und legt ein Ei in ihren Körper. Die Blattlaus fungiert nun als Wirt, bis sich die Larve des Parasitoiden verpuppt. Schließlich schlüpft aus der toten Blattlaus eine adulte Wespe.

Mimikry entsteht, wenn sich eine Beuteart so entwickelt, dass sie einer anderen Art ähnelt. In der Natur bewirkt Mimikry auf faszinierende Weise, dass die Mitglieder einer Art seltener von Räubern erbeutet werden. Meistens ist eine oder beide Arten giftig oder gefährlich für die Fressfeinde.

MIMIKRY

Traditionell unterscheidet man zwei Arten der Mimikry, die nach ihren Entdeckern benannt wurden: die Batessche und die Müllersche Mimikry. Von Batesscher Mimikry spricht man, wenn ein harmloses Tier einer giftigen oder wehrhaften Art ähnelt. Es wird deshalb tendenziell seltener von Feinden erbeutet, weil diese gelernt haben, Insekten mit solchem Aussehen zu meiden. Ein Beispiel ist der harmlose Hummelschwärmer, der einer wehrhaften Hummel ähnelt. Bei der Müllerschen Mimikry sehen mehrere wehrhafte oder giftige Arten ähnlich aus. Fressfeinde lernen, all diese Tiere zu meiden, und alle beteiligten Arten haben Vorteile.

BATESSCHE MIMIKRY Der Erfolg der Batesschen Mimikry hängt davon ab, wie häufig das Vorbild im Verhältnis zum Nachahmer ist. Es spielt auch eine Rolle, wie stark der Nachahmer dem Vorbild ähnelt, und es ist wichtig, dass das Vorbild wirklich gefährlich ist: Je abschreckender die Erfahrung für den Räuber war, desto peinlicher wird er künftig alle Insekten meiden, die ihn auch nur vage an das Vorbild erinnern. Deshalb gibt es viel mehr Insektenarten, die Wespen nachahmen als solche, die die weniger gefährlichen Hummeln nachahmen. Ein kleiner Vogel, wie ein Rotkehlchen, stirbt wahrscheinlich nicht am Gift einer Wespe, aber er kann einen oder zwei Tage lang keine Nahrung mehr suchen.

MÜLLERSCHE MIMIKRY Bei dieser Art der Mimikry bilden die Nachahmer sogenannte Mimikry-Ringe. Mehrere Insektenarten sehen ähnlich aus und warnen Feinde mit ihren Farben und Mustern. In einem Lebensraum kann es mehrere solche Ringe geben, wie z. B. Mimikry-Ringe unterschiedlicher Hummeln. In Mitteleuropa gibt es drei häufige Warnmuster: schwarz mit roter Hinterleibsspitze, schwarze, weiße und gelbe Bänderung sowie rotbraun bis gelbbraun.

Hummel-Waldschwebfliege (*Volucella bombylans* var. *bombylans*)
Es gibt zwei Hauptmorphen dieser großen Schwebfliege. Diese Morphe ahmt die Steinhummel (*Bombus lapidarius*) nach.

Hummel-Waldschwebfliege (*Volucella bombylans* var. *plumata*)
Diese Morphe ahmt eine andere Hummelart nach, die Dunkle Erdhummel (*Bombus terrestris*).

Grüngelbes Licht
Das Leuchtorgan befindet sich in der Spitze des Hinterleibs.

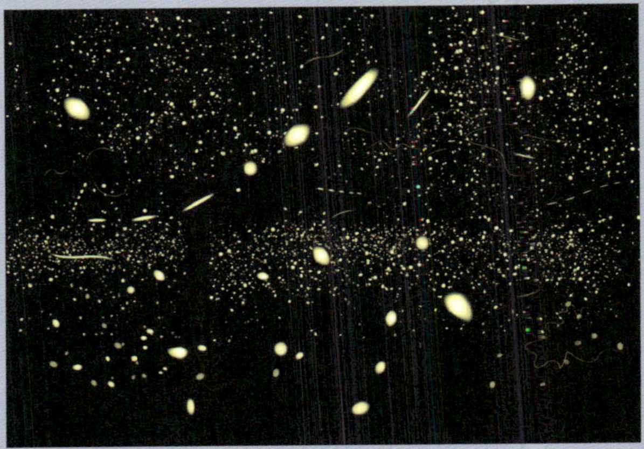

Leuchtkäfer in einem Wald in Tennessee (USA)
Photinus carolinus blinkt 5- bis 8-mal hintereinander, dann folgt eine Unterbrechung. Die Insekten blinken synchron.

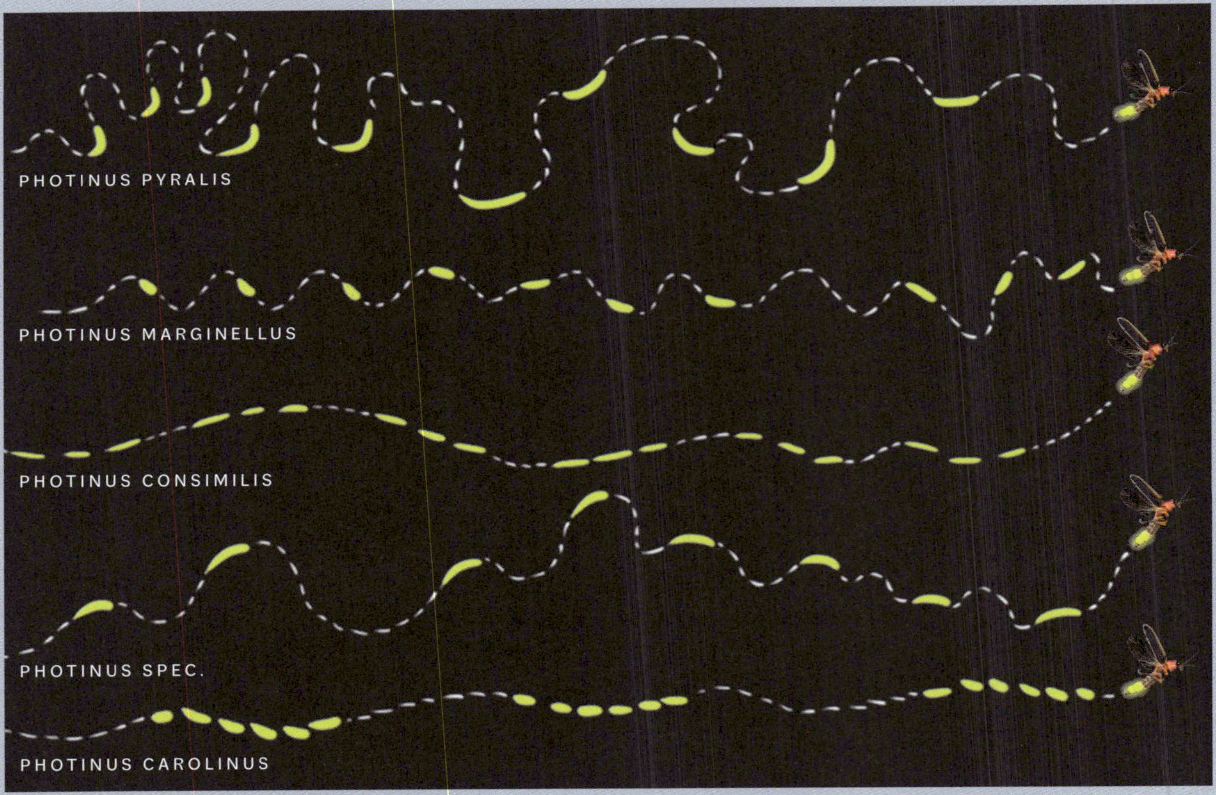

Charakteristische Leuchtsignale
Die Leuchtkäferarten der Gattung *Photinus* erzeugen unterschiedliche Signale.

Mitglieder verschiedener Insektengruppen können Leuchtsignale erzeugen. Dieses Phänomen, das man als Biolumineszenz bezeichnet, kommt vor allem bei Käfern vor.

IM DUNKELN LEUCHTEN

WIE WIRD DAS LICHT ERZEUGT? In einem speziellen Leuchtorgan des Insekts werden Luciferasen gebildet. Diese Enzyme erzeugen bei einer chemischen Reaktion Licht. Unter Anwesenheit von Sauerstoff reagieren die Luciferasen mit Luciferinen, dabei wird ein kaltes Licht abgegeben. Wird die Sauerstoffzufuhr rhythmisch unterbrochen, blinkt das Licht. Die meisten Insekten senden ein für Menschen grün aussehendes Licht aus, aber einige Arten bilden mehrere unterschiedliche Luciferasen und leuchten in verschiedenen Farben.

WESHALB LEUCHTEN INSEKTEN? Biolumineszierende Käferlarven leuchten ständig. Das Licht warnt Fressfeinde davor, dass das Insekt schlecht schmeckt oder giftig ist. Viele adulte Leuchtkäfer (Glühwürmchen) geben Lichtsignale, um Partner anzulocken. Bei diesen Arten haben die Weibchen keine Flügel und müssen geflügelte Männchen anlocken. Leuchtkäfer beider Geschlechter erzeugen artspezifische Signale. Die Weibchen paaren sich nur mit Männchen, die im richtigen Rhythmus blinken.

Die Leuchtkäfer der Gattung *Photuris* locken mit Licht Beute an. Während die meisten anderen Leuchtkäferarten Insekten oder Schnecken jagen, ahmen Weibchen der Gattung *Photuris* die Lichtsignale anderer Leuchtkäferarten nach. Männchen der fremden Art werden angelockt und erbeutet. Das räuberische Weibchen nimmt mit der Nahrung auch Gifte aus dem Körper des erbeuteten Männchens auf, die Spinnen und andere Fressfeinde abschrecken.

Unzählige Insekten beseitigen organische Abfälle, die in den Ökosystemen anfallen. Ohne diese Recycler würde es auf der Erde ganz anders aussehen und außerdem übel riechen.

ZERSETZER

Die Überreste toter Pflanzen und Tiere sind die Nahrung vieler Insekten, die man als Saprophagen bezeichnet. Das griechische Wort *sapros* bedeutet »verrottet« und *phagein* bedeutet »essen« oder »verdauen«.

TOTHOLZBEWOHNER Eine komplexe Gemeinschaft aus Insekten, Pilzen und verschiedenen Mikroorganismen trägt dazu bei, abgestorbenes Holz zu zersetzen. Tatsächlich sind etwa zehn Prozent aller Arten saproxylisch, was bedeutet, dass sie zumindest während bestimmter Stadien ihres Lebenszyklus (S. 110–111) auf Totholz angewiesen sind. Die Larven hinterlassen Fraßgänge im Holz, die zur schnelleren Zersetzung beitragen, und andere Insektenarten, die bereits stärker aufgebrochenes Holz bevorzugen, werden angelockt.

SICH VON EXKREMENTEN ERNÄHREN Weltweit gibt es mehr als 7000 Mistkäferarten. Einige rollen und vergraben Kugeln aus Mist, die 250-mal so schwer sind wie sie selbst, während kleinere Arten den Kot mitunter nie verlassen. Weil diese Käfer Exkremente beseitigen, sind sie für die Ökosysteme ausgesprochen wichtig. Sie verbessern die Qualität und Struktur des Bodens und seine Durchlässigkeit, reduzieren Treibhausgase und sorgen dafür, dass Nutztiere weniger stark von Parasiten befallen werden. Zudem sind sie selbst eine wichtige Nahrungsquelle für andere Tiere.

AASFRESSER Viele Insektenarten werden von toten Tieren angelockt. Während der frühen Verwesungsstadien besiedeln Schmeiß- und Fleischfliegen sowie Aaskäfer den toten Körper. Die Larven fressen das weiche Fleisch und locken wiederum räuberische Arten wie Kurzflügel- und Stutzkäfer an, die die wimmelnden Insektenlarven erbeuten. Nichts wird verschwendet und sogar die trockeneren Teile werden verwertet. Speckkäfer verzehren die Haut und Gewebereste an den Knochen, während die Raupen kleiner Motten das Fell oder die Federn fressen.

Schwarzhörniger Totengräber (*Nicrophorus vespilloides*)
Totengräber sind gute Eltern. Sie vergraben die Körper kleiner Vögel oder Säugetiere als Kinderstuben für ihre Larven. Dort verdauen sie das Fleisch vor und würgen es wieder aus, um ihre Larven zu füttern.

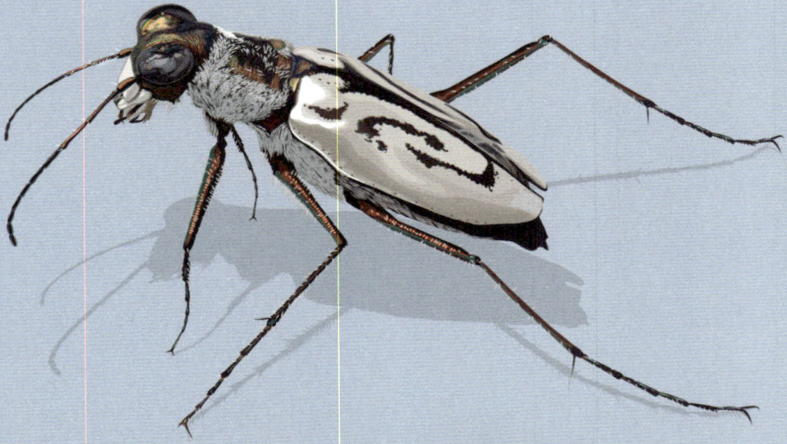

Rennender Käfer
Einige räuberische Insekten sind perfekt an das Leben am Boden angepasst, wie der australische Sandlaufkäfer *Cicindela hudsoni*. Es ist keine andere Insektenart bekannt, die schneller läuft als er. Die Durchschnittsgeschwindigkeit beträgt 9 km/h, das entspricht 171 Körperlängen pro Sekunde.

Meister im Hochsprung
Der Menschenfloh (*Pulex irritans*) verdankt seine außerordentliche Sprungkraft dem Protein Resilin. Es befindet sich in den Beinen des Flohs und ist sehr elastisch. In den Resilinpolstern wird Energie gespeichert und plötzlich freigesetzt, sodass der Floh in die Luft katapultiert wird.

Schwärmende Larven
Die Larven der Pflanzenwespe *Perreyia flavipes* bewegen sich in einem Knäuel fort. Dieses Verhalten bietet den einzelnen Insekten Schutz und gemeinsam kommen sie schneller vorwärts.

Insekten gelangen auf unterschiedliche Weisen von einem Ort zum anderen. Viele Arten fliegen nicht, sondern bewegen sich anders fort.

FORTBEWEGUNG

LAUFEN, RENNEN UND SPRINGEN Viele Insekten, wie Ameisen und Käfer, laufen über verschiedenartige Oberflächen. Fliegen können sogar an spiegelglatten Flächen empor krabbeln, weil winzige Härchen an ihren Füßen eine Haftwirkung erzeugen. Flöhe führten ihre beeindruckenden Fähigkeiten früher sogar im »Flohzirkus« vor. In nur einer Millisekunde können die Winzlinge 38-mal so hoch springen, wie ihr Körper groß ist. Heuschrecken und Spitzkopfzikaden machen erstaunlich weite Sprünge und erzeugen die nötige Kraft mit kräftigen Muskeln in ihren Hinterbeinen.

SCHWIMMEN UND ÜBER DAS WASSER LAUFEN Libellennymphen leben im Wasser, bis sie sich in adulte Libellen verwandeln. Unter Wasser bewegen sie sich nach dem Rückstoßprinzip fort. Dabei stoßen sie Wasser durch ihren After aus, sodass sie nach vorn katapultiert werden. Auf diese Weise kommen sie schnell voran, wenn sie kleine Wassertiere jagen. Teichläufer können dank ihrer spezialisierten Beine, die mit Wasser abweisenden Haaren bedeckt sind, über die Gewässeroberfläche laufen. Ihr Gewicht ist dabei gut verteilt und die Oberflächenspannung des Wassers verhindert, dass sie untergehen.

Eine erstaunliche Fortbewegungsweise kann man bei den Larven einiger Pflanzenwespen beobachten, wie bei der Art *Perreyia flavipes*, die in Südamerika vorkommt. Die Larven leben in großen Gruppen und bewegen sich in einem Knäuel gemeinsam fort, wobei die oberen Larven auf denen krabbeln, die sich weiter unten befinden.

Phasen des Flugs
Nach dem Abheben (A) fliegt ein Insekt durch eine Abfolge von vier Bewegungen der Flügel: Rückwärtsbewegung, Supination, Aufschlag und Pronation (B–E).

Legende
- Flugrichtung
- Flügelrotation
- Richtung der Flügelbewegung

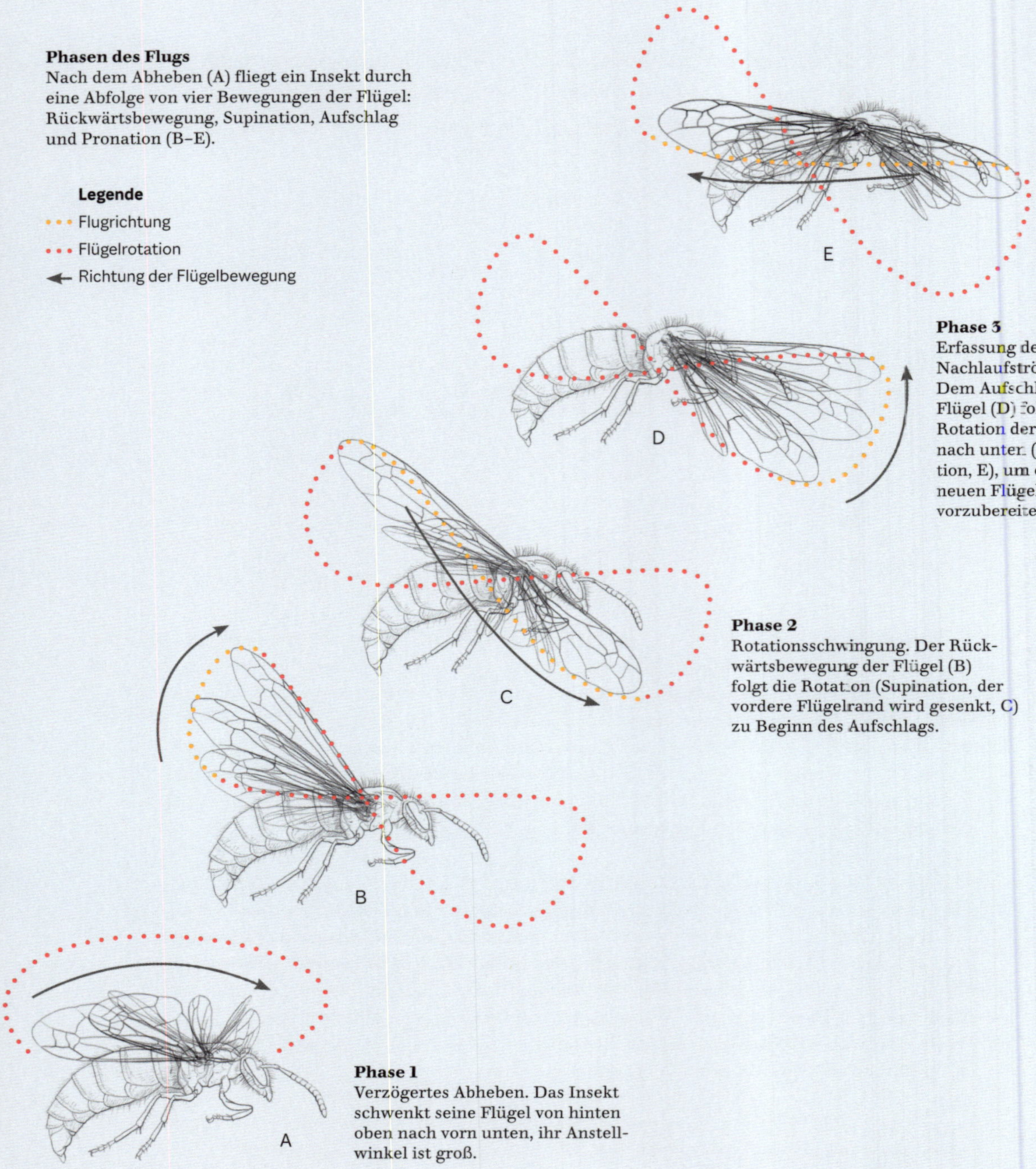

Phase 3
Erfassung der Nachlaufströmung. Dem Aufschlag der Flügel (D) folgt die Rotation der Flügel nach unten (Pronation, E), um einen neuen Flügelschlag vorzubereiten.

Phase 2
Rotationsschwingung. Der Rückwärtsbewegung der Flügel (B) folgt die Rotation (Supination, der vordere Flügelrand wird gesenkt, C) zu Beginn des Aufschlags.

Phase 1
Verzögertes Abheben. Das Insekt schwenkt seine Flügel von hinten oben nach vorn unten, ihr Anstellwinkel ist groß.

Die Flugfähigkeit ist ein Grund für den Erfolg der Insekten. Fliegen ist so vorteilhaft, dass nur fünf Prozent aller Insektenarten es nicht können.

FLIEGEN

Insekten waren die ersten Tiere, die sich in die Luft erhoben. Ihre Flügel waren zunächst Ausstülpungen der Brust oder umgewandelte Beinglieder, die dazu beitrugen, dass sie bei Sprüngen oder Gleitflügen das Gleichgewicht halten konnten. Die Entwicklung der Flügel und der beteiligten Muskulatur war sehr bedeutend, weil sich fliegende Insekten weiter ausbreiten konnten. Außerdem entwickelten sich neue Kommunikationsweisen und Fortpflanzungsstrategien. Der Schwänzeltanz der Honigbienen etwa dient dazu, anderen Koloniemitgliedern mitzuteilen, in welche Richtung sie fliegen müssen, um Nahrung zu finden.

DIE TECHNIK Insektenflügel werden von zwei Gruppen kräftiger Muskeln an der Basis jedes Flügels bewegt. Viele Insekten können vorwärts, rückwärts und seitwärts fliegen und einige im Rüttelflug in der Luft stillstehen. Die verschiedenen Insektengruppen fliegen unterschiedlich, aber allgemein kann man drei Flugphasen unterscheiden. Die erste ist das verzögerte Abheben, das nur bei Insekten vorkommt. Schnelle, nach vorn gerichtete Flügelschläge bei einem hohen Anstellwinkel (dem Winkel zwischen der entgegenkommenden Luft und dem Insektenflügel, 30 bis 45 Grad) erzeugen einen Luftwirbel über den Flügeln, der das Insekt nach oben zieht, sodass es abhebt. Die zweite Phase ist die Rotationsschwingung. Die Flügel rotieren schnell, um Auftrieb zu erzeugen. Die dritte ist die Erfassung der Nachlaufströmung, bei der die Flügel vor dem Rückschlag rotieren, um mehr Auftrieb zu erzeugen und Energie zu sparen.

SO SCHNELL WIE GEPARDEN Libellen können mehr als 50 km/h erreichen und sind die schnellsten Flieger unter den Insekten. Bemerkenswert sind auch die Reaktionszeiten einiger Insekten. Um Räubern zu entkommen, können Stubenfliegen die Richtung in nur 30 Tausendstel Sekunden ändern. In der Luft nutzen Insekten mit großen Flügeln die Viskosität der Luft aus. Sie können deshalb hohe Geschwindigkeiten erreichen, obwohl sie nur langsam mit den Flügeln schlagen. Für kleine Insekten wirkt die Luft aufgrund ihrer geringen Größe zähflüssiger. Sie müssen schneller mit den Flügeln schlagen, wenn sie navigieren.

Die Wanderungen der Insekten gehören zu den bedeutendsten Tierwanderungen der Erde. Alljährlich fliegen Billiarden Insekten Tausende Kilometer weit.

WANDERUNGEN

Auf der Nordhalbkugel wandern viele Insektenarten im Frühling in immer höhere Breitengrade, weil sich die Blüten zuerst im Süden und dann immer weiter nördlich öffnen. Bis zu vier Generationen ziehen in den Norden und jede Generation nutzt die auf ihrer Route verfügbare Nahrung. Im Herbst, wenn die Temperaturen sinken und die Tage kürzer werden, fliegt eine einzige Generation den weiten Weg in den Süden zurück. Die Insekten begegnen weder ihren Eltern noch erfahrenen Artgenossen, was bedeutet, dass ihr Wanderverhalten genetisch bedingt ist.

WARUM WANDERN INSEKTEN? Der Hauptgrund ist, dass sich die Arten so während einer möglichst langen Zeit fortpflanzen können. Weitere Gründe sind die Vermeidung von Fressfeinden und von Krankheiten. Wandernde Insekten haben aber auch andere wichtige Aufgaben, wie die Bestäubung von Pflanzen. Viele Schädlinge an Nutzpflanzen, wie z. B. Heuschrecken, aber auch Räuber, die Schadinsekten unter Kontrolle halten, gehören zu den Wanderern. Sehr wahrscheinlich ist es für die Ökosysteme der Erde unbedingt notwendig, dass Insekten Wanderungen unternehmen, aber wir wissen bisher wenig darüber.

NAVIGIEREN Tagsüber fliegende Insekten berechnen ihre Route nach dem Stand der Sonne, die sich über den Himmel bewegt. Nachtaktive Wanderer orientieren sich am Sternenhimmel und einige können sogar das Magnetfeld der Erde wahrnehmen und sich an ihm orientieren. Insekten legen enorme Entfernungen zurück und manche nutzen dabei bestimmte Windsysteme.

WELCHE ARTEN WANDERN? Das Zugverhalten von Schmetterlingen und Libellen ist relativ gut erforscht. In jüngerer Zeit hat sich jedoch gezeigt, dass 90 Prozent der wandernden Insekten Fliegen sind. Auch andere Gruppen wie Marienkäfer, Netzflügler und Hummeln ziehen. Die häufigsten wandernden Arten, wie z. B. den Kleinen Kohlweißling (*Pieris rapae*), kann man in Gärten beobachten.

Hainschwebfliege (*Episyrphus balteatus*)
Die wandernden Schwebfliegen kann man in Europa, Nordamerika und Nordasien in Gärten häufig beobachten. Die Larven erbeuten Blattläuse und sind deshalb für die Ökosysteme wichtig.

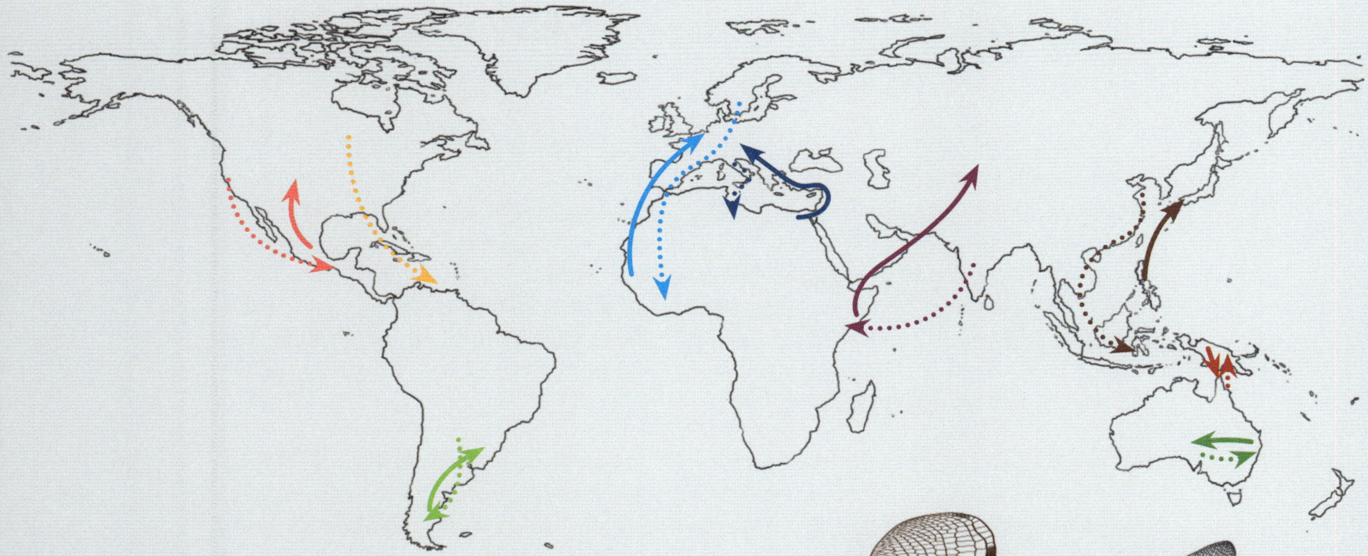

Wanderlibelle (*Pantala flavescens*)
Diese Libelle zieht von Indien bis nach Afrika und folgt dabei den Monsunregenfällen. In der Regenzeit legt sie ihre Eier in Pfützen, weil in diesen temporären Gewässern keine Fressfeinde leben. Den Ozean überquert sie in nur wenigen Tagen.

Die meisten Insekten leben einzeln, aber es gibt auch soziale Arten. Ihre Kolonien bestehen aus miteinander verwandten Individuen, die zusammenarbeiten. Zu ihnen gehören Ameisen und Termiten sowie auch einige Bienen, Wespen und Blattläuse.

SOZIALE INSEKTEN

Bei Insekten gibt es solitäre, kommunale, semisoziale und eusoziale (staatenbildende) Arten. Während sich solitäre Arten kaum um ihren Nachwuchs kümmern leben eusozialen Arten in organisierten Gemeinschaften mit klar definierten Aufgaben. Für die soziale Lebensweise ist es entscheidend, die Arbeiten zu koordinieren. Damit die Kolonie funktioniert, müssen die Individuen eine komplizierte Abfolge von Arbeiten erledigen, wie die Aufzucht der Larven, die Nahrungssuche und die Verteidigung der Kolonie.

ARBEITSTEILUNG Um effizient zu sein, haben soziale Insekten eine Arbeitsteilung entwickelt. Oft ist sie an das Alter der Arbeiter gebunden. Ältere Individuen übernehmen schwierigere Aufgaben, wie die Nahrungssuche. Bei einigen Arten haben die Arbeiterinnen oder Arbeiter bestimmte morphologische Merkmale. Um die Kolonie besser verteidigen zu können, besitzen die Soldaten der Ameisen beispielsweise größere Mandibeln. Bei manchen Blattlausarten entwickeln sich einige Individuen zu größeren Soldaten, deren Kutikula dicker ist.

KOMMUNIKATION Soziale Insekten unterscheiden sich voneinander, aber bei allen Arten müssen sehr viele Individuen koordiniert zusammenarbeiten. Deshalb haben sich bei diesen Insekten komplizierte Kommunikationsformen entwickelt, wie der Schwänzeltanz der Honigbienen. Die Bienen kehren in den Stock zurück, um anderen Arbeiterinnen mitzuteilen, wo sich gute Nahrungsquellen befinden, indem sie in Form einer Acht »tanzen«. Bei Ameisen markieren Kundschafterinnen die Wege zu Nahrungsquellen mit Pheromonen.

KÖNIGINNEN UND KÖNIGE Ein wichtiger Aspekt ist, welche Mitglieder der Kolonie sich fortpflanzen. In vielen Fällen gibt es in der Kolonie eine Königin, die alle Eier legt. Bei Ameisen, Bienen und Wespen kann die Königin das Geschlecht ihrer Nachkommen bestimmen, denn befruchtete Eier entwickeln sich zu Weibchen und unbefruchtete Eier zu Männchen. Die Töchter der Königin paaren sich in der Regel nicht. Stattdessen sind sie Arbeiterinnen, die die Nachkommen der Königin (ihre eigenen Schwestern und Brüder) aufziehen und andere Arbeiten für die Kolonie erledigen. In Termitenkolonien (S. 52–53) gibt es männliche und weibliche Arbeiter und die Königin lebt mit einem König zusammen, der sich während ihres gesamten Lebens mit ihr paart.

Je mehr wir über soziale Insekten herausfinden, desto deutlicher wird ihre Bedeutung. Sie übernehmen vielfältige ökologische Aufgaben, von der Bestäubung der Blüten bis hin zur Dezimierung von Schädlingen. Weil es unzählige Individuen gibt, insbesondere bei Ameisen (S. 48–49) und Termiten, ist ihr Einfluss enorm.

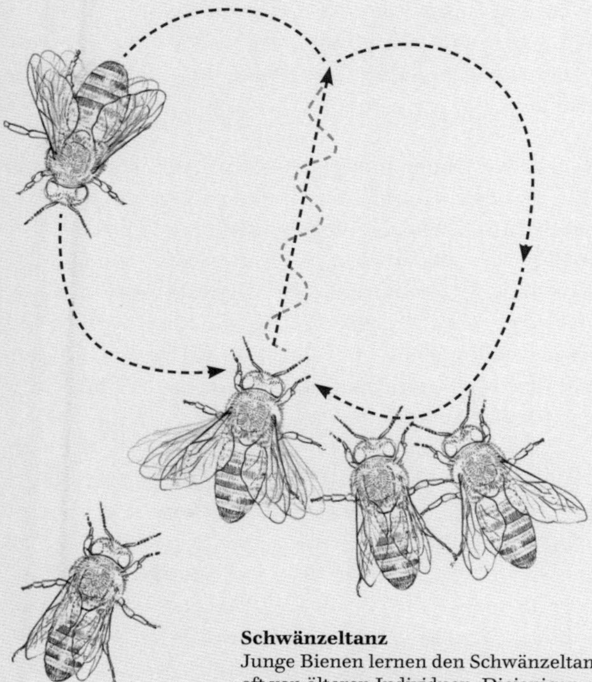

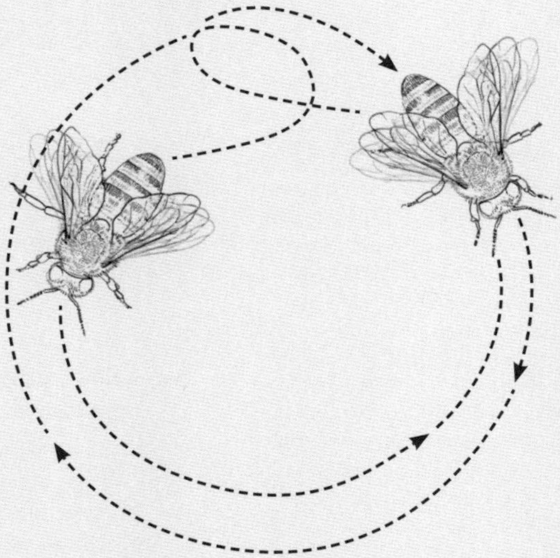

HONIGBIENE
(*APIS MELLIFERA*)

Schwänzeltanz
Junge Bienen lernen den Schwänzeltanz oft von älteren Individuen. Diejenigen, die von erfahrenen Arbeiterinnen lernen, geben Informationen zuverlässiger weiter.

Rundtanz
Jüngere Studien deuten darauf hin, dass der Rundtanz eine Variante des Schwänzeltanzes ist, bei dem Informationen über die Richtung der Nahrungsquelle weitergegeben werden.

Wo eine Ameise ist, werden noch mehr Ameisen sein, denn diese Insekten leben in Kolonien mit einigen Dutzend bis vielen Millionen Individuen.

SOZIALE INSEKTEN: AMEISEN

Soziale Insekten leben in Kolonien und ziehen gemeinsam die Nachkommen von nur wenigen Individuen groß. Ameisen sind die größte und vielfältigste Gruppe – nach aktuellen Schätzungen gibt es etwa 20 Quadrillionen Ameisen. Auf jeden Menschen kommen demnach 2,5 Millionen Ameisen.

Derzeit sind mehr als 14 000 Ameisenarten bekannt, die in der Größe stark variieren und in Wüsten, Grasländern, Mangrovensümpfen, auf Bäumen und unter der Erde leben. Manche sind spezialisierte Jäger, Pilzzüchter (S. 64–65) oder Aasfresser, während andere sich von Honigtau ernähren, einer zuckerhaltigen Flüssigkeit, die von Blattläusen, Schildläusen und anderen Arten mit stechend-saugenden Mundwerkzeugen ausgeschieden wird. Diese Arten verhalten sich ähnlich wie Milchbauern: Sie beschützen ihre »Nutztiere« und transportieren sie sogar von einer Pflanze zur nächsten.

WARUM SIND AMEISEN SO ERFOLGREICH? Ameisen gehören zu den zahlreichsten Insekten der Erde und haben eine enorme ökologische Bedeutung. Blattschneiderameisen richten in Mittel- und Südamerika Schäden an Nutzpflanzen an. Einige Ameisenarten haben sich weltweit invasiv ausgebreitet. Rote Feuerameisen (*Solenopsis invicta*), die aus Südamerika stammen, gelangten bis nach Neuseeland und in jüngster Zeit auch nach Südeuropa. Ihr Erfolg beruht darauf, dass sie vielfältige Nistplätze und Nahrungsquellen nutzen können und die Aufgaben innerhalb der Kolonie flexibel verteilen.

IM AMEISENNEST

In einer Kolonie gibt es eine oder mehrere Königinnen (Weibchen, die sich fortpflanzen) und viele nah verwandte Arbeiterinnen. Diese legen selbst keine Eier, sondern kümmern sich um den Nachwuchs der Königin. Die einzige Aufgabe der Männchen ist es, sich mit jungen Königinnen zu paaren. Die Arbeiterinnen suchen Nahrung und halten das Nest sauber. Wenn die Kolonie wächst, graben sie neue Kammern oder halten Ausschau nach geeigneten Orten für neue Nester. Die Arbeiterinnen sind auf bestimmte Aufgaben spezialisiert, die zu ihrer Größe passen.

Supermajor- and Minor-Arbeiterinnen (*Carebara affinis*)
Trotz der enormen Größenunterschiede gehören diese Ameisen derselben Art an und sind Schwestern. Die Entwicklung der Larven wird von der Art der Nahrung bestimmt, mit der sie von den Arbeiterinnen gefüttert werden.

Nest einer afrikanischen Feldwespe (*Belonogaster juncea*)
Diese Gattung sozialer Wespen baut Papiernester, die recht unstrukturiert aussehen, was für Wespen untypisch ist. Selten leben im Nest mehr als zehn Individuen.

Soziale Wespen sind viel mehr als nur lästig. Es gibt über 1200 Arten, deren Gesellschaften unterschiedlich organisiert und mehr oder weniger komplex sind.

SOZIALE WESPEN

ARBEITERINNEN, KÖNIGINNEN UND MÄNNCHEN Die Wespen, die wir oft als äußerst lästig empfinden, sind Arbeiterinnen der Gattung *Vespula*. Sie sind auf der Suche nach Nahrung, die sie ins Nest transportieren, um ihre Geschwister zu füttern. Ihre Mutter ist die Königin, die in der Kolonie mit 5000 bis 10000 Individuen als Einzige Eier legt. Zu Beginn des Sommers sind alle Nachkommen der Kolonie Arbeiterinnen, aber später im Jahr legt die Königin Eier, aus denen Männchen und Königinnen des nächsten Jahres schlüpfen, die sich paaren. Die Männchen sterben bald und die befruchteten Königinnen suchen nach einem Ort, an dem sie überwintern können. Gartenschuppen und Dachböden sind dafür ideal, weil sie warm und geschützt sind. Im Frühling baut jede Jungkönigin ein Papiernest aus Holzfasern und Speichel. Sie versorgt ihre Larven mit erbeuteten Insekten und diese entwickeln sich zur ersten Arbeiterinnengeneration. Nun bleibt die Königin im Nest und legt weiterhin Eier.

VIELFÄLTIGE NESTER Zwar leben alle sozialen Wespen in Gruppen, aber ihre Kolonien sind unterschiedlich komplex. Die größte Vielfalt findet man in den mittel- und südamerikanischen Tropen: Mehr als 250 Arten gehören den Epiponini an. Hunderte Königinnen und Arbeiterinnen schwärmen, um neue Kolonien zu gründen. Manche ihrer Nester sind wunderschön, andere bizarr. Die Nestgebilde der nachtaktiven Gattung *Apoica* etwa sehen wie Lampenschirme aus, während die der Gattung *Metapolybia* eher an Kuhfladen erinnern. Nicht alle sozialen Wespen bilden große, komplexe Kolonien. Die weltweit vorkommenden *Polistes*-Arten sowie die afrikanischen *Belonogaster*-Arten leben in kleinen Gruppen aus 10 bis 50 Individuen. Die südostasiatischen Faltenwespen der Unterfamilie Stenogastrinae leben zu zweit oder dritt in unauffälligen Nestern, die wie Erdhaufen aussehen. Alle Gruppenmitglieder dieser einfachen Gemeinschaften können sich fortpflanzen, aber die meisten helfen dabei, die Nachkommen einer Königin großzuziehen.

Termiten können erhebliche Schäden an Gebäuden und Nutzpflanzen anrichten. Sie sind jedoch als Ökosystem-Ingenieure sehr bedeutend und ihre Kolonien sind kompliziert organisiert.

SOZIALE INSEKTEN: TERMITEN

Bisher wurden mehr als 3000 Termitenarten beschrieben. Sie stammen von Schaben ab, die sich von Holz ernährten, und haben ähnliche Merkmale wie diese, wie z.B. symbiontische Mikroorganismen in ihrem Darm, die die Zellulose im Holz aufbrechen können. Termiten leben in Kolonien und die Kasten haben unterschiedliche Aufgaben: Fruchtbare Männchen und Weibchen pflanzen sich fort, und es gibt Arbeiter und Soldaten.

GRÜNDUNG EINER NEUEN KOLONIE Geflügelte, fortpflanzungsfähige Insekten verlassen das Nest. Sie schwärmen, paaren sich, werfen ihre Flügel ab und suchen einen Ort, um ihre eigene Kolonie zu gründen. Die unfruchtbaren, ungeflügelten Arbeiter sind meist blass und blind. Trotzdem sind sie das Rückgrat der Kolonie und für die Futtersuche und den Nestbau verantwortlich. Soldaten sind größer als Arbeiter und verteidigen die Kolonie.

ÖKOSYSTEM-INGENIEURE Von großer ökologischer Bedeutung ist die Fähigkeit der Termiten, sich von Bestandteilen des Bodens zu ernähren. Bei etwa 1000 Arten haben die Arbeiter einen kompliziert gebauten, langen Darm, in dem sie organisches Material aus dem Boden verdauen. Solche Termiten sind in tropischen Regionen enorm zahlreich und besetzen eine ähnliche ökologische Nische wie die Regenwürmer in den gemäßigten Breiten.

E. Arbeiter der Unterfamilie Macrotermitinae suchen über der Erde nach Pflanzenmaterial. Ihre Kutikula ist härter als die der unterirdisch lebenden Arbeiter anderer Termitenarten. *Macrotermes*-Soldaten (unten) sind gepanzert und ihre Köpfe und Mandibeln sind vergrößert, denn sie beschützen die Arbeiter.

A. Termitenhügel bieten Schutz und eine stabile Umgebung für die Bewohner. Die Mitglieder der Unterfamilie Macrotermitinae bauen die größten und kompliziertesten Nester. Im Laufe der Evolution haben sich diese Insekten darauf spezialisiert, Pilze zu züchten. Die Hügel einiger *Macrotermes*-Arten sind bis zu 8 Meter hoch, aber es gibt auch einfachere Nester im Erdboden.

B. Ein kompliziertes Belüftungssystem sorgt dafür, dass frische Luft in Schächten zirkuliert, sodass die Temperatur und Luftfeuchtigkeit immer optimal für das Wachstum des symbiontischen Pilzes sind.

C. Halbverdautes Pflanzenmaterial wird auf einem labyrinthartigen Pilzgarten deponiert, wo es vom symbiontischen *Termitomyces*-Pilz vollständig zersetzt wird. Das Myzel und vom Pilz gebildete Knöllchen sind die Nahrung der Kolonie.

D. In der Königinnenkammer lebt die Königin mit dem König. Ihr Hinterleib ist stark angeschwollen, denn in ihm entwickeln sich viele Eier. Die Königinnen einiger *Macrotermes*-Arten können jeden Tag Tausende Eier legen.

Im Bienenstock
In einem Stock leben während der Sommermonate im Schnitt etwa 40 000 Bienen, aber nur etwa 5000 überleben den Winter. Die meisten Bienen sind Arbeiterinnen.

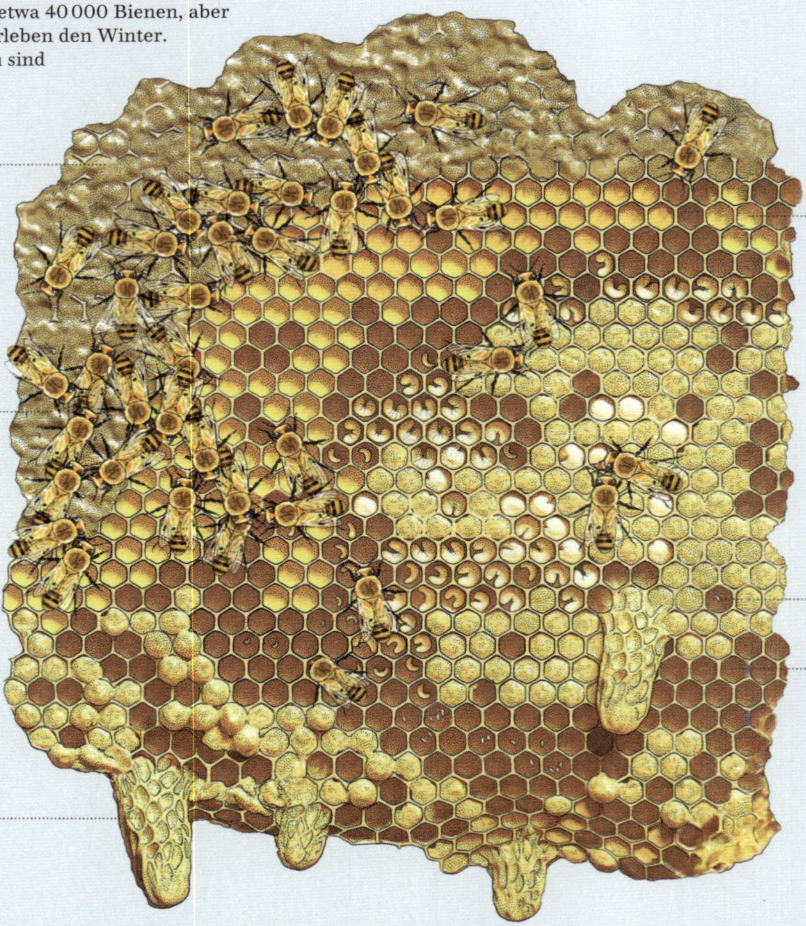

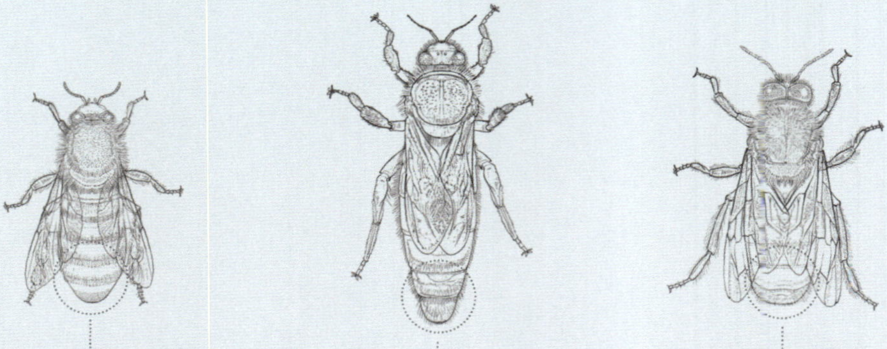

Eine Kolonie einer eusozialen Bienenart funktioniert wie ein Superorganismus, bei dem jede Biene eine bestimmte Aufgabe hat – so wie die Zellen eines Menschen zusammenarbeiten, damit der Körper funktioniert.

EUSOZIALE BIENEN

Etwa 90 Prozent aller Bienenarten sind Solitärbienen. Ein Weibchen baut Brutzellen, versorgt sie mit Nahrungsvorräten, legt Eier hinein und stirbt, bevor die Larven schlüpfen. Etwa sechs Prozent der Bienenarten bezeichnet man als eusozial. Sie leben in Kolonien und nur einige Individuen pflanzen sich fort. Arbeiterinnen ziehen den Nachwuchs der Königin groß, und oft sind alle Arbeiterinnen die Nachkommen einer einzigen Königin.

KASTEN EUSOZIALER BIENEN Die Entwicklung einer Larve wird von ihren Genen oder der Menge und Art der Nahrung bestimmt, mit der sie gefüttert wird. Drohnen tragen zur Fortpflanzung bei und sterben bald nach der Paarung. Arbeiterinnen sind steril und können alle Aufgaben erledigen, von der Brutpflege und der Reinigung der Kolonie bis hin zum Bau der Waben und der Nahrungssuche. Nur die Königin paart sich und legt Eier. Sie lebt länger als die Arbeiterinnen, aber die Lebenserwartung ist artspezifisch. Bei der eusozialen Furchenbiene *Lasioglossum umbripenne* etwa leben Drohnen 14 Tage und Arbeiterinnen einen Monat, während die Königin ein Jahr alt werden kann. Bei der Westlichen Honigbiene (*Apis mellifera*) leben Drohnen acht Wochen, Arbeiterinnen eineinhalb bis fünf Monate und die Königin zwei bis sechs Jahre.

VORTEILE DER EUSOZIALITÄT Jede Biene hat eine bestimmte Aufgabe in der Kolonie. Einige Arbeiterinnen kümmern sich um die Larven, andere sind für die Nahrungssuche verantwortlich. Eusoziale Bienen koordinieren mit chemischen Stoffen die Verteidigung der Kolonie und stechen und beißen Feinde und Parasiten. Körbchensammler (Hummeln, Honigbienen und stachellose Bienen) überleben schlechtes Wetter und Nahrungsknappheit, indem sie die Temperatur in ihrer Kolonie regulieren und Nahrung (Honig) in Waben einlagern. Im Winter ernähren sie sich von den Vorräten.

Nur wenige Strukturen in der Natur sind so beeindruckend wie die Nester der Ameisen, Termiten und Wespen. Ihre Komplexität und die Vielfalt der Bauweisen sind spektakulär.

NESTER SOZIALER INSEKTEN

Soziale Insekten bauen Nester, um sich vor Fressfeinden, Krankheiten und dem Klima zu schützen, lagern im Nest Nahrung ein und pflanzen sich in ihm fort. Die Vielfalt der Bauweisen ist faszinierend. Wespen nutzen ihre Nester nur einen Sommer lang, während viele Termitennester Jahrzehnte lang bewohnt werden. In Zentralafrika ist ein Termitennest bekannt, das seit 2000 Jahren genutzt wird.

PILZE ZÜCHTEN Manche Termiten kultivieren in ihren kompliziert gebauten, hügelförmigen Nestern, die mehrere Meter hoch sein können, spezielle Pilze. Die meisten Termitenhügel sind kegelförmig und bestehen aus mit Speichel vermischter Erde, die hart geworden ist. Im Inneren befindet sich ein kompliziertes System aus Gängen und Belüftungsschächten, die die Temperatur und Feuchtigkeit regulieren. So werden die idealen Bedingungen für die Pilzgärten aufrechterhalten. Die Termiten sammeln außerhalb des Nests Pflanzenteile und züchten den Pilz auf dem halbverdauten Pflanzenmaterial.

Termitenhügel beeinflussen ihre Umgebung positiv. Auf dem nährstoffreichen Boden wachsen artenreiche Pflanzengesellschaften. Außerdem bieten die Hügel Vögeln, Fledermäusen, Reptilien und wirbellosen Tieren geschützte Rückzugsorte mit einem stabilen Klima. Als termitophile Arten bezeichnet man wirbellose Tiere, die außerhalb von Termitenhügeln nicht überleben können. Solche Abhängigkeiten haben sich mindestens 40-mal unabhängig voneinander entwickelt. Bereits vor etwa 100 Millionen Jahren gab es diese Symbiosen.

LEBENDE BIWAKS

Wanderameisen sind die einzigen Ameisen, die keine dauerhaften Nester aus natürlichen Materialien bauen. Stattdessen gruppieren sie sich zu sogenannten Biwaknestern, die aus ihren eigenen Körpern bestehen. Tausende Individuen können an einem Biwak beteiligt sein und jede Ameise heftet sich mit ihren Krallen und Mandibeln an die Körper anderer Ameisen, sodass ein nestartiges Gebilde entsteht. Die Königin ist im Inneren durch die Körper der Arbeiterinnen geschützt. Wanderameisen können jede Nacht ein neues Biwak bauen. Manchmal ziehen sie dabei sogar weiter, indem sie sich koordiniert fortbewegen.

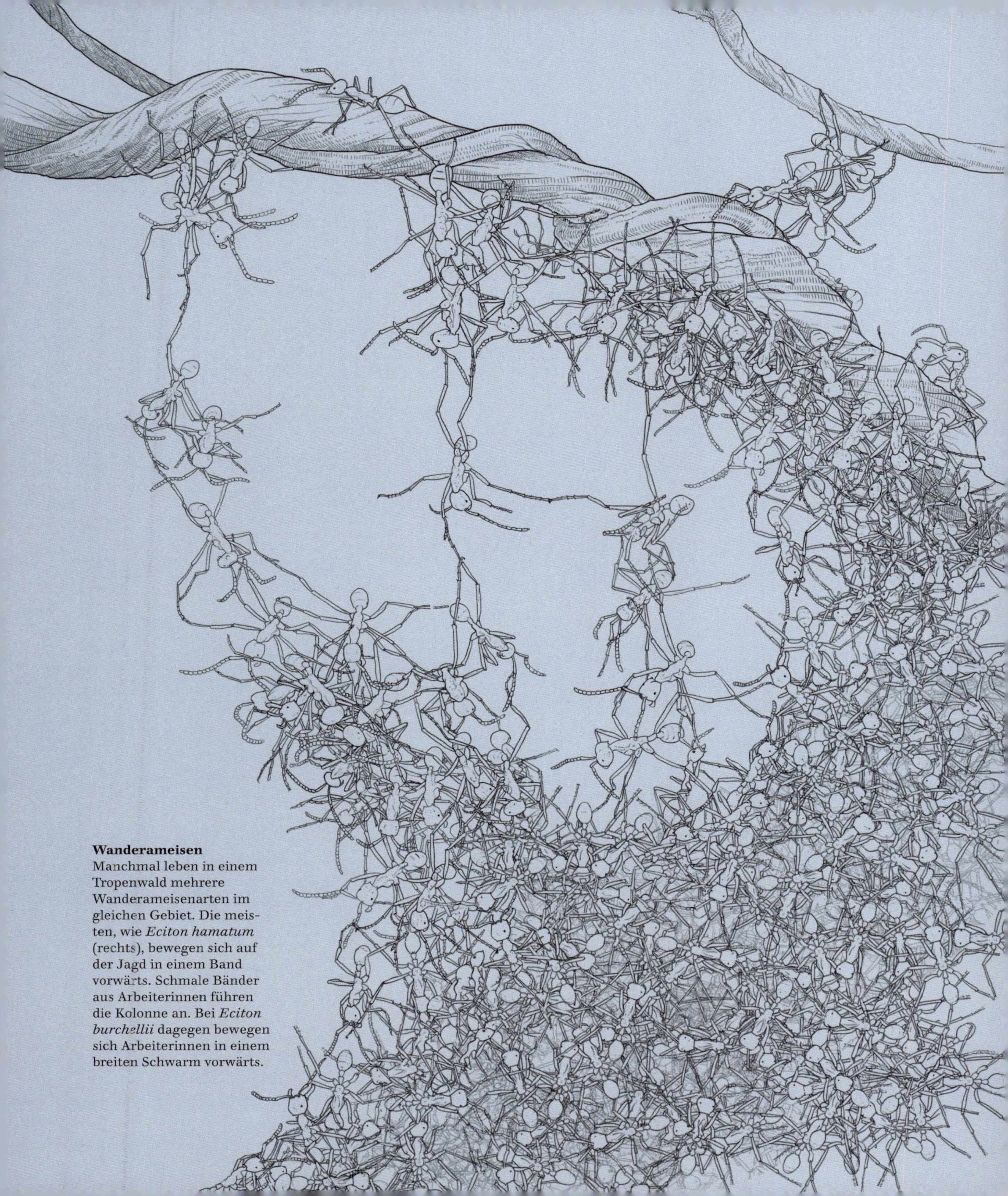

Wanderameisen
Manchmal leben in einem Tropenwald mehrere Wanderameisenarten im gleichen Gebiet. Die meisten, wie *Eciton hamatum* (rechts), bewegen sich auf der Jagd in einem Band vorwärts. Schmale Bänder aus Arbeiterinnen führen die Kolonne an. Bei *Eciton burchellii* dagegen bewegen sich Arbeiterinnen in einem breiten Schwarm vorwärts.

Viele Insekten können Seide produzieren und verschiedene Strukturen aus ihr spinnen. Die im Wasser lebenden Köcherfliegenlarven bauen sich faszinierende Behausungen.

STRUKTUREN AUS SEIDE

Insekten, die mithilfe von Seide Strukturen bauen, müssen die geeigneten Baumaterialien zunächst finden und dann miteinander verbinden. Die Seide wird im Körper in flüssiger Form gebildet und verfestigt sich zu einem Faden, sobald sie abgesondert wird. Meist denkt man bei Seidengespinsten zunächst an Spinnennetze, aber auch viele Insekten, wie z. B. Köcherfliegenlarven, produzieren und verarbeiten Seide. Die Köcherfliegenlarve berührt mit ihrer Spinndrüse im Mundbereich ein Objekt, spinnt dann einen Faden und berührt mit ihm ein anderes Objekt, sodass die beiden Partikel miteinander verbunden werden. Sie wiederholt dies so lange, bis ein schützender Köcher entstanden ist. Die Larven vieler Insektengruppen, wie Köcherfliegenlarven und die Raupen verschiedener Schmetterlingsarten, bauen Gehäuse, in die sie sich bei Gefahr zurückziehen. Obwohl diese Gebilde klein sind, sind sie in manchen Bächen und Flüssen so zahlreich, dass sie die Mikrohabitate und die Wasserströmung beeinflussen.

BAUMATERIALIEN In der Natur gibt es für Insekten jede Menge Baumaterialien, wie Sandkörner, lebende und tote Blätter und Holzstückchen. Für eine Köcherfliegenlarve sind viele Objekte zu groß oder zu klein, aber mit Beugenerven in einigen ihrer Gelenke kann sie Maß nehmen. Sie misst das passende Stück eines Pflanzenteils ab und schneidet es mit ihren kräftigen Mandibeln (Kiefern) aus.

BEUTE FANGEN Manche Insekten spinnen aus Seide Strukturen, die nicht nur ihrem Schutz dienen. Die Larven einiger Köcherfliegenarten bauen ihren Köcher auf dem Gewässergrund, einem Stein oder einer Pflanze und verbergen sich in ihm. Er ist mit einem sorgfältig konstruierten Fangnetz verbunden. Manche Köcherfliegen aus der Familie Philopotamidae spinnen ein Netz, das so fein ist, dass sich winziges Phytoplankton (mikroskopisch kleine Algen) darin verfängt.

Plectrocnemia conspersa
Die Larven dieser Köcherfliegenart kommen in Bächen vor und sind Räuber an der Spitze der Nahrungskette. Den größten Teil ihres Lebens verbringen sie in ihrem Köcher.

Aurorafalter (*Anthocharis cardamines*)

INTERAKTIONEN

KAPITEL III

WIE VERÄNDERN INSEKTEN ihre Umgebung? Einige Arten unterhalten mit Pflanzen und Tieren Partnerschaften zum gegenseitigen Nutzen, während andere Parasiten, Räuber oder Schädlinge sind. In diesem Kapitel lernen Sie verschiedene Bestäuber von Pflanzen sowie Spezialisten und Generalisten kennen, die einen enormen Einfluss auf die Ökosysteme haben.

Die meisten Insekten treffen im Lauf ihres Lebens auf andere Insekten. Diese Begegnungen verlaufen unterschiedlich und können positiv, negativ oder neutral für eine oder beide Arten sein.

WIE INSEKTEN INTERAGIEREN

ZUM WECHSELSEITIGEN NUTZEN Von mutualistischen Beziehungen profitieren beide Partner. Ein Beispiel für eine (meist) mutualistische Interaktion sind Ameisen der Gattung *Crematogaster*, die Schmierläuse (*Formicococcus njalensis*) als Nutztiere halten. Die Ameisen beschützen die Schmierläuse vor Räubern und Parasitoiden und ernähren sich im Gegenzug von den zuckerhaltigen Ausscheidungen (Honigtau) der Pflanzensaftsauger.

RÄUBER UND PARASITEN Bei anderen Interaktionen profitiert nur eine Insektenart. Langbeinfliegen beispielsweise erbeuten Insekten mit weicher Kutikula wie Blattläuse. Von Parasitismus spricht man, wenn ein Insekt den Körper einer anderen Art als Nahrungsquelle nutzt (S. 68–69). Das ist beispielsweise der Fall, wenn eine parasitoide Wespe die Eier in einen Wirt wie eine Blattlaus legt. Der Gefleckte Wollschweber (*Bombylius discolor*) legt seine Eier in die Nester solitärer Wildbienen, wo sich seine Larven von den Nahrungsvorräten ernähren, die die Biene für ihren eigenen Nachwuchs eingetragen hat.

WEITREICHENDE AUSWIRKUNGEN Die Interaktionen wirken sich nicht nur auf die Insekten aus, sondern auch auf andere Tiere und Pflanzen im Ökosystem (S. 186–187). Die Konkurrenz zweier Bestäuberarten (wie Hummeln oder Schwebfliegen) an bestimmten Blüten beeinflusst, wie die Individuen sich bei der Nahrungssuche zwischen den Pflanzen hin und her bewegen. Das kann sich auf die Samenbildung der Pflanzen (die Anzahl und Masse) auswirken.

AGGRESSIVES VERHALTEN Sensorische Signale spielen bei Interaktionen von Insekten eine wichtige Rolle. Visuelle und chemische Signale, die ein Insekt aussendet, können das Verhalten eines anderen beeinflussen und beispielsweise die Aggression steigern oder vermindern. Libellen der Gattung *Hetaerina* zeigen ein aggressives Territorialverhalten gegenüber anderen Libellenarten, indem sie diese jagen, rammen oder packen. Die Männchen aller Arten der Gattung verteidigen Reviere (kleine Gebiete bei Fließgewässern), in die die Weibchen fliegen, um sich mit ihnen zu paaren und um ihre Eier an Wasserpflanzen abzulegen. Die Männchen von *Hetaerina americana* tragen einen rubinroten Fleck an jeder Flügelbasis, der Informationen über ihr Geschlecht und sogar ihr Alter übermittelt. Bei anderen Libellenmännchen löst er aggressives Verhalten aus.

Ameisen hüten auf einem Kakaobaum in Westafrika Schmierläuse
Schmierläuse sind kleine Insekten, die Pflanzensaft saugen. Sie sind mit einer weißen, wachsartigen Substanz bedeckt, und einige übertragen Pflanzenviren auf die Kakaobäume, an denen sie saugen. Das »Cacao Swollen Shoot Virus« (CSSV) mindert den Ertrag beträchtlich.

Faszinierende Interaktionen zwischen Ameisen und Pilzen, die sich im Lauf der Evolution entwickelt haben, spielen eine wichtige Rolle in den Ökosystemen. Sie tragen dazu bei, dass Nährstoffe wiederverwertet werden.

AMEISEN UND IHRE PILZGÄRTEN

MUTUALISMUS Im Verdauungssystem von Blattschneiderameisen kann Zellulose, ein Hauptbestandteil aller Pflanzen, nicht aufgebrochen werden. Trotzdem ernähren sich etwa 50 Arten von Blattschneiderameisen in Zentral- und Südamerika von Pflanzen und profitieren dabei von einer Interaktion zum wechselseitigen Nutzen, die man als Mutualismus bezeichnet. Die Ameisen haben eine mutualistische Beziehung zum Pilz *Leucoagaricus gongylophorus* entwickelt und betreuen Pilzgärten. Sie versorgen den Pilz mit Pflanzenmaterial und ernähren sich im Gegenzug von speziellen Verdickungen der Pilzhyphen, sogenannten Staphylae. Diese enthalten auch Enzyme, die im Verdauungssystem der Ameisen unverdauliche Bestandteile des Pflanzenmaterials in Nährstoffe umwandeln. Einige dieser Nährstoffe nutzt der Pilz für sein Wachstum und um nährstoffreiche Strukturen (Gongylidien) zu bilden, die den Ameisen als Nahrung dienen.

SCHÄDLICHE PILZE Der Mutualismus wird von parasitischen Pilzen (*Escovopsis*) bedroht, die die Pilzgärten infizieren und ihnen Nährstoffe entziehen. Weil der parasitische Pilz den Geruch und die Textur der Gongylidien nachahmt, die in den Pilzgärten heranwachsen, versorgen die Ameisen den Garten weiterhin, bis das System zu kollabieren beginnt. Wenn sie die Bedrohung wahrnehmen, entfernen die Ameisen infizierte Stellen in ihrem Garten, um weitere Schäden abzuwenden. Noch schauerlichere Parasiten sind *Cordyceps*-Pilze. Ihre Sporen heften sich an das Außenskelett der Ameisen und die Hyphen dringen schließlich ein und verdauen das Gewebe der Insekten. Lebenswichtige Organe werden nicht angegriffen, sodass die Ameise so lange wie möglich am Leben bleibt. Schließlich wird ihr Nervensystem manipuliert und sie klettert auf eine Pflanze, wo sie stirbt. Wegen dieses bizarren letzten Verhaltens können die Pilzsporen mit dem Wind verbreitet werden, sodass der Infektionszyklus weitergeht.

MUTUALISMUS VON AMEISEN UND PILZEN

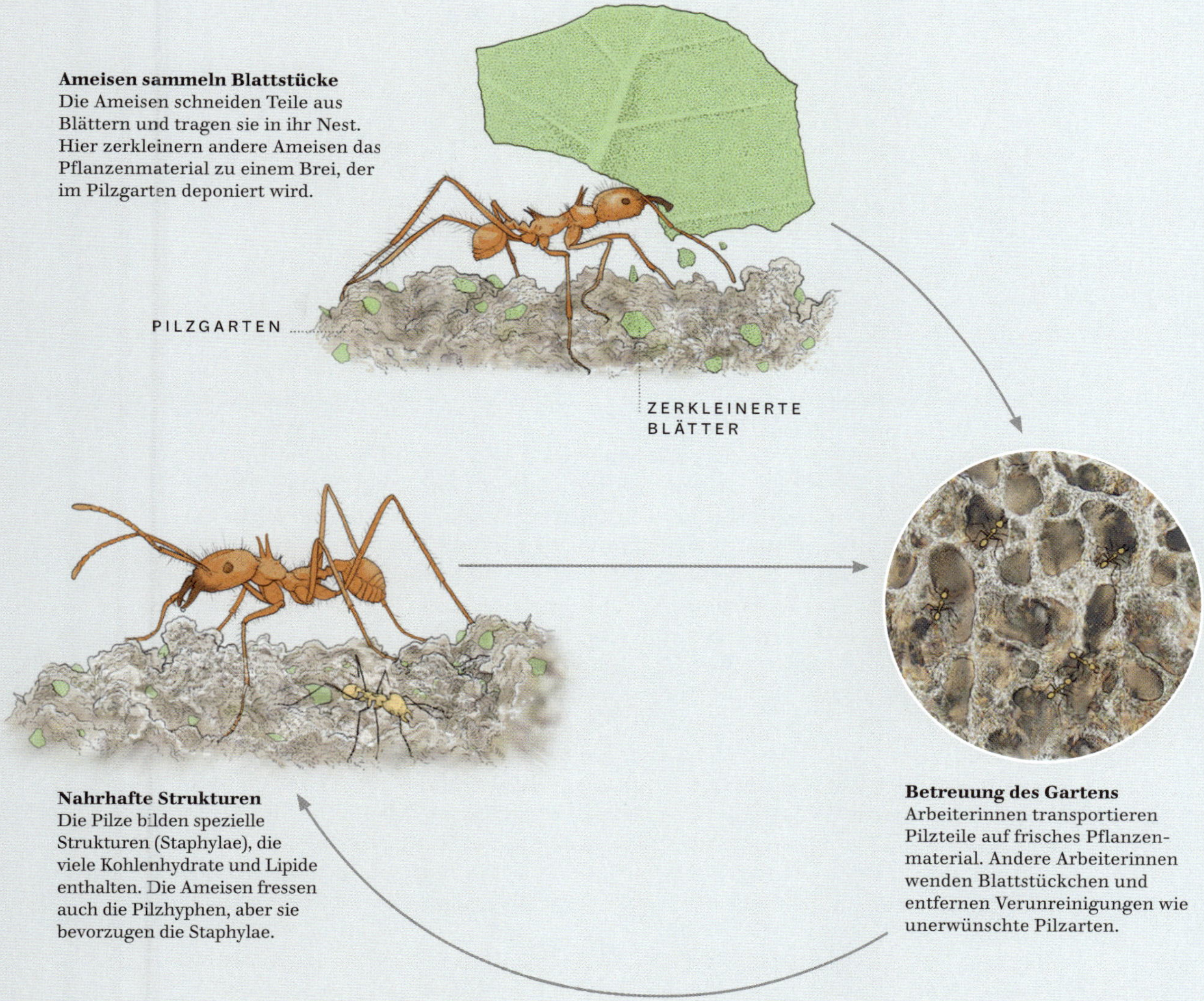

Ameisen sammeln Blattstücke
Die Ameisen schneiden Teile aus Blättern und tragen sie in ihr Nest. Hier zerkleinern andere Ameisen das Pflanzenmaterial zu einem Brei, der im Pilzgarten deponiert wird.

Betreuung des Gartens
Arbeiterinnen transportieren Pilzteile auf frisches Pflanzenmaterial. Andere Arbeiterinnen wenden Blattstückchen und entfernen Verunreinigungen wie unerwünschte Pilzarten.

Nahrhafte Strukturen
Die Pilze bilden spezielle Strukturen (Staphylae), die viele Kohlenhydrate und Lipide enthalten. Die Ameisen fressen auch die Pilzhyphen, aber sie bevorzugen die Staphylae.

Einige Bienenarten bauen keine Nester für ihre Larven. Sie haben andere Wege gefunden, um ihren Nachwuchs mit Nahrungsvorräten zu versorgen.

BRUTPARASITISMUS BEI BIENEN

Die meisten Wildbienenarten leben solitär. Die Weibchen bauen Nester, in die sie Nektar und Pollen für ihre Larven eintragen und jedes Ei wird auf einen eigenen Futtervorrat gelegt. Einige Wildbienenarten sind jedoch Brutparasiten, die ihre Eier in die Nester anderer Wildbienen legen. Ihnen fehlen die Körperstrukturen, um den Pollen zu transportieren. Ihre Mandibeln hingegen sind verlängert und ihr Außenskelett ist sehr dick, und sie erkennen ihre Wirte am Geruch. Viele Brutparasitenweibchen sondern ähnliche Geruchsstoffe ab wie ihre Wirtsbienen, um unbemerkt in deren Nester eindringen zu können. Die Männchen einiger Wespenbienen (*Nomada*) bringen bei der Paarung Sekrete auf das Außenskelett des Weibchens auf, die wie die Sekrete riechen, mit denen die Wirtsbienenart ihr Nest markiert. Andere Brutparasiten zerkauen Blätter und reiben ihren Körper damit ein, um ihren eigenen Geruch zu verdecken.

BIENEN, DIE EIER IN VERSCHLOSSENE ZELLEN LEGEN Solche Kleptoparasiten legen je ein Ei in eine versiegelte Zelle. Das frühe Larvenstadium kann die Larve der Wirtsbiene töten. Es entwickelt sich schneller als die Larve der Wirtsart und ist aggressiv. Manchmal legen mehrere Kleptoparasiten ihr Ei in dieselbe Zelle und eine Larve tötet die anderen. Ein Beispiel für diese Art des Brutparasitismus sind *Dioxys pomonae* und ihre Wirtsbiene *Osmia nigrobarbata*.

BIENEN, DIE EIER IN OFFENE ZELLEN LEGEN Dieser Parasitismus kommt bei Wildbienen am häufigsten vor. Die Kleptoparasiten suchen ein Nest, das noch versorgt wird und legen ihre Eier in eine Brutzelle des Wirts, oft direkt in den Pollenvorrat. Das Wirtsbienenweibchen bemerkt dies nicht. Düsterbienen (*Stelis*) parasitieren auf diese Weise an Mauerbienen (*Osmia*). Das fünfte Larvenstadium der Düsterbiene beißt die Mauerbienenlarve an und ernährt sich von ihrem Gewebe und ihren Körperflüssigkeiten.

IN VERSCHLOSSENEN ZELLEN PARASITIEREN

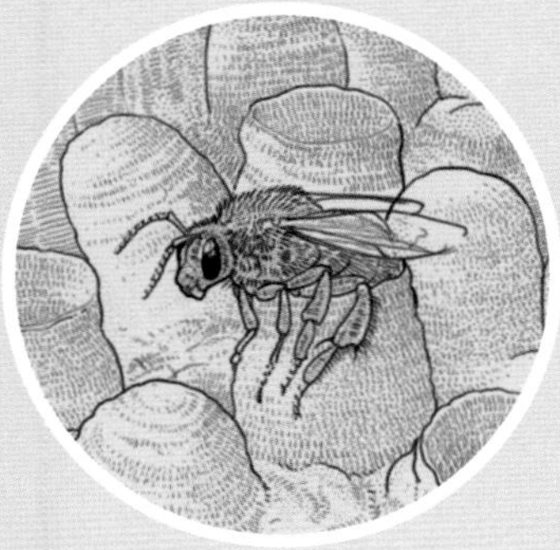

BRUTZELLEN DER PRACHT-BIENE *EULAEMA NIGRITA*

1.

Die Prachtbiene *Eulaema nigrita* ist eine Wirtsbiene. Das Weibchen baut ihre Brutzellen in einem Nest aus Exkrementen, Schlamm und Harz im Boden oder in einer Baumhöhle.

2.

Das Weibchen legt seine Eier in die Zellen, die es mit einem Pollenvorrat versorgt hat, und versiegelt sie dann, damit die Larven geschützt sind. Wenn es alle Eier versorgt hat, stirbt es.

3.

Exaerete smaragdina hält nach dem Nest einer Wirtsbiene Ausschau. Sie inspiziert Bodenlöcher und Baumhöhlen.

4.

Im Nest der Wirtsbiene sucht die parasitische Biene nach einer geeigneten Zelle.

5.

Wenn die parasitische Biene eine Brutzelle mit einem Nahrungsvorrat findet, tötet sie das Ei oder die Larve der Wirtsbiene. Sie beißt ein kleines Loch in die Wand oberhalb des Nahrungsvorrats, legt ihr Ei durch das Loch ab und verschließt die Öffnung dann wieder.

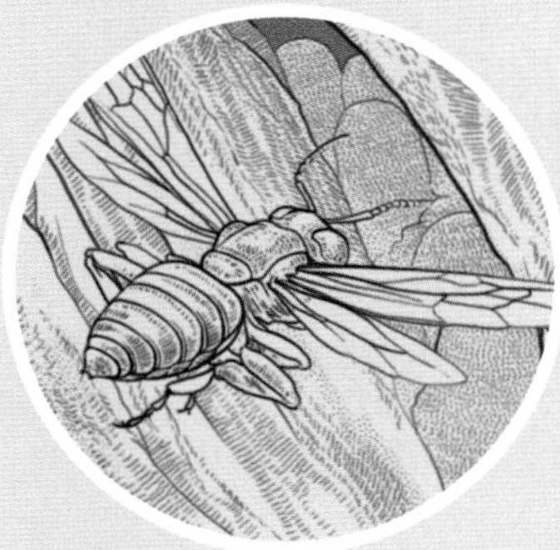

DIE PARASITISCHE BIENE *EXAERETE SMARAGDINA*

6.

Exaerete smaragdina verlässt das Nest der Wirtsbiene. Sie hat es erfolgreich vermieden, ein eigenes Nest zu bauen und einen Nahrungsvorrat anzulegen.

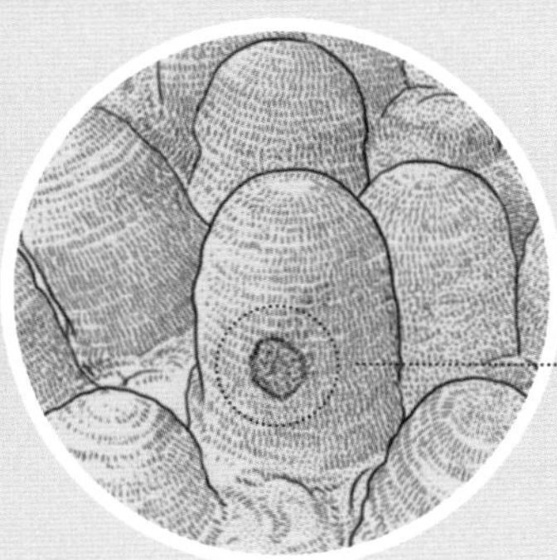

PARASITIERTES NEST

Parasitoide Insekten sind Arten, deren Nachwuchs sich im oder am Körper anderer Insekten entwickelt und den Wirt schließlich tötet.

PARASITOIDE

Parasitoide sind zu Beginn ihres Lebens Parasiten. Sie leben im Körper eines Wirts und ernähren sich von ihm, bis er schließlich stirbt. Im Lauf der Evolution haben sich parasitoide Arten mehrere Male entwickelt. Die meisten sind winzige bis mittelgroße Wespen oder Raupenfliegen (Tachinidae), die Stubenfliegen ähneln. Alle parasitoiden Wespen stammen von einem einzigen Vorfahren ab, der vor etwa 250 Millionen Jahren lebte. Heute existieren mindestens eine Million Arten, wahrscheinlich noch viel mehr, daher gibt es sie in den Landökosystemen häufig.

RAUPEN ALS WIRTE Die Kohlweißlings-Brackwespe (*Cotesia glomerata*) parasitiert an den Raupen des Großen Kohlweißlings (*Pieris brassicae*). Die nur wenige Millimeter lange Wespe nimmt flüchtige chemische Stoffe wahr, die die Raupen absondern. Sie werden in der Wirtspflanze gebildet und mit den Exkrementen der Raupe abgegeben. Viele Parasitoide legen nur ein Ei in jeden Wirt, sodass sich nur eine Larve von ihm ernährt. Die Weibchen von *C. glomerata* jedoch legen 30 bis 40 Eier in die Schmetterlingsraupe. Mit den Eiern wird ihr ein Virus eingespritzt, der in ihren Stoffwechsel eingreift, sodass sie Proteine bildet, die ihr Immunsystem außer Kraft setzen. Die Parasitoide im Raupenkörper werden deshalb nicht bekämpft. Zunächst ernähren diese sich vorsichtig, sodass die Raupe am Leben bleibt und wächst. Wenn sie fast ausgewachsen ist, verzehren die Parasitoide alle inneren Organe und schlüpfen aus der Raupenhaut. Sie verpuppen sich in einem Ring um die leere Hülle der Raupe. Aber auch diese Parasitoide haben Feinde, denn andere Wespenarten legen ihre Eier wiederum in *C. glomerata*. Solche Parasitoide an Parasitoiden nennt man Hyperparasitoide.

Verpuppte Wespenlarven an einer Raupe
Eine kleine parasitoide Brackwespe (*Cotesia glomerata*) hat ihre Eier in die Kohlweißlingsraupe (*Pieris brassicae*) gelegt. Nachdem die Wespenlarven die Raupe getötet haben, sind sie durch ihre Haut hervorgebrochen und haben sich verpuppt.

PARASITOIDE WESPE
(*COTESIA GLOMERATA*)

Die Weibchen einiger parasitoider Wespen legen ihre Eier in die Eier größerer Insektenarten. Ein einziges Ei des Wirts reicht aus, um die Wespenlarve mit allen Ressourcen zu versorgen, bis sie sich verpuppt.

PARASITOIDE AN EIERN

EINEN WIRT FINDEN Für einen kleinen Parasitoiden ist es eine Herausforderung, in einer komplexen Umgebung ein kleines Ei zu finden. Einige Arten spüren daher ein adultes Weibchen der Wirtsart auf und folgen ihm, bis es seine Eier ablegt. Oft lassen sie sich vom Weibchen tragen und springen erst ab, wenn es die Eier legt. Nachdem der Parasitoid sein Ei in das des Wirts gelegt hat, stirbt der Embryo des Wirts ab und wird von der Larve des Parasitoiden gefressen.

SPEZIELLE ANPASSUNGEN Die winzigen Eierschlupfwespen der Familie Mymaridae parasitieren in den Eiern vieler Insektenarten. Einige Eierschlupfwespen befallen sogar die Eier von im Wasser lebenden Insekten wie Wasserkäfern. Um in dieser Umgebung leben zu können, sind ihre Flügel zu Rudern umgebildet. Die Flügelader bildet den Schaft und das Ruder besteht aus einer kleinen, lang behaarten Flügelmembran. Diese Parasitoide können lange Zeit unter Wasser bleiben. Sie sind so klein, dass über ihre Körperoberfläche genügend Sauerstoff in ihren Körper diffundiert.

BIOLOGISCHE SCHÄDLINGSBEKÄMPFUNG Weil Parasitoide die Eier von Insekten abtöten, die Schäden an Nutzpflanzen anrichten, kann man sie sehr effektiv zur Schädlingsbekämpfung einsetzen. Erzwespen der Familie Trichogrammatidae etwa können in Obsthainen freigelassen werden, um den Apfelwickler (*Cydia pomonella*) zu dezimieren, der die Äpfel befällt. Die Raupen fressen Gänge in die Äpfel. Die Erzwespen legen ihre Eier in die Eier des Apfelwicklers und ihre Larven töten die Raupen, bevor die adulten Motten schlüpfen können, sodass keine Insektizide versprüht werden müssen. Firmen haben Methoden entwickelt, um die Wespen in großer Zahl zu züchten. Weltweit lässt man sie in Apfelplantagen frei, die vom Apfelwickler befallen sind.

LEBENSZYKLUS EINER ERZWESPE DER GATTUNG *TRICHOGRAMMA*

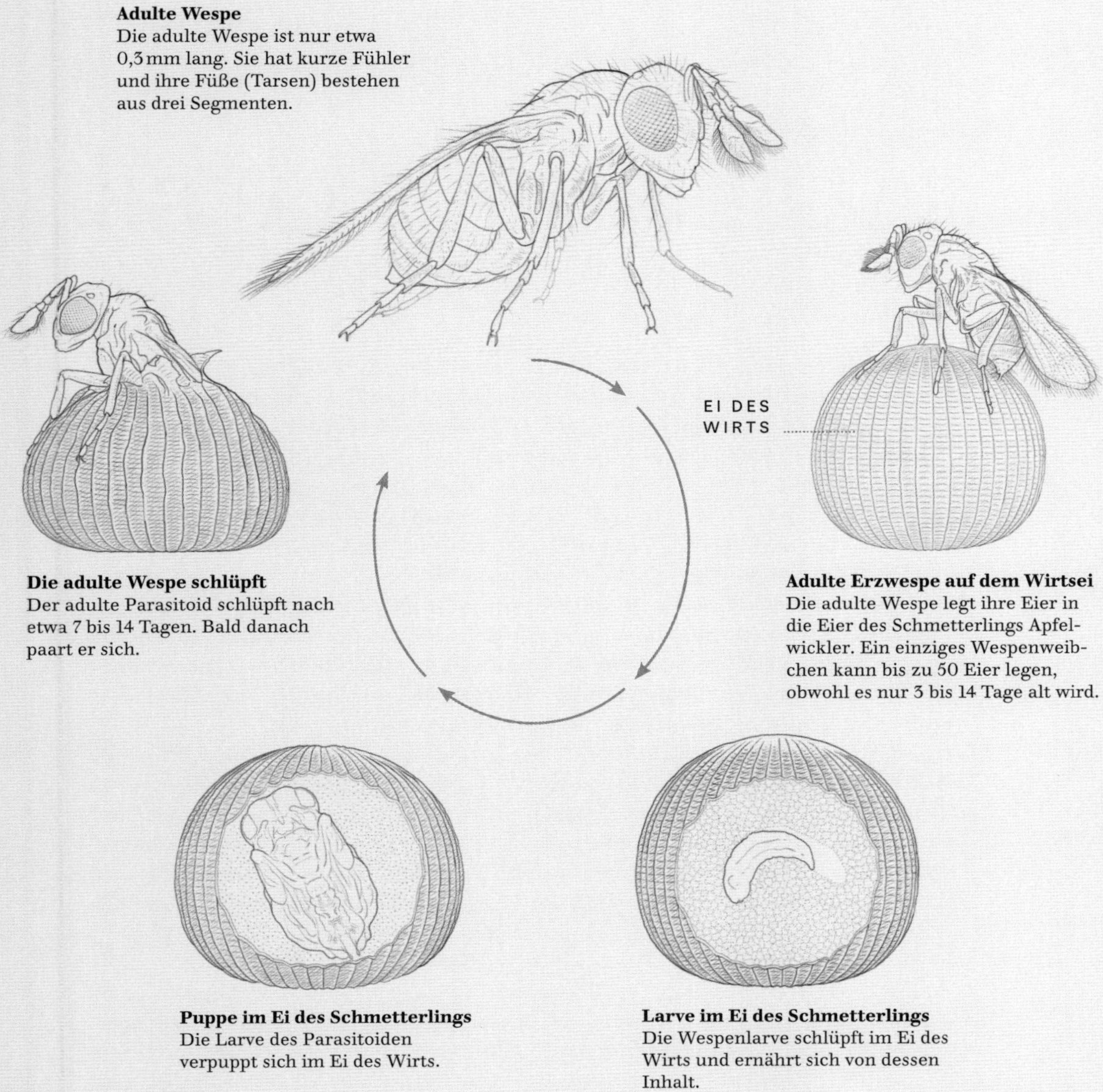

In der Welt der Käfer ist das Verhältnis zwischen Räubern und Beute ebenso aufregend wie in der Welt der Säugetiere. Es gibt Lauerjäger, Arten, die große Beute überwältigen und Generalisten, die auch Aas fressen.

RÄUBERISCHE KÄFER

Weltweit gibt es mehr als 40 000 Laufkäferarten. Ihre Jagdmethoden sind vielfältig, aber die meisten sind Generalisten, die jedes Beutetier verzehren, das ihnen über den Weg läuft. Für die Landwirtschaft sind sie nützlich, denn sie dezimieren Schädlinge wie Blattläuse und Rüsselkäfer.

JÄGER MIT GUTEN AUGEN Die riesigen, hervorgewölbten Augen des Zweigefleckten Eilkäfers (*Notiophilus biguttatus*) sind aus besonders vielen Einzelaugen (Ommatidien, S. 16–17) zusammengesetzt. Mit ihrem hervorragenden Sehsinn erblicken diese Räuber Springschwänze und andere Wirbellose. Sie nähern sich ihnen unbemerkt und greifen dann an. Springschwänze können jedoch auf bemerkenswerte Weise entkommen, denn sie besitzen eine Sprunggabel (Furcula) an der Unterseite des Hinterleibs. Bei Gefahr kann sie gelöst werden, sodass der Springschwanz in die Luft katapultiert wird.

BEUTE FANGEN Der Schwarze Krummhornkäfer (*Loricera pilicornis*) hat eine andere Strategie. An seinen Fühlern sitzen lange Borsten, mit denen er über den Boden fegt und wie mit einem Netz Springschwänze fängt, bevor diese fortspringen können. Die Borsten (Setae) sind 10-mal stabiler als die anderen Haare am Körper des Käfers. Ähnlich jagt der Blaue Bartläufer (*Leistus spinibarbis*), dessen große, flache Mandibeln mit Borsten besetzt sind.

GROSSE BEUTETIERE Größere Beute zu fangen erfordert andere Jagdmethoden. Laufkäfer der Gattungen *Carabus* und *Tefflus* wittern die Schleimspuren von Schnecken und folgen ihnen. Die Häuser der Schnecken sind für sie jedoch eine Herausforderung. Einige Laufkäferarten können sie mit ihren großen Mandibeln knacken, während andere schmale Köpfe und Mandibeln haben und in die Häuser kriechen, um den weichen Schneckenkörper zu fressen.

Zweigefleckter Eilkäfer
(*Notiophilus biguttatus*)
Diese Käfer haben ein Sehfeld von 200 Grad. Sie schleichen sich an ihre Beute heran und schlagen dann gezielt zu.

Eine Florfliegenlarve erbeutet eine Blattlaus
Die Larven der Grünen Florfliege vertilgen Blattläuse und andere kleine Insekten, die Schäden in der Landwirtschaft anrichten können.

Landwirte und Gärtnerinnen auf der ganzen Welt profitieren von den vielen Insektenarten, die sich von Blattläusen ernähren. Man kann sie zur biologischen Schädlingsbekämpfung einsetzen.

BLATTLAUSJÄGER

Marienkäfer gehören zu den bekanntesten Blattlausjägern und vertilgen im Lauf ihres Lebens Tausende der kleinen Insekten. Auch viele andere räuberische Käfer, Schwebfliegen und Florfliegen ernähren sich von Blattläusen. Die hübsche Grüne Florfliege (*Chrysoperla carnea*) kommt weltweit in verschiedenen Lebensräumen vor, wie in Gärten und im Agrarland. Die adulten Insekten ernähren sich vom Nektar und Pollen vieler Blütenpflanzen, während die Larven Blattläuse und andere Wirbellose mit dünner Kutikula wie z.B. Thripse jagen. Sie spüren ihre Beute auf, indem sie komplexe chemische Signale wahrnehmen. Sowohl die Blattläuse als auch die Pflanzen, an denen sie saugen, sondern diese Stoffe ab und die Florfliegenlarven nehmen solche Stellen wahr. Sobald eine Florfliegenlarve eine Blattlaus aufgespürt hat, packt sie sie mit ihren sichelförmigen Mundwerkzeugen. Sie spritzt Enzyme in die Beute ein, die die inneren Organe der Blattlaus zersetzen, sodass sie die nährstoffreiche Flüssigkeit aufsaugen kann. Eine Florfliegenlarve kann täglich etwa 100 kleine Insekten verzehren.

BIOLOGISCHE BEKÄMPFUNGSMASSNAHMEN Es ist wichtig, die Interaktionen von Blattläusen und Blattlausjägern genau zu verstehen, wenn natürliche Feinde zur biologischen Schädlingsbekämpfung eingesetzt werden sollen. Nur so kann man herausfinden, wie man die räuberischen Insekten am effektivsten ausbringt und wie viele von ihnen nötig sind, um ein optimales Ergebnis zu erzielen. Man muss wissen, wie die Blattlausjäger ihre Suchstrategien verändern, wenn ihre Beute häufiger oder seltener wird. Florfliegenlarven etwa fangen mehr Blattläuse, wenn diese zahlreicher vorkommen. Irgendwann sind sie jedoch gesättigt und erbeuten weniger Blattläuse. Auch andere Faktoren beeinflussen, wie wirkungsvoll Blattlausjäger Schädlinge bekämpfen. Marienkäfer beispielsweise hinterlassen eine chemische »Spur«, die andere räuberische Insekten abschreckt.

Pflanzen und Insekten, die sich von Pflanzen ernähren, haben sich Jahrmillionen lang nebeneinander entwickelt. Zu diesen beiden Gruppen gehören mehr als die Hälfte der weltweit vorkommenden Arten.

INSEKTEN, DIE PFLANZEN FRESSEN

PFLANZENVIELFALT FÖRDERN

Insektenfraß kann Pflanzen schädigen, sodass sie schlechter wachsen oder sich nicht so effektiv vermehren können. Insekten tragen aber auch dazu bei, dass in vielen Lebensräumen, wie z. B. in tropischen Regenwäldern, viele verschiedene Pflanzenarten wachsen. Wenn eine bestimmte Pflanzenart in großer Dichte vorkommt, wird sie von Insekten leichter entdeckt und gefressen. Ist die Art dann seltener geworden, haben andere Pflanzenarten einen Wettbewerbsvorteil und das Ökosystem wird vielfältiger.

ERNÄHRUNGSSTRATEGIEN Die meisten Insektenarten ernähren sich von Pflanzen. Im Lauf der Evolution haben sie sich daran angepasst, sämtliche Pflanzenteile zu verzehren. Wir kennen vor allem solche Arten, die sich von Blättern ernähren, sodass Löcher und Narben zurückbleiben. Verschiedene Schmetterlingsraupen, wie die des Holzbohrers *Endoxyla leucomochla*, fressen im Inneren von Stängeln, Zweigen und Wurzeln, wo sie vor den meisten ihrer Feinde geschützt sind. Die Erbsenlaus (*Acyrthosiphon pisum*) und andere Schnabelkerfe (S. 160–161) sitzen an der Pflanze und saugen mit ihren Mundwerkzeugen die Pflanzensäfte.

PFLANZEN WEHREN SICH Eine Pflanze geht selten zugrunde, wenn Insekten an ihr fressen, aber sie kann Schaden nehmen. Pflanzen schützen sich deshalb entweder physikalisch, z. B. mit Haaren oder Häkchen, oder indem sie verschiedenste giftige Stoffe bilden. Daran haben sich wiederum einige Insektenarten angepasst, sodass ihnen die Gifte bestimmter Pflanzenarten nichts anhaben. Die meisten Arten fressen deshalb nur an einer oder wenigen nah verwandten Pflanzenarten oder an nicht verwandten Arten, die ähnliche chemische Stoffe bilden. Wichtige und verletzliche Pflanzenteile, wie Samen, sind meist chemisch gut geschützt, aber einige Arten, wie der Speisebohnenkäfer (*Acanthoscelides obtectus*), ernähren sich auch von solchen Pflanzenteilen, ohne Schaden zu nehmen. Viele Insekten speichern die Pflanzengifte sogar in ihrem Körper. Oft sind solche Arten auffällig gefärbt, um ihren Feinden zu signalisieren, dass sie ungenießbar sind.

Aurorafalter
(*Anthocharis cardamines*)
Die Raupen einiger Schmetterlingsarten, wie die des Aurorafalters, schädigen die Pflanze zunächst (in diesem Fall das Wiesenschaumkraut *Cardamine pratensis*), indem sie die Blätter und Samen fressen. Die adulten Insekten bestäuben später jedoch die Blüten, sodass sich Früchte und Samen bilden können.

Raupe des Aurorafalters
Die Raupen dieser Schmetterlingsart fressen vor allem Pflanzen, aber sie verzehren auch die Eier und Raupen ihrer eigenen Art, wenn sie sie auf ihrer Nahrungspflanze antreffen.

Mehr als eine Million Insektenarten wurden weltweit beschrieben, aber nur wenige gelten als Schädlinge oder gefährden die Produktion von Nahrungsmitteln.

SCHÄDLINGE AN NUTZPFLANZEN

DIREKTE UND INDIREKTE SCHÄDEN Als Schädlinge bezeichnet man Arten, die den Ertrag von Nutzpflanzen oder die Qualität der Ernte vermindern. Direkte Schäden entstehen, wenn Insekten an Nutzpflanzen fressen, aber es kann auch zu indirekten Schädigungen kommen, etwa wenn Insekten Krankheitserreger verbreiten. Die Tabakmottenschildlaus (*Bemisia tabaci*) beispielsweise richtet direkte Schäden an, überträgt aber auch Viruskrankheiten auf etwa 800 Pflanzenarten, darunter Tomaten, Baumwollpflanzen und Süßkartoffeln.

ERTRAGSEINBUSSEN Oft sind die Larven die Schädlinge, manchmal jedoch auch die adulten Insekten oder beide Stadien. Der Große Rapserdfloh (*Psylliodes chrysocephala*) ernährt sich von den Blättern von Raps, während die Larven des Käfers Gänge in die Blattstiele und Stängel bohren. Andere Insekten richten im Erdboden Schäden an. Die Larven der Narzissenschwebfliege (*Merodon equestris*) beispielsweise verzehren die Zwiebeln verschiedener Pflanzen, v. a. aber Narzissenzwiebeln. Die Art hat sich wegen des Handels mit Blumenzwiebeln seit dem 18. Jahrhundert weltweit ausgebreitet und vernichtet schätzungsweise 20 Prozent der Zwiebeln. Einige Insekten bereiten Landwirten und Gärtnerinnen ernsthafte Probleme, wie die Reblaus (*Daktulosphaira vitifoliae*). Diese nordamerikanische Art wurde im 19. Jahrhundert unbeabsichtigt nach Europa eingeschleppt und vernichtete daraufhin zwei Drittel der europäischen Rebstöcke.

Viele Schädlinge an Nutzpflanzen werden von ihren natürlichen Feinden, wie räuberischen und parasitoiden Insekten, nicht effizient dezimiert. Dies ist vor allem der Fall, wenn Pflanzen in großen Monokulturen angebaut oder zu viele Pestizide ausgebracht werden. Häufig versuchen Landwirtinnen und Landwirte, den Ertrag zu steigern, indem sie gegen Schädlinge resistente oder ertragreichere Sorten kultivieren (S. 220–221).

STADIEN DES APFELWICKLERS

Die Raupe bohrt sich in die Frucht
Zurück bleibt ein Loch mit rotem Rand. Anfangs frisst die Larve direkt unter der Schale eine kleine Höhle.

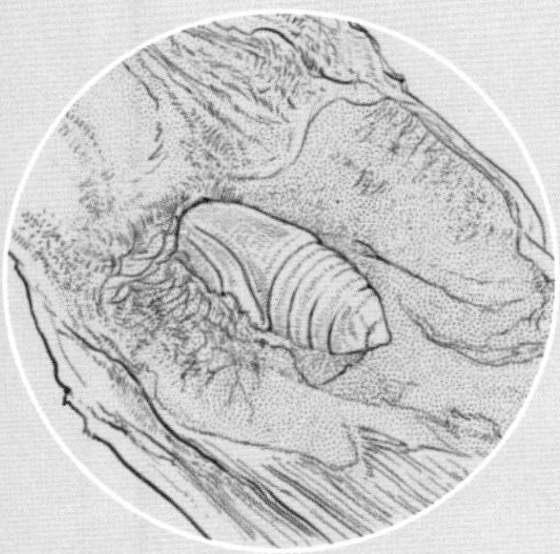

Verpuppung
Die Raupe spinnt einen Kokon unter der Baumrinde und verpuppt sich. Im nördlichen Europa entwickelt sich eine Generation, während es in wärmeren Regionen zwei oder mehr sein können.

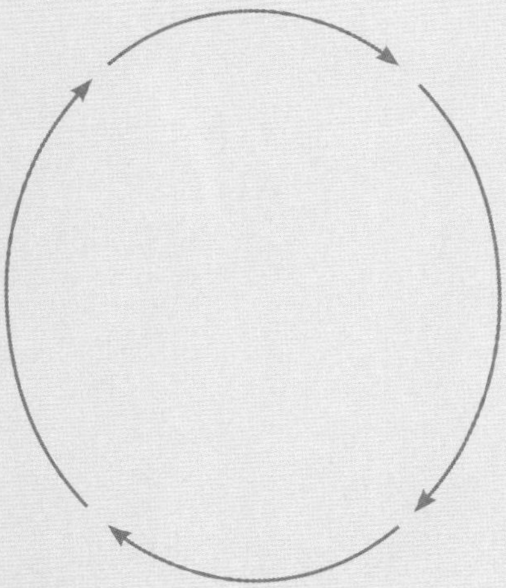

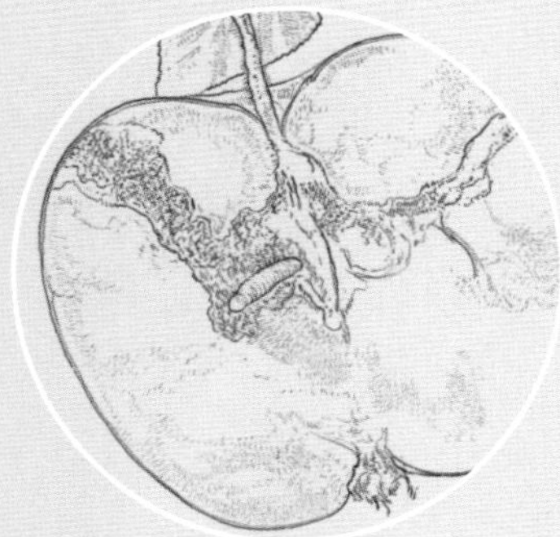

Die Raupe dringt in das Kerngehäuse vor
In der Frucht frisst die Raupe die Samen. Die Höhle, die entstanden ist, füllt sich mit ihren Exkrementen.

Die fleischfarbene Raupe wird bis 20 mm lang
Es dauert etwa vier Wochen, bis sich die Raupe vollständig entwickelt hat. Danach verlässt sie die Frucht.

Kieferneule (*Panolis flammea*)
Um 1970 richtete dieser Nachtfalter an Küsten-Kiefern in Schottland beträchtliche Schäden an. Die adulten Falter fliegen im März und April. Die Raupen schlüpfen im Mai und verzehren junge Triebe und Nadeln.

Naturwälder sind resiliente Ökosysteme, in denen vielfältige Bäume und andere Pflanzen wachsen. Hoher Schädlingsbefall ist hier selten. Bewirtschaftete Wälder mit nur einer Baumart werden jedoch manchmal stark geschädigt.

FORSTSCHÄDLINGE

INSEKTEN, DIE BLÄTTER FRESSEN Eine von vielen Insektenarten, die Blätter von Bäumen fressen, ist die Kieferneule (*Panolis flammea*), die in weiten Teilen Europas vorkommt. In Schottland vertilgen die Raupen die Nadeln der Wald-Kiefer (*Pinus sylvestris*), aber die Insekten kommen normalerweise nur in geringer Zahl vor. Als man jedoch ab den späten 1950er Jahren nordamerikanische Küsten-Kiefern (*Pinus contorta*) in Schottland pflanzte, fraßen unzählige Raupen die Bäume kahl, sodass sie abstarben. Nahe gelegene Wälder aus Wald-Kiefern wurden nicht geschädigt, weil in ihnen parasitoide Wespen (S. 68–69) vorkommen, die die natürlichen Feinde der Kieferneule sind.

BORKENKÄFER Viele Borkenkäferarten leben unter der Rinde und im Holz von Bäumen. Oft werden sie erst bemerkt, wenn die Bäume bereits stark geschädigt sind oder absterben. Adulte Borkenkäferweibchen wie die des Buchdruckers (*Ips typographus*) legen ihre Eier in einen Gang unter der Rinde. Wenn die Larven schlüpfen, fressen auch sie Gänge in das Holz und schaffen arttypische Fraßbilder. Die meisten Borkenkäferlarven leben in toten oder absterbenden Bäumen, aber manche Arten, wie der Bergkiefernkäfer (*Dendroctonus ponderosae*), befallen gesunde Bäume. Einige Borkenkäfer übertragen Krankheitserreger wie z. B. die Sporen der Pilzart, die für das Ulmensterben verantwortlich ist.

PROZESSIONSSPINNER Prozessionsspinnerraupen spinnen Nester aus Seide und entlauben ganze Bäume und Sträucher, sodass diese Schaden nehmen. Ihr Name kommt daher, dass die Raupen in Reihen (»Prozessionen«) auf Bäumen und am Boden laufen, wenn sie das Nest verlassen. Zu ihnen gehören der Pinien-Prozessionsspinner (*Thaumetopoea pityocampa*) und der Eichen-Prozessionsspinner (*Thaumetopoea processionea*). Die haarigen Raupen können außerdem Menschen und Nutztieren gesundheitliche Probleme bereiten.

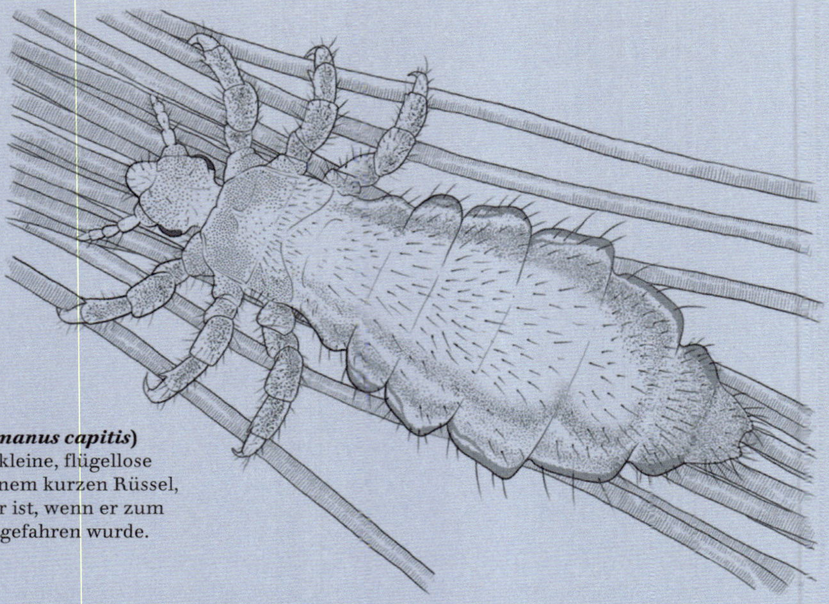

Kopflaus
(*Pediculus humanus capitis*)
Kopfläuse sind kleine, flügellose Insekten mit einem kurzen Rüssel, der nur sichtbar ist, wenn er zum Blutsaugen ausgefahren wurde.

Gelbe Wiesenameise (*Lasius flavus*)
Diese Ameise ernährt sich vom Honigtau, den verschiedene Wurzellausarten absondern, die im Erdboden an Pflanzenwurzeln saugen.

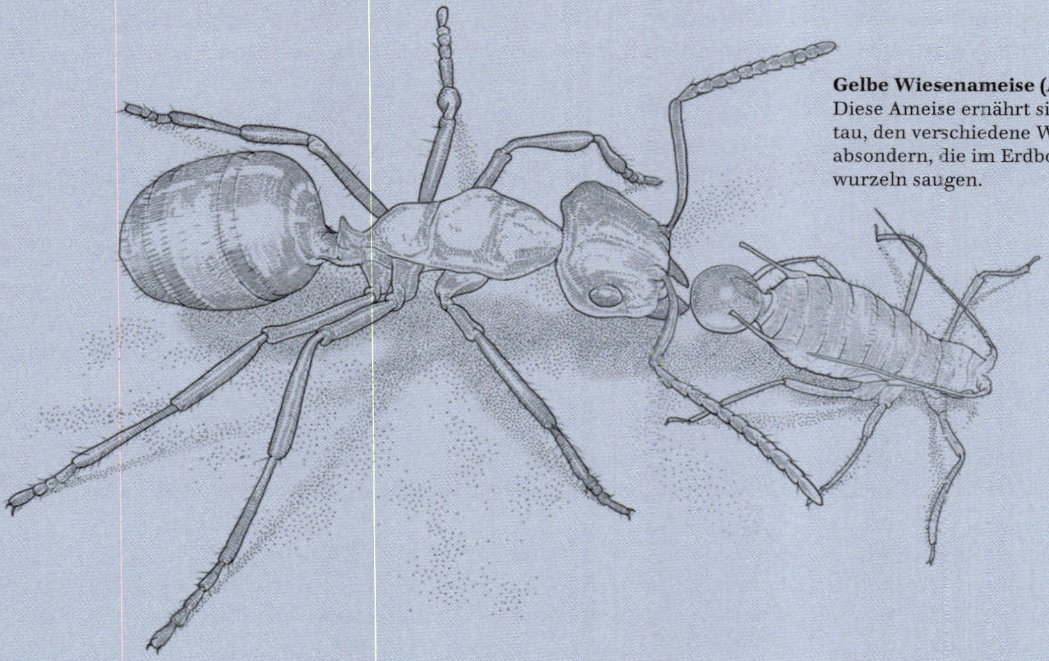

Viele Arten der zahlreichen Insekten sind auf bestimmte Nahrung und Lebensräume spezialisiert und interagieren mit anderen Arten.

SPEZIALISTEN

PARASITISCHE ARTEN Schon das Wort »Parasit« ruft bei den meisten Menschen ein Gefühl des Ekels hervor, aber Parasiten sind faszinierende Insekten, die dank spezieller Anpassungen an ihre Umgebung überleben. Flöhe und Kopfläuse etwa (*Pediculus humanus capitis*) leben auf der Haut von Säugetieren und ernähren sich von ihrem Blut. Sie haben verschiedene Anpassungen an diese Lebensweise entwickelt. Schulkinder und ihre Eltern hassen die Kopflaus, die ihren gesamten Lebenszyklus auf dem Kopf des Menschen abschließt und durch engen Kontakt von Wirt zu Wirt übertragen wird. Läuse sind so spezialisiert auf die Haare des Menschen, dass sie auf einer ebenen Fläche nicht laufen können. Äußerst geschickt bewegen sie sich jedoch von einem Haar zum nächsten fort. Ihre Beine sind kurz und sie halten sich mit Krallen an den letzten Beinsegmenten an den Haaren fest. Tatsächlich können sich Kopfläuse rasch an einem Haar auf und ab bewegen und flink zu einem anderen Wirt überwechseln. Flöhe dagegen verbringen nur einen Teil ihres Lebenszyklus auf ihrem Wirt. Die Larven bleiben im Nest oder einer anderen Struktur und verzehren organische Materialien, während die adulten Insekten im Fell leben und Blut saugen. Adulte Flöhe katapultieren sich mit ihren kräftigen hinteren Beinen auf den nächsten Wirt.

ANDERE SPEZIALISTEN Bienen, Ameisen und Wespen interagieren mit anderen Insektenarten und Pflanzen. Viele solitäre Bienen sammeln z. B. den Pollen bestimmter Pflanzenarten, und ihr Lebenszyklus ist an den der Blütenpflanze gebunden. Langhornbienen der Gattung *Melissodes* etwa sind auf Disteln spezialisiert. Andere Arten, wie Fliegen der Gattung *Prosoeca*, haben stark umgebildete Mundwerkzeuge und gelangen mit ihrer Hilfe an die Blütenteile, die Nektar absondern. Einige Ameisenarten, wie die Gelbe Wiesenameise (*Lasius flavus*), leben unter der Erde zusammen mit Wurzelläusen, die den Saft von Wurzeln saugen, und ernähren sich vom zuckerhaltigen Honigtau, den die Läuse absondern.

Generalisten sind anpassungsfähige Insekten, die vielfältige Ressourcen nutzen und in verschiedenen Lebensräumen vorkommen. Sie haben einen enormen Einfluss auf die Ökosysteme.

GENERALISTEN

GENERALISTISCHE BESTÄUBER Die Blüten von Tomaten, Mohn und Lavendel sind sehr unterschiedlich gebaut, aber alle werden von generalistischen Bestäubern besucht, wie von Hummeln, Honigbienen, sozialen Wespen und vielen Schmetterlings- und Käferarten. Diese fliegen herbei, um Nektar zu trinken und Pollen zu sammeln. Die Dunkle Erdhummel (*Bombus terrestris*) ist beeindruckend, denn sie nutzt eine spezielle Technik. Bei der sogenannten Vibrationsbestäubung erzeugt sie mit ihren Flugmuskeln Schwingungen, sodass die Staubblätter vibrieren und Pollen freisetzen. Generalisten sind für die Fremdbestäubung (die Übertragung von Pollen von einer Pflanze auf eine andere) bedeutender als Spezialisten, tragen aber wenig zur Bestäubung spezialisierter Pflanzen bei.

INTERAKTIONEN MIT MENSCHEN Viele invasive Insekten sind Generalisten, die sich an neue Lebensräume gut anpassen konnten. Silberfischchen, Fruchtfliegen und Schaben leben in vielen Gebäuden. Deutsche Schaben (*Blattella germanica*) leben schon so lange mit Menschen zusammen, dass man ihre Evolutionsgeschichte vor dieser Zeit nicht kennt. Zwar sind sie unbeliebt, aber generalistische Insekten, die Abfälle fressen, sorgen für das Funktionieren der Ökosysteme, indem sie Nährstoffe recyceln.

PFLANZENFRESSER Generalistische Pflanzenfresser können auf mehr Pflanzenarten leben als Spezialisten, aber mit dieser Strategie riskieren sie, an weniger nahrhaften Pflanzen zu fressen. Die Schwarze Bohnenlaus (*Aphis fabae*) kann sich generalistisch wie auch spezialisiert verhalten. Während der Sommermonate saugen geflügelte Blattläuse an mehreren Pflanzenarten. Wenn es Herbst wird, saugen sie ausschließlich den Saft des Pfaffenhütchens (*Euonymus europaeus*), ihrer wichtigsten Wirtspflanze. Vielleicht bietet dies während der schwierigen Wintermonate mehr Sicherheit.

Schwarze Bohnenlaus (*Aphis fabae*)
Die Schwarze Bohnenlaus, die Pflanzensaft saugt, kommt an ihrer Wirtspflanze oft in sehr großer Zahl vor. Sie scheidet eine zuckerhaltige Flüssigkeit aus, den sogenannten Honigtau.

Goldglänzender Rosenkäfer (*Cetonia aurata*)
Dieser Käfer ist ein wichtiger Bestäuber, der Pollen überträgt. Er sammelt ihn an den Staubblättern und transportiert ihn auf die Narbe der nächsten Blüte, die er besucht.

Viele Menschen halten Bienen für die wichtigsten Bestäuber, aber es gibt viele verschiedene bestäubende Insekten, die unterschiedlichen Ordnungen angehören. Manche sind hoch spezialisiert, viele jedoch Generalisten, die verschiedene Blüten besuchen.

BESTÄUBER

WAS IST EIN BESTÄUBER? Bestäuber gehören keiner bestimmten taxonomischen Gruppe an. Ein Bestäuber ist ein Tier, das bei der Suche nach Nahrung Blüten besucht (oder um duftende Öle zu sammeln oder sich auszuruhen). Unbeabsichtigt nimmt es dabei Pollen auf und überträgt ihn auf die weiblichen Fortpflanzungsorgane derselben oder einer anderen Blüte. Fast 90 Prozent aller Pflanzenarten profitieren von Bestäubern, unter ihnen auch viele Nutzpflanzen.

WELCHE GRUPPEN BESTÄUBEN BLÜTEN? Die bekanntesten Bestäuber sind Bienen. Blüten bieten ihnen während jedes Stadiums ihres Lebenszyklus Nahrung: Nektar versorgt adulte Bienen mit Energie und proteinreicher Pollen ernährt die Larven. Die Honigbiene *Apis mellifera* ist die bekannteste Art, aber es gibt weltweit etwa 20 000 Bienenarten, von denen die meisten nicht in Kolonien leben und keinen Honig herstellen. Es gibt solitäre Bienenarten, die auf das Sammeln der Duftstoffe von Orchideen spezialisiert sind (die sie bei ihrer Balz einsetzen), kleine stachellose Bienen, die in Kolonien in tropischen Bäumen leben, und große Bienenarten, die in Termitennestern leben. Neben Bienen sind auch Fliegen, Wespen, Käfer, Schmetterlinge, Wanzen und Grillen wichtige Bestäuber.

WESHALB SIND VIELFÄLTIGE BESTÄUBER WICHTIG? Jede Bestäuberart hat spezielle Anpassungen (wie die Körperform, die Größe und die Länge der Zunge oder des Rüssels), um an die Ressourcen der Blüte zu gelangen. Bestäuber nähern sich der Blüte also in unterschiedlicher Weise und gehen auf bestimmte Art mit ihr um. Sie kommen in spezifischen Lebensräumen und Klimaten vor und sind zu festgelegten Jahres- und Tageszeiten aktiv. Diese Vielfalt ist für die effektive Bestäubung der Pflanzen wichtig. In einem Ökosystem werden die Blüten von verschiedenen Bestäubern besucht. Man erforscht heute die Interaktionen von bestäubenden Insekten und Blüten, um herauszufinden, wie resilient Ökosysteme gegen den Klimawandel und bei Krankheiten sind.

Insektenlarven und adulte Insekten sind für viele andere Tierarten eine lebenswichtige Nahrungsquelle.

NAHRUNG FÜR TIERE

Die Biomasse der Insekten, die auf der ganzen Erde leben, ist enorm. Aus diesem Grund sind sie eine sehr bedeutende Energiequelle und ein entscheidender Bestandteil der Nahrungsketten und Nahrungsnetze (die beschreiben, wie Organismen in einem Ökosystem andere Organismen ernähren). Nahrungsketten zeigen auf, wie Energie von bestimmten Arten an andere weitergegeben wird, und Nahrungsnetze sind miteinander verbundene Nahrungsketten. Ein Nahrungsnetz verdeutlicht also, wie die Arten eines Ökosystems miteinander in Verbindung stehen und wie die Energie aus der Nahrung zunächst von Pflanzen auf Pflanzenfresser und dann auf Fleischfresser übertragen wird. Es macht außerdem die Interaktionen zwischen Räubern und ihrer Beute deutlich.

MÜCKEN SIND DIE NAHRUNG VIELER TIERE Während adulte Mücken fliegen können, leben ihre Larven im Wasser. Auf diese Weise machen sich die adulten Insekten und ihre Nachkommen keine Konkurrenz. Es bedeutet außerdem, dass die Stadien unterschiedliche ökologische Nischen besetzen und in mehreren Nahrungsnetzen eine wichtige Rolle spielen. Im gegenüber dargestellten Nahrungsnetz sind Mückenlarven Zersetzer, die Pflanzenabfälle im Wasser fressen. Sie selbst sind die Nahrung kleiner Fische und wasserlebender Insekten sowie deren Larven. Adulte Mücken werden von Libellen und Eidechsen wie z. B. der Waldeidechse (*Zootoca vivipara*) erbeutet und von Fledermäusen gefangen. Mücken der Gattung *Culex* haben eine Wechselbeziehung zu kleinen Singvögeln wie der Rauchschwalbe (*Hirundo rustica*): Die adulten Mücken ernähren sich vom Blut dieser Vögel und werden im Gegenzug von den Schwalben erbeutet. Eidechsen, Schwalben und Libellen werden wiederum von größeren Tieren gefressen, wie von Turmfalken (*Falco tinnunculus*).

Nahrungsnetz (*Culex* spp.)
Dieses Nahrungsnetz zeigt, wie wichtig Mücken für verschiedene Ökosysteme sind. Die Larven sind Zersetzer, die Kohlenstoff aus den Pflanzen aufnehmen und die Energie für andere Tiere im Nahrungsnetz verfügbar machen.

Legende
← wird gefressen von

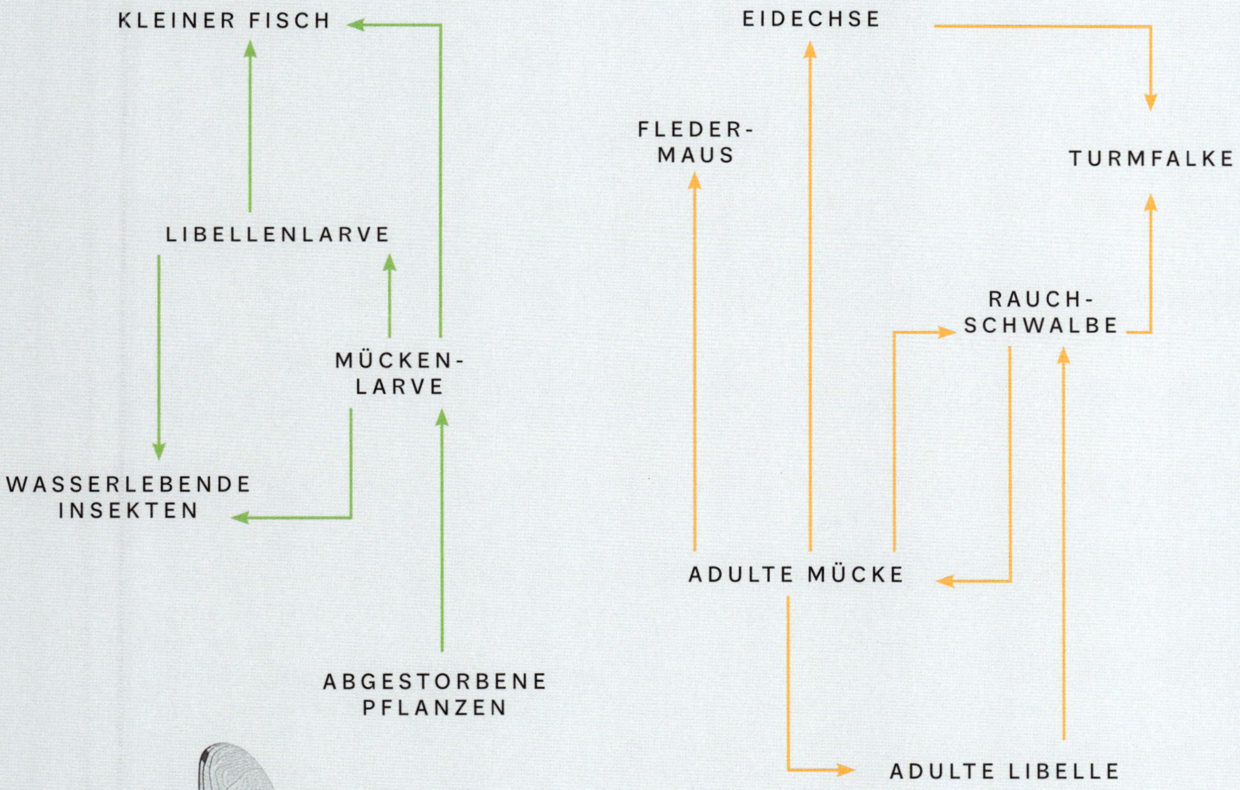

ZWEIGESTREIFTE QUELLJUNGFER (*CORDULEGASTER BOLTONII*)

In manchen Fällen ernähren sich parasitische Insekten nur von ihren Wirten. Andere Parasiten übertragen schwere und manchmal tödliche Krankheiten auf ihre Wirte.

PARASITEN AN TIEREN

Viele Insekten sind Parasiten, die sich vom Blut anderer Tiere ernähren. Bei einigen Gruppen, wie den Lausfliegen, ernähren sich sowohl die Männchen als auch die Weibchen vom Wirt. Einige der vielen Lausfliegenarten parasitieren nur an Vögeln und sind daran angepasst, im Gefieder mit ihnen umherzufliegen. Die Taubenlausfliege (*Pseudolynchia canariensis*) beispielsweise befällt in den Tropen und Subtropen Tauben. Andere Arten, wie die Schaflausfliege (*Melophagus ovinus*), saugen das Blut von Säugetieren und schädigen deren Fell und Haut. Bei Blutsaugern wie den Stechmücken saugt nur das Weibchen Blut, denn es benötigt Proteine für die Bildung von Eiern. Männchen trinken Pflanzennektar, der von extrafloralen Nektarien (Drüsen) der Pflanzen abgesondert wird.

EINE MAHLZEIT FINDEN Es gibt Stechmückenarten, die ausschließlich das Blut von Fröschen saugen. Wie ihre Verwandten, die Säugetiere und Vögel stechen, sind sie sehr klein und werden nur etwa 1 bis 2 mm lang. Die Arten, die Frösche stechen, erkennen ihre Wirte an deren Rufen, und einige Arten werden nur von den speziellen Rufen einer bestimmten Froschart angelockt. Andere Stechmücken, wie die Mitglieder der Gattung *Culicoides*, spüren Säugetiere auf, indem sie chemische Stoffe wie Kohlendioxid und die Körperwärme der Tiere wahrnehmen. Dies gilt auch für größere Fliegen wie Wadenstecher und Bremsen, die ihre Wirte schädigen können.

PARASITEN UND IHRE WIRTE Einige parasitische Insekten haben ein komplizierteres Verhältnis zu ihren Wirten, wie z. B. Dasselfliegen. Das Larvenstadium entwickelt sich in der Haut, wo es Wunden verursacht, oder im Darm (häufig von Pferden). Einige Dasselfliegenarten legen ihre Eier auf Zwischenwirten wie Mücken ab, die diese dann zu geeigneten Säugetierwirten transportieren. Blasenkopffliegen der Gattung *Myopa* gehen einen Schritt weiter: Sie packen eine Biene im Flug und injizieren ein Ei in ihren Hinterleib, in dem sich die Larve entwickelt. Wenn sich die Larve verpuppt, stirbt der Wirt.

KRANKHEITEN VERBREITEN Viele parasitische Insekten können Krankheitserreger wie Viren, Bakterien und Einzeller übertragen. Sie nehmen sie mit dem Blut eines infizierten Tieres auf und übertragen sie, während sie das nächste Tier stechen. Stechmücken der Gattung *Culicoides* verbreiten die Viren der Blauzungenkrankheit auf Wiederkäuer wie Schafe und Rinder sowie die Afrikanische Pferdepest, eine der tödlichsten Pferdekrankheiten.

Spezialisierte Mücken
Stechmücken kommen fast weltweit vor, von landwirtschaftlich genutzten Gebieten bis in den Regenwäldern Costa Ricas, wo einige Arten auf Frösche spezialisiert sind. Bisher wurden 120 solche Arten beschrieben.

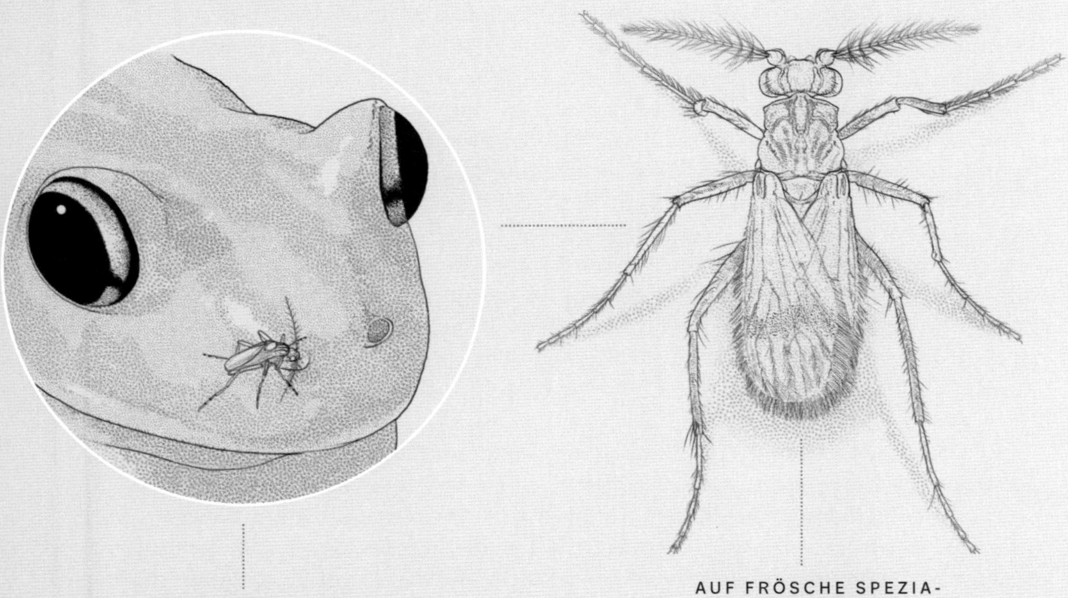

Weil zu viele Antibiotika verabreicht werden, haben Bakterien Resistenzen gegen fast alle Antibiotika entwickelt. Weltweit gibt es immer mehr Patienten mit nicht behandelbaren Wundinfektionen. Deshalb interessiert man sich heute wieder für eine alte Behandlungsweise: die Madentherapie.

MADENTHERAPIE

Die Behandlung mit Maden besteht im Wesentlichen darin, einen Patienten künstlich mit Fliegenmaden zu infizieren. Eine solche Infektion bezeichnet man als Myiasis. Die Maden der Goldfliege (*Lucilia sericata*) werden auf chronisch infizierte Wunden aufgebracht. Sie ernähren sich vom abgestorbenen Gewebe, sodass die Infektion zurückgeht. Aber es handelt sich nicht um Wildtiere, sondern um Maden, die in spezialisierten Laboren weltweit gezüchtet werden. Die Maden wachsen unter sterilen Bedingungen heran. Man kann sie an Krankenhäuser und andere medizinische Einrichtungen verschicken, um mit ihnen verschiedene Wunden zu behandeln, wie Geschwüre und Dekubitus, infizierte Wunden nach einer Operation und Verbrennungen.

WIE FUNKTIONIERT DIE MADENTHERAPIE? Fachkundiges Personal bringt einige der kleinen Larven auf der Wunde auf. In wenigen Tagen beseitigen sie das abgestorbene Gewebe, sodass die Entzündung zurückgeht. Die Maden tragen auf drei Weisen zur Wundheilung bei: Sie entfernen das tote Gewebe, desinfizieren die Wunde, indem sie Bakterien beseitigen, und beschleunigen die Heilung. Klinische Studien und Laboruntersuchungen haben dies bestätigt.

WESHALB MADEN? Die Maden der Goldfliege können zur schnellen und effektiven Wundheilung beitragen, weil sie abgestorbenes Gewebe rasch verzehren. In der Natur müssen sie die vorhandenen Ressourcen schnell nutzen, um ihren Fressfeinden nur möglichst kurze Zeit ausgesetzt zu sein. Ihr Speichel enthält Enzyme, die das abgestorbene Gewebe zersetzen. Sie verwandeln die toten Zellen in eine Art Suppe, die sie mit ihren Mundwerkzeugen aufnehmen.

AMPUTATIONEN VERMEIDEN Eine Madentherapie, die nur wenige Tage dauert, kann verhindern, dass ein Arm oder Bein amputiert werden muss. In den letzten Jahrzehnten konnten die Wunden Tausender Patienten erfolgreich mit Maden behandelt werden, denn sie eignen sich hervorragend für die Behandlung chronisch infizierter Wunden.

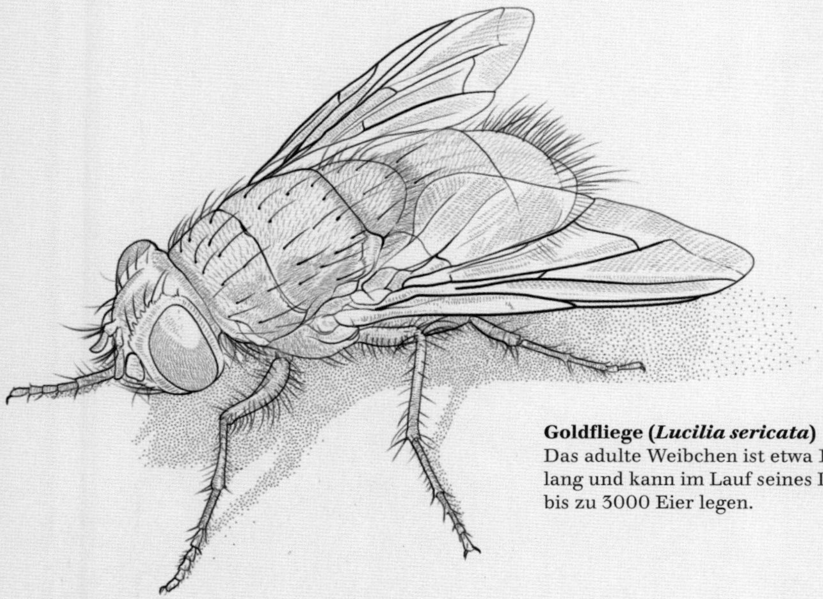

Goldfliege (*Lucilia sericata*)
Das adulte Weibchen ist etwa 10–14 mm lang und kann im Lauf seines Lebens bis zu 3000 Eier legen.

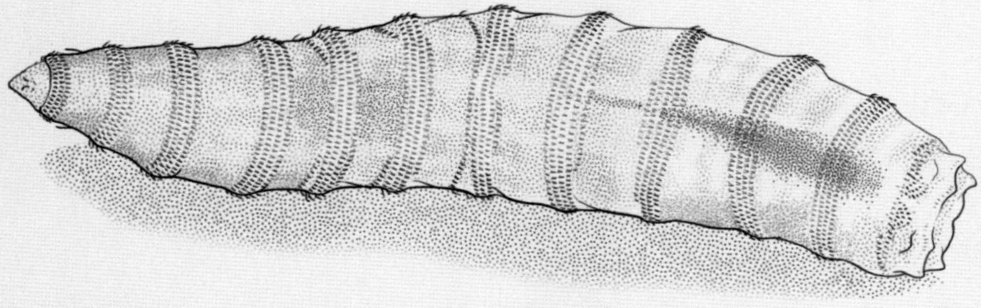

Fliegenmade
Es gibt drei Madenstadien, die Maden sind hellgelb und je nach Stadium 2–15 mm lang. Etwa fünf Tage ernähren sie sich von abgestorbenem Gewebe.

Gemeine Wespe (*Vespula vulgaris*)
Die Wespen der Gattung *Vespula* sind auf der Nordhalbkugel häufig. Die Gemeine Wespe und die Deutsche Wespe (*Vespula germanica*) sehen sehr ähnlich aus, Letztere ist aber ein wenig größer.

Tropische Bettwanze (*Cimex hemipterus*)
Bettwanzen wie diese tropische Art und die nah verwandte *Cimex lectularius*, die in den gemäßigteren Breiten vorkommt, trinken nachts das Blut von Menschen. Mit ihren Mundwerkzeugen durchstechen sie die Haut. Wie viele andere parasitische Insekten haben sie keine funktionsfähigen Flügel.

Insekten, die uns stechen, empfinden wir als lästig, aber einige Arten spielen eine wichtige Rolle in den Ökosystemen, weil sie Blüten bestäuben oder Schädlinge dezimieren.

BEISSENDE UND STECHENDE ARTEN

INSEKTEN MIT EINEM STACHEL Von den etwa 100 000 bekannten Wespenarten besitzen nur etwa 33 000 Arten einen Stachel. Soziale Wespen stechen bei Bedrohung, um sich zu verteidigen. Das Gift gelangt durch einen umgebildeten Ovipositor in den Körper des Feindes. Solitäre Wespen stechen entweder, um sich zu verteidigen oder um ihre Beute zu lähmen. Alle Wespen sind für unsere Ökosysteme sehr wichtig. Die Gemeine Wespe (*Vespula vulgaris*) beispielsweise dezimiert Schädlinge an Nutzpflanzen, wie Blattläuse. Feigenwespen, die keinen Stachel besitzen, bestäuben mehr als 750 Feigenarten. Auch Bienen und Hummeln spielen als Bestäuber von Nutzpflanzen für die Ernährung der Menschheit eine wichtige Rolle. Sie übertragen den Pollen effektiv. Die Pollenkörner haften an ihren Haaren oder an den Beinen und werden zu anderen Blüten oder ins Nest transportiert, wo sich die Larven vom Pollenvorrat ernähren.

BEISSENDE UND STECHENDE INSEKTEN Einige Insekten, wie Mücken, ernähren sich vom Blut von Tieren und Menschen, aber sie leben nicht auf ihren Wirten. Andere, wie Läuse (S. 159), verbringen die meiste Zeit auf Menschen. Einige dieser flügellosen Insekten leben in der Körperbehaarung von Menschen und halten sich mit Krallen an den Haaren fest. Sie können nicht länger als 24 Stunden ohne ihren Wirt überleben. Die Larven und die adulten Stadien trinken etwa dreimal täglich das Blut von Menschen. Auch Bettwanzen ernähren sich von menschlichem Blut und mit etwa 6 mm Länge sind sie etwa doppelt so groß wie Läuse. Anders als Läuse verbringen Bettwanzen nicht die ganze Zeit auf ihrem Wirt. Sie leben in Häusern in Spalten von Möbeln und legen dort ihre Eier. In der Nacht saugen sie das Blut von Menschen.

Insekten wirken sich in vielerlei Hinsicht positiv auf die Umwelt aus. Manche Gliederfüßer übertragen aber auch Mikroorganismen auf Menschen, die Krankheiten hervorrufen können, und sind jedes Jahr für etwa 700 000 Todesfälle verantwortlich.

VERBREITUNG VON KRANKHEITEN

Die meisten Mikroorganismen sind harmlos oder sogar nützlich für Menschen, aber es gibt auch infektiöse Pathogene, die Krankheiten hervorrufen können. Als Vektor bezeichnet man ein Insekt, das einen infektiösen Mikroorganismus auf Tiere und Menschen übertragen kann. Insekten können als zwei Arten von Vektoren fungieren: als mechanische und biologische Vektoren.

MECHANISCHE VEKTOREN Insekten, die als mechanische Vektoren fungieren, transportieren Mikroorganismen von einer Oberfläche auf eine andere. Die Krankheitserreger entwickeln und vermehren sich nicht im Insekt. Das Verhältnis zwischen diesen Insekten und den Mikroorganismen ist einfach und manchmal zufällig. Meist nimmt das Insekt die Krankheitserreger mit seinen Mundwerkzeugen oder den Füßen auf. Wenn es z. B. Tränenflüssigkeit trinkt, gelangen sie direkt zum Wirt. Indirekt kann dies über verunreinigte Nahrung geschehen.

BIOLOGISCHE VEKTOREN Ein Insekt, das als biologischer Vektor fungiert, transportiert einen Mikroorganismus nicht nur von einem Ort zu einem anderen, sondern ist ein wesentlicher Teil des Lebenszyklus des Krankheitserregers. Biologische Vektoren wie Mücken nehmen die Mikroorganismen meist mit dem Blut eines Menschen oder eines Tiers auf. Die Mikroorganismen passieren das Verdauungssystem des Insekts und entwickeln sich in ihm manchmal weiter, bis sie infektiös werden. Oft vermehren sie sich und sind schließlich in großer Zahl vorhanden. Wenn sie infektiös sind, findet man sie meistens im Speichel oder in den Exkrementen des Insekts. Das Insekt überträgt sie auf den Menschen, während es sein Blut trinkt.

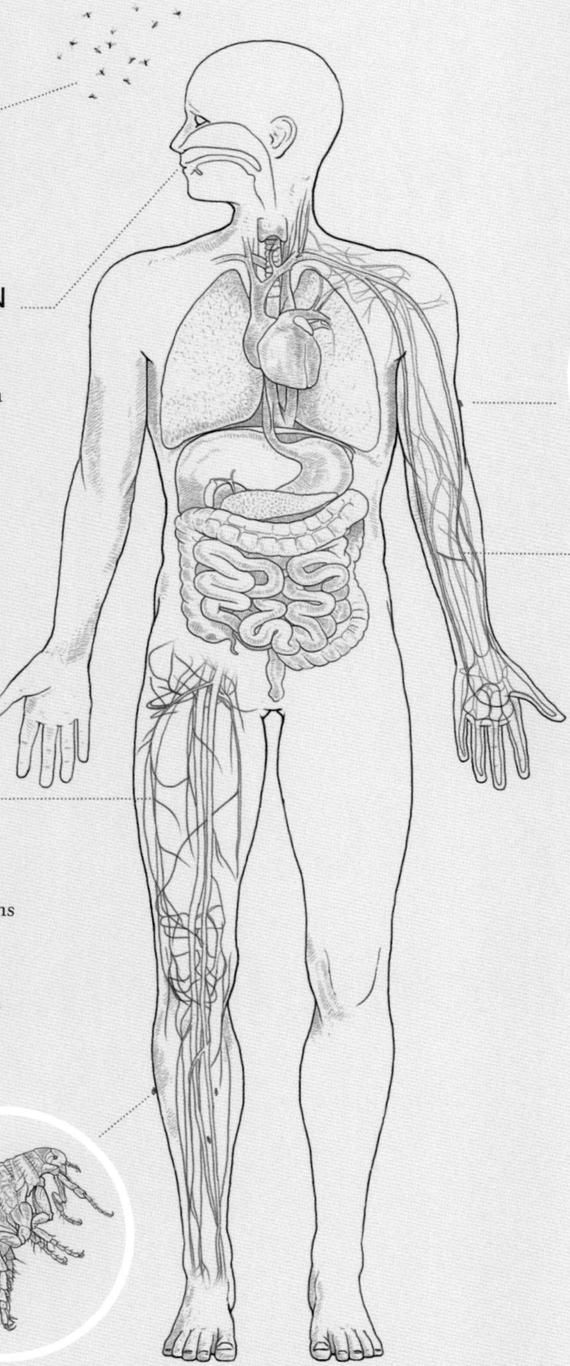

STUBENFLIEGEN

Stubenfliegen sind mechanische Vektoren verschiedener Bakterien, die Durchfallerkrankungen hervorrufen, wie *Salmonella*, *Shigella*, *Campylobacter* und *Escherichia*. Die Fliegenmaden entwickeln sich an Orten, an denen sich organische Stoffe zersetzen. Die schädlichen Bakterien befinden sich an den Füßen oder Mundwerkzeugen der Fliege und werden auf Menschen übertragen, wenn sie sich auf Lebensmitteln niederlässt.

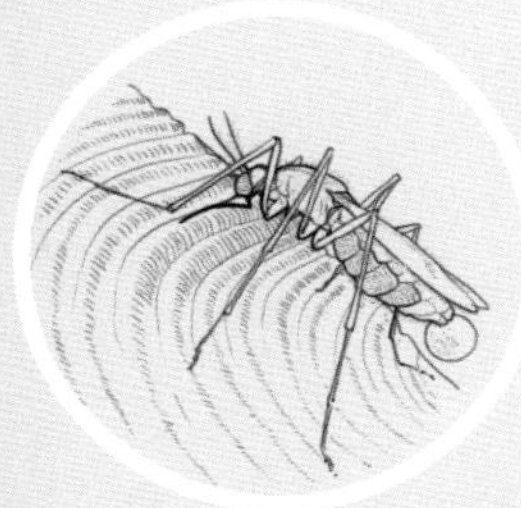

MÜCKEN

Mücken der Gattung *Anopheles* sind biologische Vektoren der Malaria. Bei dieser Erkrankung sind zwei Wirte beteiligt: Die Parasiten entwickeln und vermehren sich in Menschen und Mücken. Mücken werden mit Malaria infiziert, wenn sie das Blut eines Menschen trinken, in dem sich Malariaparasiten im infektiösen Stadium befinden. Sticht die Mücke den nächsten Menschen, injiziert sie mit ihrem Speichel infektiöse Stadien des Malariaerregers in dessen Blutkreislauf.

FLÖHE

Es ist bekannt, welche Rolle Flöhe bei den Pestepidemien im 14. Jahrhundert spielten. Sie waren Überträger des Bakteriums *Yersinia pestis*, des Erregers der Pest. Biologische Vektoren übertragen auch viele andere Bakterien, Protozoen, Viren und parasitische Würmer.

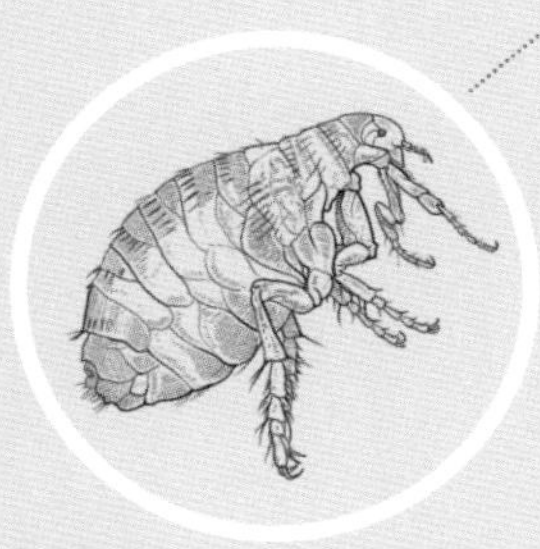

Insekten *werden*
die Erde nicht erben.
Sie gehört ihnen bereits.
Wir täten gut daran,
uns mit ihnen zu
arrangieren.

~ Thomas Eisner, 1989 ~

Unsere Häuser bieten vielen Insekten Schutz und Nahrung, von den Florfliegen und Marienkäfern, die zwischen Fensterrahmen überwintern, bis hin zu kleinen Insekten, die sich von unserer Kleidung und unseren Teppichen ernähren. Nicht alle sind willkommen.

INSEKTEN IM HAUS

Die meisten Menschen erfreuen sich an Schmetterlingen oder Marienkäfern, während andere Insekten im Haus lästig sind oder Schäden anrichten. Einige ernähren sich von unseren Möbeln oder Nahrungsmitteln, andere, wie Schaben und Mücken, übertragen Krankheitserreger. Die Fähigkeiten dieser synanthropen Arten, die von unserer Lebensweise profitieren, sind jedoch faszinierend. Kleidermotten und Speckkäfer können zum Beispiel Keratin verdauen.

IN KLEIDUNG UND MÖBELN Eines der bekanntesten Insekten, die in Häusern vorkommen, ist die Kleidermotte (*Tineola bisselliella*). Die Raupen ernähren sich von Naturfasern wie Wolle, Seide und Baumwolle, fressen Löcher in Kleidungsstücke und Polstermöbel und können erhebliche Schäden anrichten. Speckkäfer wie der Museumskäfer *Anthrenus verbasci* fressen Teppiche, aber auch Kleidungsstücke, Polster und gelagerte Nahrungsmittel. Die Käferlarven richten beträchtliche Schäden an, wenn sie Wolle, Pelze und Federn fressen.

IN DER SPEISEKAMMER Verschiedene Getreideplattkäfer haben eine Vorliebe für unsere Nahrungsmittel, wie Getreide, Nüsse und Gewürze. Die Larven fressen das Innere der Körner und verunreinigen die Lebensmittel mit ihren Exkrementen, Seidengespinsten und abgeworfener Kutikula. Der Nährwert der Lebensmittel wird vermindert und in manchen Fällen sind sie nicht mehr für den menschlichen Verzehr geeignet. Häufige Arten sind der Getreideplattkäfer (*Oryzaephilus surinamensis*) und der Erdnussplattkäfer (*Oryzaephilus mercator*).

Mistkäfer (*Trypocopris pyrenaeus*)

ENTDECKEN

KAPITEL IV

WIR SIND IMMERZU von Insekten umgeben, aber die kleinen Tiere kommen auch in Lebensräumen vor, in denen sehr extreme Bedingungen herrschen. Im folgenden Kapitel geht es um Insekten, die in Wäldern, Höhlen, Wüsten und Pfützen, im Gebirge und im Boden leben. Auf Ihren Spaziergängen können Sie Insekten kennenlernen, die ganz in Ihrer Nähe vorkommen.

__Insekten__ leben bereits viel länger auf der Erde als die __Menschen.__ Sie haben Millionen Mal vielfältigere __Lebensweisen__ entwickelt. Es ist __ihr Planet__ und nicht der unsere.

~ May Berenbaum, 2011 ~

Im Lauf der Zeit haben sich Insekten an vielfältige Lebensräume auf allen Kontinenten angepasst, von den Kronenregionen der tropischen Regenwälder bis in eiskalte Schmelzwasserseen der Arktis.

LEBENSRÄUME

Die Vorfahren der heute lebenden Insekten haben sich vor etwa 480 Millionen Jahren an Land entwickelt. Sie besiedelten hier jeden verfügbaren Lebensraum, wie Wüstengebiete und die Tundra, verschiedenste Wälder und Grasländer. Diese Tiergruppe ist jedoch nicht nur an Land erfolgreich – etwa sechs Prozent der Insektenarten, wie z. B. die Larven von Köcherfliegen (S. 173), Eintagsfliegen (S. 147) und Steinfliegen (S. 149), verbringen einen Teil ihres Lebens im Süßwasser.

VIELFALT Die Verbreitungsmuster der Insekten auf der ganzen Erde ähneln sich. Insekten sind wechselwarm und reagieren empfindlich auf Temperatur und Feuchtigkeit. Sie kommen in heißen (S. 134–135) und sehr kalten Lebensräumen vor (S. 136–137). Am vielfältigsten sind sie jedoch in warmen, feuchten Regionen wie in den Tropen, während in kalten Gegenden wie den Polargebieten deutlich weniger Insekten leben. Insekten haben sich zusammen mit den Blütenpflanzen entwickelt und etwa die Hälfte der Arten ernährt sich von Pflanzen. Es ist deshalb nicht überraschend, dass die Insekten dort am vielfältigsten sind, wo auch die artenreichsten Pflanzengesellschaften vorkommen.

VERÄNDERUNGEN Vor allem durch die Aktivitäten der Menschen sind die Insekten in den letzten Jahren deutlich weniger geworden und ihre Verbreitung hat sich verändert. Die weltweit steigenden Temperaturen bewirken, dass sich die Verbreitungsgebiete vieler Arten verschieben (S. 200–201), was dazu führen kann, dass Interaktionen zwischen Arten nicht mehr funktionieren. Beispielsweise kann es vorkommen, dass Insekten nicht zu der Zeit im Jahr aktiv sind, in der ihre Nahrungspflanzen verfügbar sind. In landwirtschaftlich genutzten Regionen sind außerdem viele ihrer Lebensräume verschwunden. Der weltweite Transport von Gütern und Personen hat dazu geführt, dass viele Arten in fremde Regionen eingeschleppt wurden (S. 198–199). Wir müssen verstehen, welche Faktoren sich auf ihre Lebensräume auswirken, um sie schützen zu können.

LEBENSRÄUME AN LAND

Die schätzungsweise 5,5 Millionen Insektenarten der Erde kommen in vielfältigen Lebensräumen vor und sind an Land die heimlichen Herrscher. Der Begriff »terrestrisch« bezeichnet alle Lebensräume außer den Meeren und Süßgewässern.

WÄLDER Für Insekten sind Wälder Lebensräume mit hoher Biodiversität. Dort leben sie im Boden, in der Laubstreu und in der Vegetation unter Bäumen. Andere verbergen sich in Baumrinde und in hohlen Pflanzenstängeln oder leben auf Blättern und Zweigen. Einige, wie Ameisen (S. 48–49), unterhalten enge Beziehungen zu Pflanzen, die ihnen in ihren Stängeln oder Dornen Schutz (sogenannte Domatien) bieten. Manche Insekten rufen die Bildung von Pflanzengallen hervor, in denen ihre Larven geschützt heranwachsen und sich vom Gewebe ernähren. Viele Arten, die Totholz bewohnen (S. 110–111), leben in umgestürzten Baumstämmen und morschen Ästen.

NEBELTRINKER-KÄFER
(*ONYMACRIS UNGUICULARIS*)

SCHWÄRMERPUPPE
(SPHINGIDAE)

BLÄULINGS-ART
(*AGRIADES PYRENAICUS*)

HAWAIIANISCHE HÖHLENZIKADE
(*OLIARUS POLYPHEMUS*)

GRASLÄNDER UND ANDERE LEBENSRÄUME In Grasländern bieten die Gräser und Blütenpflanzen Insekten viele Ressourcen. Trockene Hitze- und Kältewüsten dagegen und die kalte Tundra sind für sie eine Herausforderung. Arten, die hier vorkommen, haben ungewöhnliche Anpassungen entwickelt, um die extremen Bedingungen zu überstehen. Die blassen, blinden Insekten, die in Höhlen leben (S. 138–139) und Schmetterlinge und Fliegen, die in mehr als 6000 m Höhe über dem Meeresspiegel vorkommen (S. 128–129) sind Beispiele für Arten extremer Lebensräume. Sogar zwischen dem Beton und Stahl unserer Städte leben Insekten ganz in der Nähe der Menschen (S. 130–131).

ÜBER UND UNTER DER ERDE Manche Insektenarten leben im Boden und im Sand und suchen hier Nahrung. Arten der Laubstreu kommen über und unter der Erdoberfläche vor. Ameisenkolonien beispielsweise bauen ausgedehnte Nester, während solitäre Arten die Hohlräume zwischen Bodenteilchen, Steinen und Wurzeln nutzen. Vor etwa 400 Millionen Jahren erhoben sich die ersten Insekten in die Luft (S. 42–43). Heute bewegen sich unzählige von ihnen mehrere Hundert Meter über dem Erdboden fort, wo sie Luftströme nutzen und die Nahrung vieler Vögel sind.

Monarchfalter
(*Danaus plexippus*)
Die Schmetterlinge wandern von Nordamerika und Kanada weite Strecken, denn ihre Überwinterungsgebiete befinden sich in Wäldern in Mexiko und Kalifornien.

Alpenbock
(*Rosalia alpina*)
Dieser große Käfer kommt vor allem in Buchenwäldern gemäßigter Breiten vor, in denen es tote oder absterbende Bäume gibt. Das Entfernen solcher Bäume im Rahmen der Waldbewirtschaftung schadet der auffälligen Art.

Die Wälder in den gemäßigten Breiten machen etwa ein Viertel der Waldfläche der Erde aus. Sie sind die Lebensräume zahlreicher Insektenarten, die von der Laubstreu bis in die Kronenregion vorkommen. In diesen Wäldern leben viele Insektenarten, aber der Klimawandel stellt sie vor neue Herausforderungen.

WÄLDER DER GEMÄSSIGTEN BREITEN

LEBENSRÄUME In den Wäldern der gemäßigten Breiten gibt es verschiedene Vegetationsschichten. Viele Schmetterlinge und Käfer halten sich in der Kronenregion auf. Bienen, Wespen und Wanzen leben auf Zweigen, Früchten und Blüten im Unterwuchs und bodenlebende Käfer suchen in der Laubstreu nach Nahrung. Welche Arten wo vorkommen, hängt davon ab, wo Laubbäume wie Eichen und Buchen oder Nadelbäume wie Kiefern und Tannen wachsen.

HERAUSFORDERUNGEN Das Wetter in diesen Wäldern verändert sich im Lauf der Jahreszeiten, sodass die Insekten an warme und kalte Bedingungen angepasst sein müssen. Einige überwintern, während andere während der kalten Jahreszeit in wärmere Regionen abwandern. Außerdem werden Bäume gefällt, nicht einheimische Baumarten gepflanzt und Krankheitserreger eingeschleppt. Mehrere Insektenarten sind wegen Rodungen oder Umweltverschmutzung gefährdet. Ein Beispiel ist der Alpenbock (*Rosalia alpina*), der in hoch gelegenen, alten Buchenwäldern vorkommt und in vielen europäischen Ländern unter Schutz steht. Die letzten Jahrzehnte waren für die Insekten in den Wäldern der gemäßigten Breiten in vielerlei Hinsicht eine Herausforderung. Die Bäume waren häufiger trockenen und heißen Perioden ausgesetzt und immer öfter kommt es heute zu Waldbränden. Diese Klimaveränderungen können auch dazu führen, dass sich bestimmte Insekten sehr stark vermehren. Vor kurzer Zeit hat der Bergkiefernkäfer (*Dendroctonus ponderosae*, S. 81), der seine Eier in die Baumrinde legt und dabei Pilzsporen verbreitet, im westlichen Nordamerika die Küsten-Kiefern stark geschädigt. Kohlenstoff, der in den Wäldern gebunden war, wurde freigesetzt und die Fähigkeit der Wälder, Kohlenstoff aus der Atmosphäre aufnehmen, ging durch die Schädigung der Bäume zurück.

In keinem anderen Lebensraum kommen mehr Insektenarten vor als in tropischen Wäldern. Dank der hohen Temperaturen und regelmäßigen Regenfälle wachsen die Pflanzen gut und stellen Insekten vielfältige Nahrung und Lebensräume bereit.

TROPISCHE WÄLDER

AUSSERORDENTLICHE VIELFALT In tropischen Wäldern sind die Insekten die zahlreichsten Tiere und die artenreichste Tiergruppe. Bei Studien in einem Gebiet in Panama errechnete man, dass mit jeder Pflanzenart (1294 Arten) wahrscheinlich mindestens 17 Arthropodenarten assoziiert sind. Diese enorme Vielfalt ist ein Grund, warum die Schäden immens sind, wenn diese Wälder gerodet werden. In tropischen Wäldern leben viele auffällig gefärbte und sehr große Insekten. Der südostasiatische Ritterfalter *Trogonoptera brookiana* hat eine grün schillernde Flügelzeichnung und eine beachtliche Flügelspannweite von 15–17 cm. Viele Arten von Laternenträgern (früher dachte man, dass die langen Köpfe dieser Zikaden leuchten würden) sind sehr bunt und auffällig gemustert. Bei Schmetterlingen der Gattung *Kallima* ist die Flügeloberseite bunt. Wenn das Insekt jedoch seine Flügel aneinanderlegt, sieht man nur die in unauffälligen Brauntönen gezeichnete Unterseite, sodass es wie ein totes Blatt aussieht.

VERSCHIEDENE LEBENSRÄUME Viele Insekten, wie z. B. Ameisen, leben im dichten Unterwuchs der Wälder, in den nur wenig Licht vordringt und die Luftfeuchtigkeit hoch ist. Die Temperaturen sind hier während des Tages niedriger als in der heißen Kronenregion. Wenn Bäume absterben und umstürzen, entstehen Schneisen im Wald, und Arten, die sich von Totholz ernähren (S. 110–111), werden angelockt. Auf den Bäumen tropischer Wälder gedeihen Aufsitzerpflanzen wie der Nestfarn (*Asplenium nidus*). Diese großen Farne, die bis zu 200 kg schwer werden können, wachsen auf Ästen und fangen herabfallende Blätter auf. An einer einzigen Aufsitzerpflanze können so viele Insekten leben wie am gesamten restlichen Baum. Viele tropische Insekten sind gefährdet, weil die Wälder gerodet werden, um Nutzpflanzen wie Ölpalmen anzubauen. In diesen Plantagen kommen nur wenige Arten vor, wie der Edelfalter *Amathusia phidippus* und der Palmen-Nashornkäfer (*Orytes rhinoceros*).

DER RITTERFALTER
TROGONOPTERA BROOKIANA

DER LATERNENTRÄGER
PYROPS CANDELARIA

Dunkel und feucht bis sonnig und heiß
Die vielfältigen Bäume und anderen Pflanzen der tropischen Wälder bilden erstaunlich komplexe Strukturen, die Insekten viele Lebensräume bieten.

Die morschen Überreste einst hochaufragender Bäume sind die Lebensräume vieler Insekten. Im Totholz finden diese Arten feuchte, stabile Bedingungen vor.

TOTHOLZ

KÄFER Totholz enthält viel Zellulose und Lignin und bietet den Larven zahlreicher Käferarten einen idealen Lebensraum. Einige fressen Gänge unter der Rinde, wie Borkenkäfer. Andere nagen sich in das Holz, wie der berüchtigte Gescheckte Nagekäfer (*Xestobium rufovillosum*), den man auch Totenuhr nennt, denn die Männchen machen Klopfgeräusche, die an das Ticken einer Uhr erinnern, um Weibchen anzulocken. Die Art kann Schäden an Gebäuden mit Holzbalken anrichten. Viele im Holz lebende Käferlarven schaffen Gänge, in die sich Kurzflügelkäfer, Holzwespen und Holzbienen zurückziehen.

TERMITEN UND ANDERE GRUPPEN Die sozialen Termiten sind die Baumeister unter den Insekten, die Totholz nutzen. Sie brechen das Holz mit Hilfe symbiontischer Mikroben in ihrem Darm auf. Weil sie Gebäude aus Holz zerstören können, sind sie gefürchtet. Termiten können das Holz nicht nur verdauen, sondern sie verändern auch seine Struktur, indem sie Gänge hineinfressen. Wasser kann nun eindringen, sodass sich Pilze ansiedeln, die das Holz weiter zersetzen.

Man findet in morschen Baumstämmen vielfältige weitere Insektenarten (darunter auch Ameisen), andere räuberische wirbellose Tiere und kleine Milben. Zusammen mit Pilzen und Mikroben bilden sie vielfältige Totholzgesellschaften. Es ist wichtig, diese Lebensräume zu erhalten, indem man das Totholz liegen lässt, so dass es auf natürliche Weise verrotten kann.

RECYCLING

Insekten, die im Holz leben, wie die Larven der schillernden Prachtkäfer, sind wichtige Zersetzer. Diese Käfer fressen mit ihren kräftigen Mundwerkzeugen Gänge in das Holz, in die sie ihre Eier legen. Die Larven ernähren sich vom morschen Holz, brechen es dabei auf und schaffen Zugang für weitere Zersetzer wie anderen Insektenarten, Mikroben und Pilze. Auf diese Weise werden die Nährstoffe wiederverwertet.

Gefleckter Schmalbock (*Rutpela maculata*)
Bockkäfer profitieren von artenreichen Wäldern und brauchen sowohl Totholz wie auch Blütenpflanzen. Die Larven leben im Holz, während die adulten Käfer Pollen und Nektar fressen.

Großer Kiefernprachtkäfer (*Chalcophora mariana*)
Diese Art vermehrt sich vor allem in geschädigten oder abgestorbenen Stämmen und Stümpfen von Kiefern. Sie legt ihre Eier in Rindenspalten und die Larven entwickeln sich unter der Rinde. Sie nagen Gänge bis tief in das Kernholz, wo sie sich nach mehreren Jahren verpuppen.

Bei 95 Prozent aller Insektenarten entwickelt sich mindestens ein Stadium im Boden. Die Tiere leben in Lufteinschlüssen und auf Wasserfilmen, die die Bodenpartikel umgeben.

BODEN

WER LEBT IM BODEN? In Böden kommen vielfältige Räuber vor, darunter Käfer und andere wirbellose Tiere wie Spinnen und Hundertfüßer. Sie erbeuten kleine wirbellose Zersetzer (Tiere, die abgestorbene Pflanzen und tote Tiere aufbrechen, sodass die Nährstoffe wieder in den Boden gelangen) und tragen zur Regulierung der Populationen und der Gesundheit des Bodens bei. Zu den im Boden lebenden Zersetzern gehören Asseln und Silberfischchen. Sie ernähren sich von verrottenden Pflanzenteilen, Pilzen und Bakterien und tragen dazu bei, die Nährstoffe im Boden wiederzuverwerten.

Ameisen und Termiten haben für die Böden eine bedeutende Funktion, denn sie verändern seine Struktur, indem sie Nester für ihre Kolonien in die Erde graben. Dies trägt zur Verbesserung der Bodenqualität bei, weil Luft, Wasser und Nährstoffe zirkulieren können. Außerdem überwintern die Puppen vieler Nachtfalter im Boden. Die Larven von Schnaken und die Engerlinge von Blatthornkäfern ernähren sich von Pflanzenwurzeln. Schmetterlinge trinken an der Bodenoberfläche Wasser, in dem Salze gelöst sind.

GESUNDE BÖDEN Wenn Böden nicht durch menschliche Aktivitäten verdichtet werden, sind die Bedingungen für im Boden lebende Insekten deutlich besser. Landwirte können das Pflügen begrenzen, beispielsweise indem sie Maschinen einsetzen, die die Samen direkt aussäen, und Gärtner können sich bemühen, möglichst wenig umzugraben. Wenn statt chemischer Pestizide natürliche Räuber wie Marienkäfer Schädlinge unter Kontrolle halten (S. 74–75), gelangen weniger Giftstoffe in den Boden. Die Insektenpopulationen, die im und auf dem Boden leben, profitieren davon.

Schwärmerpuppe (Sphingidae)
Schwärmerraupen graben sich im Herbst in den Boden in der Nähe ihrer Futterpflanze ein und verpuppen sich. Im Frühling oder Frühsommer schlüpfen die Falter aus den Puppenhüllen.

Springschwanz (*Megalothorax minimus*)
Springschwänze, die heute nicht mehr zu den Insekten gezählt werden, leben in großer Zahl im Boden und spielen als Zersetzer eine wichtige Rolle. Sie bewegen sich im Untergrund in mit Luft gefüllten Hohlräumen zwischen den Sandkörnern und Lehmpartikeln fort und meiden das Wasser.

Bienenwolf
(*Philanthus triangulum*)
Ein Bienenwolf-Weibchen trägt eine Honigbiene (*Apis mellifera*) in sein Nest. Honigbienen sind die Hauptbeute der Bienenwölfe, aber auch andere Bienenarten wie die Gemeine Sandbiene (*Andrena flavipes*) werden als Nahrung für die Larven gefangen.

Dünen-Sandlaufkäfer
(*Cicindela hybrida*)
Ein adulter Dünen-Sandlaufkäfer kann 2,5 Meter in einer Sekunde zurücklegen, aber diese Geschwindigkeit erreicht er nur, wenn es sehr warm ist.

Sandgebiete sind für viele Insekten herausfordernde Lebensräume, aber einige Arten sind gut an sie angepasst und sehr erfolgreiche Räuber.

SAND

LEBEN IM SAND In Sandlebensräumen kommen vielfältige Insekten vor, unter ihnen der Dünen-Sandlaufkäfer (*Cicindela hybrida*) in Europa und der Sandlaufkäfer *Cicindela theatina* in den USA. Sie gehören zu den Käfern, die am schnellsten laufen können. Auch solitäre Wespen und Bienen leben in Sandgebieten und graben in den Sommermonaten ihre Nester in den sandigen Boden, die unter unseren Füßen manchmal ausgedehnte Systeme bilden. Die Eier werden in unterirdischen Nistkammern abgelegt, die zuvor mit Nahrungsvorräten vorsorgt wurden. Bienen tragen Pollen ein und Wespen erbeuten andere Insekten oder Spinnen. Später schlüpfen die adulten Insekten und paaren sich.

RÄUBERISCHE ARTEN Sandlebensräume sind ideale Jagdreviere für Räuber, die verschiedene Strategien haben. Der Bienenwolf (*Philanthus* spp.) gräbt seine Nester in sandige Böden, während die Sand-Raubfliege (*Philonicus albiceps*) auf Sanddünen patroulliert und nach Fliegen und Bienen Ausschau hält, die Blüten besuchen. Sie erbeutet sie mit ihren Beinen und saugt sie anschließend aus. Die Fliegen der Unterfamilie Miltogramminae sind kleine parasitische Insekten, die im Sand nach den Nestern von Solitärbienen Ausschau halten. Sie legen ihre Eier auf den Larven ihrer Wirte ab. Nachdem die Fliegenlarve geschlüpft ist, verspeist sie ihren Wirt und seinen Nahrungsvorrat im Nest. Sandlaufkäferlarven (*Cicindela* spp.) verstecken sich in Sandröhren und lauern kleinen Insekten und wirbellosen Tieren auf. In Wüsten, die die extremsten Sandlebensräume sind, müssen Insekten besonders genügsam sein. Sie haben bestimmte Verhaltensweisen und andere Anpassungen entwickelt, um die Hitze zu ertragen (S. 134–135).

Auf Feldern und Wiesen wachsen viele verschiedene Pflanzen, deren Blüten unterschiedlich geformt sind und unterschiedlich viel Nektar bilden. Deshalb leben vielfältige Insektenarten auf und von den Blütenpflanzen.

FELDER UND WIESEN

RESSOURCEN Die Pflanzenarten, die auf der Wiese wachsen, die Art des Bodens (wie etwa saurer oder kalkhaltiger Boden) und die Bewirtschaftungsweise (wie die Beweidung mit Schafen oder Rindern) beeinflussen, welche Ressourcen (Blätter, Nektar, Pollen usw.) für Insekten verfügbar sind. Pflanzen und Insekten sind aufeinander angewiesen, weil Insekten die Blüten bestäuben und sich im Gegenzug von Pflanzenteilen ernähren. Wenn ein Partner seltener wird, wirkt sich dies auf den anderen aus.

INSEKTENVIELFALT Es gibt unterschiedliche Wiesen und Weiden, auf denen vielfältige Insekten vorkommen. Solitärbienenarten, die den Pollen verschiedener Blüten sammeln (sogenannte polylektische Arten) bauen charakteristische Nester. Die Rote Mauerbiene (*Osmia bicornis*) beispielsweise baut ihre Lehmnester in Hohlräumen im Holz und im Mauerwerk, während die Zweifarbige Schneckenhausbiene (*Osmia bicolor*) nur in den Häusern von wenigen Schneckenarten nistet. In einem kleinen Gebiet, in dem der Wiesen-Bärenklau (*Heracleum sphondylium*) vorkommt, können Hunderte Insekten leben, wie Wespen, Käfer und Schmetterlinge. Einige ahmen andere Arten nach (Mimikry, S. 34–35). Die Hummel-Waldschwebfliege (*Volucella bombylans*) imitiert verschiedene Hummelarten und der Hornissen-Glasflügler (*Sesia apiformis*) ahmt eine Hornisse nach, um Fressfeinde abzuschrecken.

AM BODEN

Während einige Insekten die Wiesenpflanzen bestäuben, bewegen sich Ameisen und Springschwänze am und im Boden fort. Viele bodenbewohnende Insekten ernähren sich von toten Tieren und Pflanzen. Der europäische Mondhornkäfer (*Copris lunaris*) ernährt sich vom Kot von Tieren und zersetzt das organische Material, sodass die Nährstoffe wieder ins Ökosystem gelangen. Andere bodenlebende Insekten sind Räuber, wie der Feld-Sandlaufkäfer (*Cicindela campestris*), der Raupen, Ameisen und Spinnen erbeutet.

Wiesen-Bärenklau (*Heracleum sphondylium*)
Auf den Blütenständen dieser Pflanze, die in Europa und Asien heimisch ist, kann man viele Insektenarten beobachten.

Im Lauf der Evolution haben mehrere Insektengruppen, wie Libellen, Eintagsfliegen, Kriebelmücken und Steinfliegen, Flüsse und Bäche besiedelt.

A.

A. Eintagsfliegennymphe (Heptageniidae)
Dank ihres abgeflachten Körpers kann sich diese Nymphe auch bei starker Strömung an Steinen festhalten.

FLÜSSE UND BÄCHE

Die an Land lebenden Insekten hatten gute Voraussetzungen, um die Flüsse und Bäche zu besiedeln. Im Lauf ihrer Evolution entwickelte sich eine Wachsschicht auf ihrem Außenskelett, die verhinderte, dass ihr Körper an der Luft austrocknete.

LEBEN IM WASSER Einige Insekten, die daran angepasst sind, einen Teil ihres Lebenszyklus im Süßwasser zu verbringen, durchlaufen eine unvollständige Metamorphose (S. 30–31) mit mehreren im Wasser lebenden Nymphenstadien. Die adulten Insekten leben an Land und legen ihre Eier im Wasser ab. Eintagsfliegennymphen ernähren sich von organischen Belägen auf Steinen und anderen Oberflächen, und die Nymphen einiger Arten haben flache, stromlinienförmige Körper. Die ebenfalls im Wasser lebenden Libellennymphen fangen ihre Beute mit einer Fangmaske.

Auch die Larven vieler Insekten, die eine vollständige Metamorphose durchlaufen (S. 28–29), sind gut an das Leben im Wasser angepasst. Manche müssen sich in der starken Strömung festhalten, während andere sie nutzen. Manche Arten sondern Seidenfäden ab. Einige Köcherfliegenlarven, die am Grund von Flüssen und Bächen leben, spinnen Netze aus Seide, mit denen sie Nahrungspartikel sammeln. Die Larven verschiedener Mücken spinnen Röhren aus Seide, in denen sie am Grund des Flusses leben.

B. Kriebelmückenlarven (Simuliidae)
Kriebelmückenlarven verankern sich mit einer Haftscheibe am Untergrund. In einer fächerartigen Filterstruktur am Kopf, durch die das Wasser hindurchströmt, verfangen sich winzige Nahrungspartikel.

C. Steinfliegennymphe (Perlidae)
Die Nymphen der Steinfliegen verzehren Algen, Pflanzenteile und wirbellose Tiere. Die meisten Arten haben zwei Schwanzanhänge, während Eintagsfliegennymphen drei besitzen.

D. Köcherfliegenlarve (Hydropsychidae)
Die meisten Köcherfliegenlarven leben in Köchern aus kleinen Steinchen oder Pflanzenresten. Die Larven der Familie Hydropsychidae weben Netze, mit denen sie ihre Nahrung fangen (S. 58–59).

Gebänderte Prachtlibelle (*Calopteryx splendens*)
Diese Libellenart kommt in weiten Teilen Europas und Asiens an langsam fließenden Flüssen und Bächen, Teichen und Seen vor.

In und bei Süßwasserseen leben zahlreiche Insekten. Die Tiefe, die Temperatur und die chemische Zusammensetzung des Wassers entscheiden darüber, welche Arten vorkommen.

SÜSSGEWÄSSER: SEEN

LEBENSRÄUME IN SEEN Verschiedene Faktoren wie die Gesteine und der Boden am Gewässergrund beeinflussen, welche Insektenarten im See leben. Es spielt außerdem eine Rolle, ob der See sich im Gebirge oder Tiefland befindet und wie isoliert seine Lage ist. Auch die Nährstoffkreisläufe und der Abfluss wirken sich auf die Zusammensetzung der Arten aus. Der Wasserspiegel mancher Seen ist konstant, während andere Gewässer zu bestimmten Zeiten austrocknen. Diese Bedingungen beeinflussen, welche Pflanzenarten sich ansiedeln, von denen sich wiederum bestimmte Insektenarten ernähren.

LEBENSGEMEINSCHAFTEN Zu den Insekten, die häufig in Seen vorkommen, gehören Zweiflügler (S. 174–175), Käfer (S. 170–171), Schnabelkerfe (S. 160–161) und Köcherfliegen (S. 173). Einige ernähren sich von Detritus, kleinen Wassertieren und Pflanzen. Andere sind Räuber, die verschiedene kleine Tiere erbeuten. Die Insekten im See sind wiederum eine wichtige Nahrungsquelle für andere Tiere des Ökosystems, wie Fische, Frösche und Vögel. Zuckmückenlarven kommen zu Millionen in Süßwasserseen vor und ernähren sich von Pflanzen und dem Detritus, der sich am Grund ablagert. Wenn die adulten Mücken schlüpfen, locken die Schwärme Libellen an, die die Mücken erbeuten.

SCHUTZ DER INSEKTEN Seeufer sind wichtige Lebensräume für Insekten, denn im Uferbereich ist das Wasser oft warm und seicht und hier wachsen viele Wasser- und Uferpflanzen. Oft kommt es jedoch zu Störungen, weil Menschen im See baden oder anderen Freizeitaktivitäten nachgehen, sodass Schutzmaßnahmen notwendig sind. In trockenen Regionen bewässert man mit dem Wasser aus Seen Felder mit Nutzpflanzen, und ein niedrigerer Wasserstand kann sich sehr nachteilig auf die Insektenvielfalt auswirken.

Teiche und Pfützen sind wichtige Lebensräume für aquatische Insekten. Es kann jedoch passieren, dass die Gewässer austrocknen, und manche sind weit entfernt von anderen Feuchtgebieten und für Insekten schwer zu finden.

TEICHE UND PFÜTZEN

STEHENDE GEWÄSSER Seerosenblätter treiben auf der Oberfläche von Teichen, und an vielen Ufern wachsen Schilf und Rohrkolben, die Insekten Schutz und Nahrung bieten. Die Arten, die an und in Teichen leben, sind an stehende Gewässer angepasst, in denen der Sauerstoffgehalt niedriger ist als in Flüssen und Bächen. Viele dieser Insekten wandern bei ungünstigen Bedingungen in geeignetere Lebensräume ab. In Pfützen zu leben ist eine Herausforderung, weil sie nur für eine gewisse Zeit bestehen und irgendwann austrocknen.

RENATURIERUNGSPROJEKTE Viele Teiche, wie etwa die meisten Fischteiche, sind nicht natürlich entstanden, und wegen neuer Landnutzung sind unsere Landschaften immer wieder Veränderungen unterworfen. Als beispielsweise um 1950 die Landwirtschaft intensiviert wurde, schüttete man etliche Teiche zu, um den Boden besser mit Maschinen bearbeiten zu können. Inzwischen gibt es in vielen Ländern Renaturierungsprojekte. Zugeschüttete Teiche werden wieder ausgehoben und einstige Steinbrüche, Kiesgruben und Braunkohle-Tagebaugebiete in Landschaften mit Teichen und anderen Gewässern umgewandelt. Solche Projekte schaffen Lebensraum für seltene und gefährdete Tierarten, darunter unzählige Insekten.

PFÜTZEN Temporäre Gewässer wie Pfützen sind für manche Insekten wichtig. Schmetterlinge beispielsweise kann man oft auf nassen Wegen beobachten. Sie sammeln sich an Aas, den Exkrementen von größeren Tieren, verrottenden Pflanzenteilen und Schlamm, um mit ihrem Rüssel mineralreiche Flüssigkeiten zu trinken (S. 16). Ganz besonders werden die Männchen der Familien Papilionidae und Pieridae von solchen Stellen angelockt, denn sie nehmen mit dem Wasser Salze auf, die sie brauchen, um sich fortpflanzen zu können. Bei der Paarung geben sie mit der Spermatophore Salze an das Weibchen weiter.

Große Ruderwanze
(*Corixa punctata*)
Ruderwanzen leben in Teichen, Seen und langsam fließenden Flüssen. Sie kommunizieren mit artspezifischen Lauten, indem sie mit ihren vorderen, mit Dornen besetzten Beinen über die scharfen Kanten am Kopf streichen.

Schwalbenschwanz
(*Papilio machaon*)
Diese Art ist in Europa, Nordamerika und Asien weitverbreitet. Es gibt viele Unterarten, die sich in der Färbung und Zeichnung der Flügel und im Verhalten unterscheiden und unterschiedliche Futterpflanzen bevorzugen.

Sümpfe sind während der meisten Zeit des Jahres nass. In diesen Lebensräumen kommen nicht allzu viele Insektenarten vor.

SÜMPFE UND MARSCHEN

MARSCHEN Salzwassermarschen sind an Küsten wichtige Pufferzonen. Sie schützen Süßwassergebiete im Binnenland davor, bei Sturmfluten und Springtiden mit Salzwasser überschwemmt zu werden. Weltweit wurden etwa 300 Insektenarten der Salzwassermarschen beschrieben, aber über die Lebensweise der meisten Arten ist nur wenig bekannt. Insekten reagieren sensibel auf Stress aus der Umwelt. Die Arten, die in Marschen vorkommen, sind deshalb wichtige Indikatoren für die Gesundheit der Ökosysteme.

DUNKLE BINSENJUNGFER Einige Insektenarten haben Anpassungen an die Bedingungen in Sümpfen. Die Dunkle Binsenjungfer (*Lestes macrostigma*) lebt in Salz- und Brackwassermarschen und kommt an der Mittelmeerküste und bis nach Zentralasien und in den Nahen Osten vor. Das Weibchen ritzt mit seinem Ovipositor das Gewebe von Binsen und Simsen an und legt seine Eier hinein. Die Larven fressen nach dem Schlüpfen Mückenlarven und sind deshalb wichtige Gegenspieler von Insekten, die Krankheitserreger übertragen. Die Dunkle Binsenjungfer ist gefährdet, weil ihre Lebensräume verändert, Sümpfe trockengelegt und Mücken bekämpft wurden, die ihre wichtigste Nahrung sind.

MÜCKEN Weil Mücken der Gattung *Anopheles* Malaria übertragen, sind sie für Menschen gefährlich. In den 1960-er und 1970-er Jahren versuchte man, diese Arten in ihren Sumpflebensräumen auszurotten. Die meisten der Bemühungen scheiterten. Zudem wurden auch harmlose Insektenarten dezimiert und Sumpflebensräume zerstört, weil man Pestizide wie DDT ausbrachte. Im Vereinigten Königreich zielten solche Aktivitäten auf die Stechmückenart *Ochlerotatus detritus* ab, die keine Krankheitserreger überträgt, aber Menschen sticht, die in Siedlungen in der Nähe der Sümpfe leben. Sie legt ihre Eier in nassen Sand.

Auch wenn der Sand austrocknet, überleben die Eier Monate oder sogar Jahre lang, bis die Bedingungen wieder besser sind.

SCHUTZ SOLCHER LEBENSRÄUME In der Vergangenheit waren Sümpfe oft unbeliebte Gegenden, in denen Mücken lebten, die bestenfalls lästig waren und schlimmstenfalls Malaria übertrugen. Heute weiß man mehr über die Bedeutung dieser Lebensräume und ihre Biodiversität. Moore speichern große Mengen Kohlenstoff und wirken so dem Klimawandel entgegen. Außerdem verhindern sie Überschwemmungen. Diese Lebensräume werden nicht beeinträchtigt, wenn man beispielsweise Mücken mit natürlichen biologischen Methoden wie *Bacillus thuringiensis* subspecies *israelensis* (Bti) ausbringt. Dieses Bakterium bildet Gifte, die spezifisch Schadinsekten schädigen, statt wahllos alle Insektenarten zu töten.

Dunkle Binsenjungfer (*Lestes macrostigma*)
Die Nymphen dieser Art sind an temporäre Gewässer wie kleine Teiche gebunden, die im Frühjahr Wasser führen und gegen Ende des Frühjahrs oder im Frühsommer austrocknen. In solchen Gewässern leben weder Fische noch andere Räuber, sodass die Nymphen gefahrlos heranwachsen können.

Im Meer kommen nur wenige Insekten vor, weil sie im Salzwasser nicht überleben können. Einige Arten kann man am und auf dem Meer beobachten, aber es ist bisher keine Art bekannt, die ihren gesamten Lebenszyklus hier abschließt.

MEERES-LEBENSRÄUME

Nur etwa drei Prozent aller Insektenarten kommen im Wasser vor, und nur ein kleiner Teil lebt in marinen Lebensräumen wie Salzmarschen, Mangrovensümpfen, Korallenriffen und im offenen Meer. Die häufigsten Gruppen sind Käfer (S. 170–171), Fliegen und Mücken (S. 174–175) und Schnabelkerfe (S. 160–161), die gemeinsam etwa 75 Prozent aller Arten in Lebensräumen am und im Meer ausmachen.

INSEKTEN UND ALGEN Viele Kurzflügel- und Sandlaufkäfer leben zwischen den Tangen und Algen, die an Strände oder in Salzmarschen gespült werden. Tangfliegen pflanzen sich in den angespülten Algen fort und bilden mitunter große Schwärme. Ihr Lebenszyklus ist an die Springtiden gebunden, die jeden Monat bei Voll- und Neumond auftreten. Die Larven müssen sich rasch zu adulten Insekten entwickeln, um nicht bei der nächsten Springtide ins Meer gespült zu werden. Kleine Mücken (wie *Clunio* spp.) kann man an Stränden dort beobachten, wo bei Ebbe mit Tangen bedeckte Felsen und Steine freiliegen. Auch sie müssen ihren Lebenszyklus zwischen zwei Springtiden abschließen. Die seltsamsten marinen Zuckmücken sind die flugunfähigen *Pontomyia*-Arten. Die Larven leben im Wasser zwischen Algen und Pflanzen und die adulten Insekten erscheinen meistens nachts bei Voll- oder Neumond, was vielleicht mit ihrem Paarungsverhalten zu tun hat.

SCHNABELKERFE Die häufigste Insektengruppe, die man in marinen Lebensräumen antrifft, sind Schnabelkerfe. Wanzen der Gattung *Hermatobates* leben in mit Luft gefüllten Löchern in Felsen oder Steinmauern an den Stränden tropischer Inseln. Sie kommen bei Ebbe hervor, um Nahrung zu suchen, können aber, wenn sie von der Flut überrascht werden, auf der Meeresoberfläche überleben, bis die Ebbe wieder einsetzt. Meerwasserläufer (*Halobates* spp.) kann man in tropischen Mangrovensümpfen beobachten. Obwohl sie keine Flügel haben, sind sie schwer zu fangen, weil sie sich schnell fortbewegen (etwa 1 m pro Sekunde) und hoch springen (5 cm hoch oder höher). Fünf Wasserläuferarten sind die einzigen Insekten, die ihr gesamtes Leben auf dem offenen Meer verbringen, Hunderte Kilometer vom Festland entfernt. Wie sie stürmische See und die starke Sonnenstrahlung überstehen, ist noch nicht bekannt.

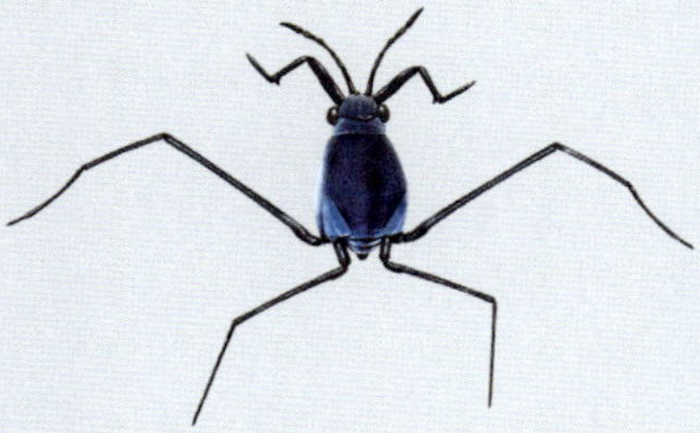

Meerwasserläufer (*Halobates micans*)
Diese Art hat eine ungewöhnliche Verbreitung: Sie kommt in wärmeren Bereichen des Atlantischen, Indischen und Pazifischen Ozeans vor.

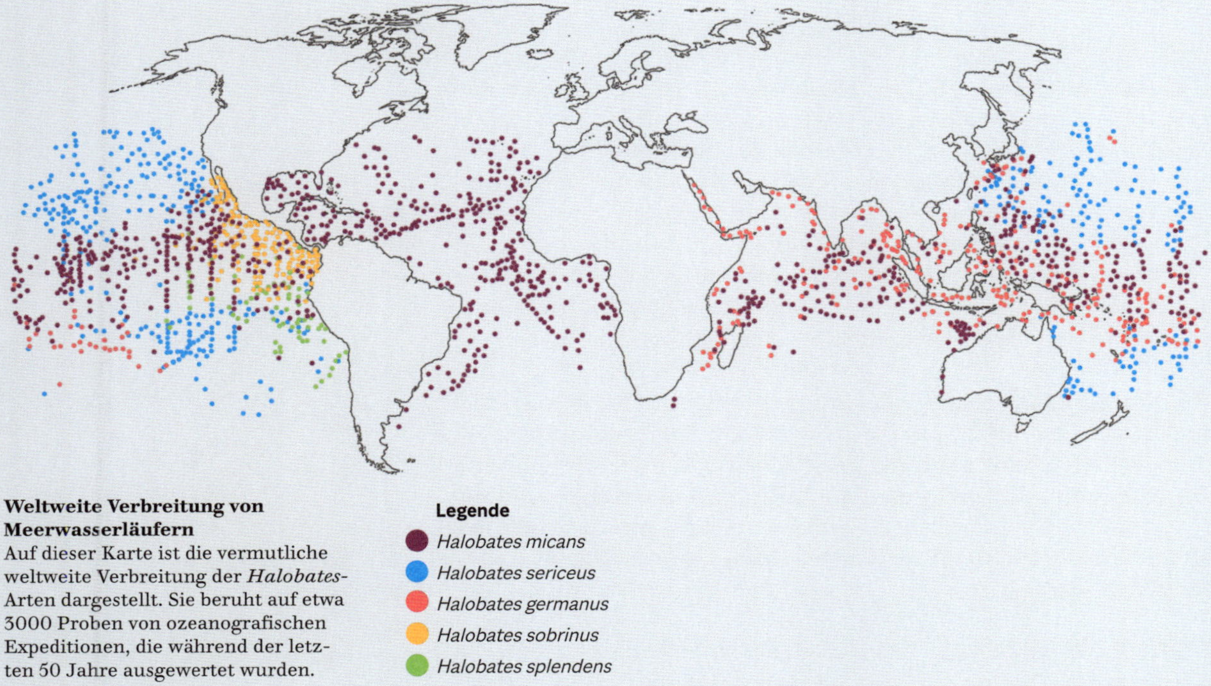

Weltweite Verbreitung von Meerwasserläufern
Auf dieser Karte ist die vermutliche weltweite Verbreitung der *Halobates*-Arten dargestellt. Sie beruht auf etwa 3000 Proben von ozeanografischen Expeditionen, die während der letzten 50 Jahre ausgewertet wurden.

Insekten im Gebirge sind an die kühleren Bedingungen auf Berggipfeln angepasst. Zu den Arten des Hochgebirges gehören Fliegen, Schmetterlinge und Käfer. Da ihre Lebensräume wegen des Klimawandels wärmer werden, sind sie gefährdet.

GEBIRGE

IM HOCHGEBIRGE Der Winteranfang kündigt sich in den gemäßigten Breiten an, wenn der erste Schnee auf den Berggipfeln liegen bleibt und die Temperaturen nachts unter den Gefrierpunkt sinken. Im Hochgebirge in über 1800 m Höhe überleben Insekten den Winter als Larven oder Eier. In Europa beispielsweise überdauern die Eier und Raupen des Bläulings *Agriades pyrenaicus* den Winter am Boden oder an ihre Wirtspflanze geheftet unter einer schützenden Schneedecke. Unter dem Schnee beträgt die Temperatur etwa 0 °C und es herrschen relativ stabile Bedingungen.

Im Frühsommer beginnt der Schnee zu schmelzen und eine neue Jahreszeit bricht an. Die Insekten der Hochgebirge müssen ihren Lebenszyklus während der nächsten Monate abschließen. Im Hochsommer schlüpfen die adulten Schmetterlinge und die Artenvielfalt im Gebirge erreicht ihren Höhepunkt. Wenn der Herbst einsetzt, sinken die Temperaturen wieder, und das Insektenjahr geht zu Ende.

GEBIRGSSPEZIALISTEN Einige Schmetterlingsarten, wie der Wundklee-Bläuling (*Polyommatus dorylas*) und der Apollofalter (*Parnassius apollo*) sind auf das Gebirge spezialisiert. Wegen des Klimawandels ist die Schneedecke im Winter jedoch dünner, sodass die Eier und Raupen immer kürzere Zeit geschützt sind. Aufgrund der klimatischen Veränderungen überleben die Insekten die schwierigen Bedingungen seltener.

A. Alpen-Gelbling (*Colias phicomone*)
Diese Schmetterlingsart ist robust. Die meisten adulten Falter sind stark behaart und deshalb gegen die Kälte geschützt. Weil die Sommer im Gebirge kurz sind, kann es zwei Jahre dauern, bis sie ihren Lebenszyklus abgeschlossen haben

B. Bläulings-Art
(*Agriades pyrenaicus*)
Diesen Schmetterling findet man in felsigen Lebensräumen in etwa 2000 m Höhe.

B.

C.

C. Mistkäfer-Art
(*Trypocopris pyrenaeus*)
Im spanischen Kalksteinmassiv Picos de Europa kommen Mistkäfer in tieferen, wärmeren Lagen in schattigen Lebensräumen (Waldländern und Heidegebieten) vor. In offeneren Lebensräumen (auf Viehweiden) findet man sie in höheren, kühleren Lagen.

Einige Insekten haben sich gut an das Leben in Städten angepasst und kommen in Parks und Gärten und an Straßenrändern vor. Städtische Grünflächen müssen jedoch künftig anders gepflegt werden, damit die Anzahl der Insekten wieder steigt.

STADTGEBIETE

ANPASSUNGEN ANS STADTLEBEN Weil in städtischen Gebieten oft Beton vorherrscht, sind sie für die meisten Wildtiere unwirtlich. Einige Arten haben sich jedoch rasch an die stark veränderten Lebensräume angepasst und leben in der Nähe von Menschen. Die meisten Insekten, die in Städten vorkommen, sind Bestäuber, und einige Wildbienenarten sind in Städten sogar individuenreicher als auf dem Land. Gebäude bieten Insekten während Ruhephasen Schutz (S. 136) und in der Stadt ist es wärmer als auf dem Land. Die Weibchen der Roten Mauerbiene (*Osmia bicornis*) bauen ihre Nester in Löcher in Ziegelsteinen und in Hohlräume im Mörtel und sammeln den Pollen von Gartenblumen und Obstbäumen. Mit Bienenhotels kann man Wildbienen in den Garten locken.

PROBLEMATISCH FÜR INSEKTEN Nachtfalter bestäuben Blüten, die sich nachts öffnen, aber Lichtverschmutzung lenkt sie zunehmend von ihren Aktivitäten ab, indem das Licht der Straßenbeleuchtung sie anlockt und davon abhält, Blüten zu bestäuben und sich fortzupflanzen. Außerdem gelten die Nahrungspflanzen der Insekten in Städten oft als unerwünschte Unkräuter. Stattdessen kultiviert man häufig Zierpflanzen, die für Insekten wertlos sind. Brombeeren (*Rubus fruticosus*) beispielsweise sind für verschiedene Insekten überlebenswichtig, weil sie bis in den Herbst hinein blühen und Nektar und Schutz bieten, wenn kaum andere Blüten zu finden sind. Die Raupen der Roseneule (*Thyatira batis*) fressen vom Juli bis in den September Brombeerblätter. Wo Wildpflanzen nicht entfernt werden, sieht man in Stadtgebieten zahlreiche Tag- und Nachtfalter. Wir müssen begreifen, wie wichtig »unordentliche« Bereiche in Gärten, Hinterhöfen und Parks sind, denn für die Insektenvielfalt ist es sehr förderlich, Natur zuzulassen. Die meisten Arten sind auf einheimische Pflanzen angewiesen.

Roseneule
(*Thyatira batis*)
Die Raupen der Roseneule fressen nachts Brombeerblätter und verbergen sich während des Tages in der Laubstreu, wo sie vor Fressfeinden geschützt sind.

Viele Inseln sind seit Jahrmillionen vom Festland isoliert. Auf ihnen haben sich Insekten entwickelt, die sonst nirgendwo vorkommen. Die Arten zeigen einzigartige Anpassungen an das Leben auf der Insel.

INSELN

RÄUBERISCHE RAUPEN Die Hawaii-Inseln sind eine Gruppe vulkanischer Inseln, auf denen einzigartige Insekten vorkommen. Hier leben 18 Arten von Nachtfaltern (*Eupithecia*), deren Raupen kleinen Beutetieren auflauern. Die Jäger warten unauffällig an den Rändern von Blättern, bis ahnungslose Gliederfüßer wie Schaben, Grillen oder Springschwänze vorbeilaufen, und schlagen dann zu. Mit ihren für Raupen ungewöhnlich langen Beinen packen sie die Beute und zerteilen die Fleischmahlzeit mit ihren kräftigen Mandibeln. So kommen sie an Nahrung, die reich an Proteinen und anderen Nährstoffen ist.

INSEKTEN AUF ANTARKTISCHEN INSELN In der Antarktis liegen einige der kältesten, trockensten und stürmischsten Inseln der Erde. Auf diesem Kontinent kommen endemische Insektenarten vor. Die Zuckmückenart *Belgica antarctica* lebt auf der westlichen antarktischen Halbinsel und auf den Südlichen Shetlandinseln. Sie ist gut an die extreme Kälte angepasst (S. 136–137) und ihre Larven können bis zu 70 Prozent des Wassers abgeben, das in ihrem Körper enthalten ist. Dies verhindert, dass sich Eiskristalle bilden, die Zellen zerstören. Zudem bilden diese Insekten Hitzeschockproteine und Antioxidantien, die sie vor der hohen UV-Strahlung in der Antarktis schützen. Auch Frostschutzmittel (Glukose und Lipide) werden im Körper gebildet und verhindern, dass die Gewebe gefrieren. Es hat 40 Millionen Jahre gedauert, bis diese Merkmale perfektioniert waren, und sie sind erstaunliche Anpassungen an das Leben auf den kalten Inseln.

SCHWALBENSCHWÄNZE Auf tropischen Inseln wie Sulawesi (Indonesien) kommen Schmetterlinge in viele Farben und Formen vor. Weil Sulawesi seit mehr als 40 Millionen Jahren vom Festland isoliert ist, konnten sich viele endemische Arten entwickeln. Die Insel ist ein wahrer Hotspot der Artenvielfalt und über 40 Prozent der 488 Schmetterlingsarten kommen nur hier vor. Schwalbenschwänze gibt es auf Sulawesi in vielen Farben und Größen, vom kleinen Grünen Drachenschwanz (*Lamproptera meges*, Vorderflügellänge ~2 cm) bis hin zum beeindruckenden *Papilio blumei* (Vorderflügellänge ~6 cm).

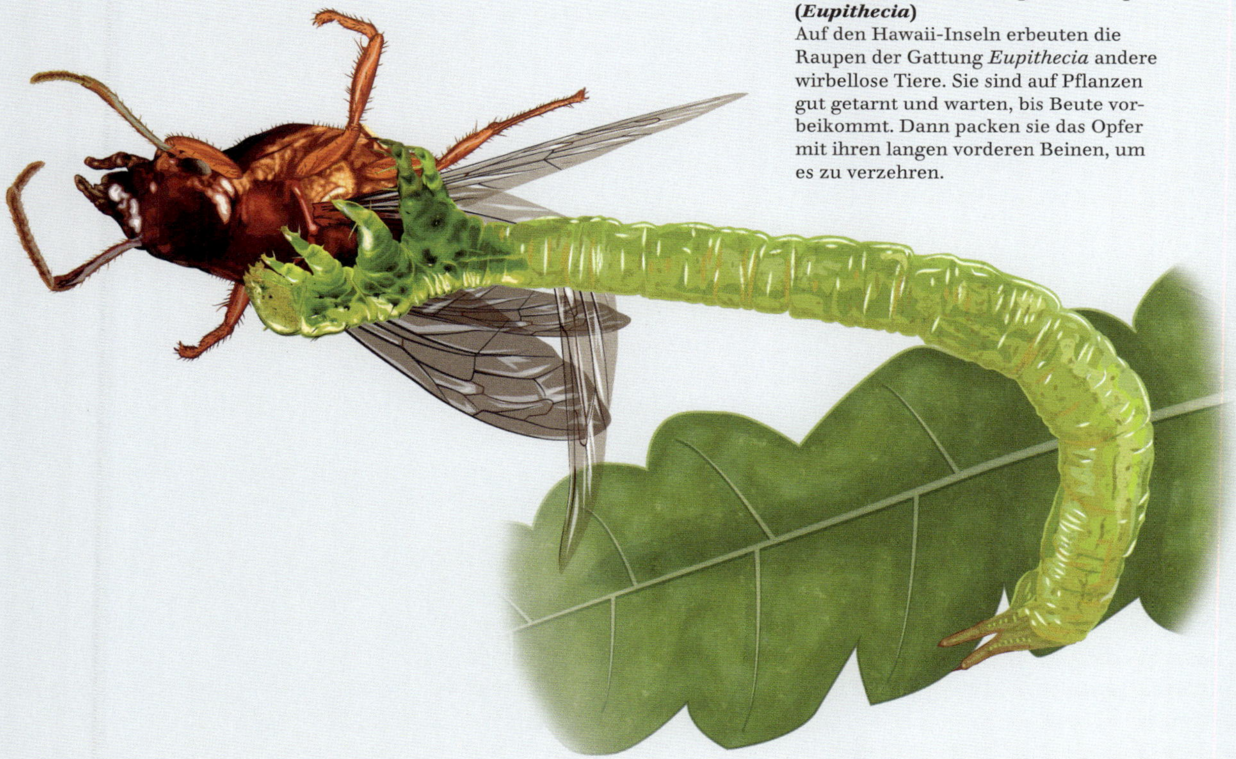

Hawaiianische Blütenspannerraupe (*Eupithecia*)
Auf den Hawaii-Inseln erbeuten die Raupen der Gattung *Eupithecia* andere wirbellose Tiere. Sie sind auf Pflanzen gut getarnt und warten, bis Beute vorbeikommt. Dann packen sie das Opfer mit ihren langen vorderen Beinen, um es zu verzehren.

Einige Insekten leben in Wüstenregionen. Erstaunlicherweise finden sie hier Nahrung und Wasser, sind gegen Austrocknung gut geschützt und vermeiden oder ertragen die Hitze.

WÜSTEN

Die wichtigsten Anpassungen an die extremen Bedingungen in Wüsten sind spezielle Verhaltensweisen. Viele Insekten verbringen den Tag in einem Nest, in dem die Luftfeuchtigkeit hoch ist. Sie meiden die Hitze an der Erdoberfläche, die 50 °C übersteigen kann.

HITZEANPASSUNGEN Ameisen der Art *Cataglyphis bicolor* überleben es, wenn sich ihr Körper auf über 50 °C erwärmt, was andere Insekten umbringen würde. Sie navigieren exakt und legen nur minimale Entfernungen zurück, um Insekten abzutransportieren, die auf den heißen Sanddünen gestorben sind. In den Wüsten im südwestlichen Nordamerika legt der Tabakschwärmer (*Manduca sexta*) seine Eier an der Unterseite von Blättern tief verwurzelter Pflanzen ab. Die Wurzeln erreichen das Grundwasser. Da es an der Blattoberfläche verdunstet, ist die Luft in der Umgebung der Pflanze kühler. Mistkäfer aus dem südlichen Afrika verhindern, dass sie auf dem Wüstenboden überhitzen, indem sie sich ab und zu auf ihre Mistkugel stellen, um sich die Füße zu kühlen.

TROCKENHEIT ERTRAGEN Insekten haben mehrere Anpassungen an die Trockenheit entwickelt. Einige nutzen im Körper gespeicherte Kohlenhydrate, die wie ein Schwamm Wasser aufnehmen. Eine wasserundurchlässige Kutikula reduziert die Verdunstung, und viele Schwarzkäfer sondern zudem eine Wasser abweisende Wachsschicht auf der Körperoberfläche ab. Andere Insekten resorbieren bei der Verdauung das Wasser sehr effizient.

A. Wüstenschabe (*Arenivaga investigata*)
Einige Insekten nutzen ungewöhnliche Wasserquellen. Diese Schabe profitiert von der Luftfeuchtigkeit in der Wüste. Ihre speziell angepassten Mundwerkzeuge scheiden Salze ab, an denen sich Wassermoleküle anlagern, sodass die Schabe das Wasser trinken kann.

B. Nebeltrinker-Käfer
(*Onymacris unguicularis*)
Der Käfer hat eine spezielle Kutikula, auf der sich winzige Wassertröpfchen aus dem Nebel sammeln, der sich nachts über dem Wüstenboden bildet. Er senkt seinen Kopf, sodass das Wasser an seinen Flügeldecken herab und direkt in seinen Mund rinnt.

B.

C.

C. Mistkäfer
(*Scarabaeus lamarckii*)
Dieser Mistkäfer aus dem südlichen Afrika steht auf seiner Dungkugel, um den heißen Boden nicht zu berühren. Forschende haben Mistkäfern kleine »Schuhe« angezogen und herausgefunden, dass die Insekten weniger Zeit auf den Mistkugeln verbringen, wenn ihre Füße vor der Hitze geschützt sind.

Insekten sind wechselwarme (ektotherme) Tiere, die ihre Körpertemperatur nicht regulieren können. Trotzdem leben einige von ihnen in den kältesten Regionen der Erde.

SEHR KALTE LEBENSRÄUME

WINTERRUHE Viele Insekten, die in kalten Regionen leben, verbringen die kälteste Zeit des Jahres in einem Ruhezustand, den man als Diapause bezeichnet. Meistens ruht ein bestimmtes Stadium, etwa das Ei oder die Larve. Dieses Stadium ist daran angepasst, den Winter zu überstehen. Während der Ruhephase ist die Stoffwechselrate geringer, sodass Energie eingespart wird, bis es im Frühjahr wieder wärmer wird.

IN DER KÄLTE AKTIV Nur wenige Insekten sind noch aktiv, wenn der Boden mit Schnee bedeckt ist. Zu ihnen gehören die Mitglieder der Gryllobatidae, die in den Gebirgen im westlichen Nordamerika und in Asien vorkommen. Sie suchen nach toten Insekten, die aus höher gelegenen Gebieten herabgeweht wurden. Andere Arten sind im Zwischenraum zwischen dem Schnee und dem Boden aktiv, wo recht konstante Temperaturen herrschen. Manchmal kommen sie zur Oberfläche, wie z. B. die dunklen Springschwänze, die man auch Schneeflöhe nennt (Springschwänze werden heute nicht mehr den Insekten zugeordnet). Mitten im Winter kann man sie in Wäldern im Norden in großer Zahl sehen.

ANTARKTISCHE ARTEN Das einzige Insekt, das in der Antarktis vorkommt, ist die Zuckmückenart *Belgica antarctica*, die den größten Teil ihres Lebens als Larve verbringt. Die adulten Insekten sieht man im Sommer nur kurze Zeit. Auch etwa ein Dutzend Springschwanzarten kommen in der Antarktis vor, wo sie in kleinen eisfreien Gebieten an den Küsten leben. Springschwänze überleben extreme Kälte (ihre Gewebe gefrieren nicht), und einige Arten sind noch bei -5 °C aktiv. Im Sommer geht in der Antarktis die Sonne nicht unter, sodass sich die dunklen Felsen erwärmen. Einige kälteresistente Springschwänze, die hier vorkommen, tolerieren auch erstaunlich hohe Temperaturen von bis zu 35 °C.

EXTREME KÄLTE ERTRAGEN Insekten, die sehr niedrige Temperaturen ertragen, verhindern entweder, dass sich in ihrem Körper Eiskristalle bilden, oder überleben es, wenn ihre Gewebe gefrieren. Bei Ersteren reichern sich chemische Stoffe in der Hämolymphe an, die verhindern, dass sich Eiskristalle bilden. Der Asiatische Eschenprachtkäfer (*Agrilus planipennis*) überwintert als Vorpuppe und gefriert erst bei etwa -30 °C. Man hat aber beobachtet, dass die in Kanada invasive Art bei einem Polarwirbel nicht gefror, obwohl die Temperatur auf etwa -50 °C absank. Einige Insekten sind außerordentlich kälteresistent. Die Larven der Fruchtfliege *Chymomyza costata* überleben in flüssigem Helium bei -269 °C.

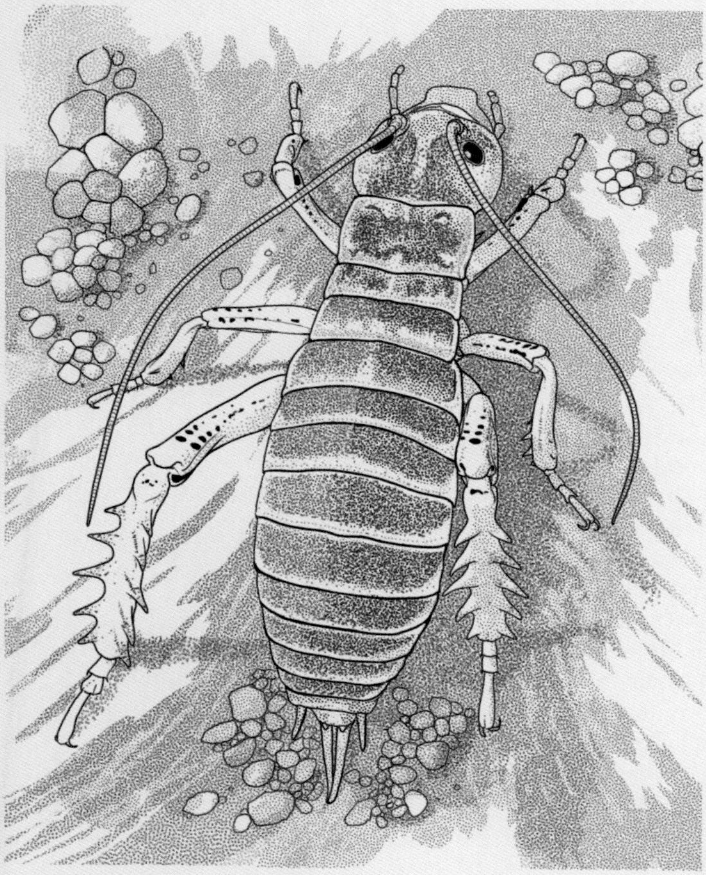

Neuseeländische Wētā-Art (*Hemideina maori*)
Diese neuseeländische Wētā überlebt auch dann, wenn 80 Prozent des Wassers in ihrem Körper gefroren sind.

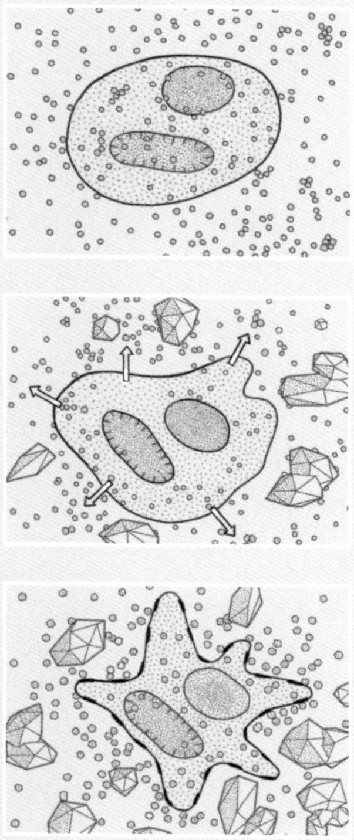

A

B

C

Extrazelluläre Eiskristallbildung
In den Zellen mancher Insekten bilden sich keine Eiskristalle.
A. Normalerweise entspricht die Konzentration der Stoffe im Zellinneren der Konzentration außerhalb.
B. Gefriert in der Hämolymphe Wasser, werden dem Zellinneren Wassermoleküle entzogen.
C. Wenn der Insektenkörper vollständig gefroren ist, ist der Inhalt der dehydrierten Zellen so konzentriert, dass sich keine Eiskristalle bilden.

Auf der ganzen Erde gibt es Kalksteinhöhlen, in denen sonderbare und faszinierende Insekten leben. Die Arten dieser verborgenen, dunklen Welten nennt man Troglobiten.

HÖHLEN

Tiere, die in Höhlen leben, müssen mit der ständigen Dunkelheit und Nahrungsknappheit zurechtkommen. Trotzdem sind die Mitglieder mehrerer Gliederfüßergruppen an solche Umgebungen angepasst, wie Insekten, Spinnen, Tausend- und Hundertfüßer. Obwohl sie nicht näher miteinander verwandt sind, haben sie ähnliche Merkmale, die sich durch konvergente Evolution entwickelt haben. Viele sind blass, weil sie keine Pigmente bilden. Sie besitzen keine Augen, aber oft sind Beine oder Fühler verlängert.

EINGANGSBEREICH, DÄMMERUNGS- UND DUNKELZONE Höhlen kann man in drei Zonen einteilen, in denen charakteristische Insekten vorkommen. In den Eingangsbereich gelangt Sonnenlicht, hier findet man vor allem Besucher von außerhalb vor, die im Inneren der Höhle nicht überleben können. In die Dämmerungszone gelangt kein direktes Sonnenlicht, aber sie wird von der Außenwelt beeinflusst, sodass Feuchtigkeit und Temperatur schwanken. In dieser Zone kommen Arten vor, die die Höhle nur während einer Lebensphase nutzen, wie überwinternde Motten und Mücken. Andere Insekten wandern täglich in die Höhlen und wieder hinaus, wie viele Höhlengrillen. Troglobiten leben in der Dunkelzone, wo konstante Temperaturen herrschen und die Luftfeuchtigkeit hoch ist. Das Nahrungsangebot ist hier oft sehr beschränkt. In tropischen Regionen jedoch halten sich auch viele Fledermäuse in den Höhlen auf, deren Kot die Nahrung von Detritusfressern wie Höhlenschaben ist. Ohne Zweifel warten noch immer viele Troglobiten auf ihre Entdeckung, vor allem in tropischen Höhlen, die noch nicht erforscht wurden.

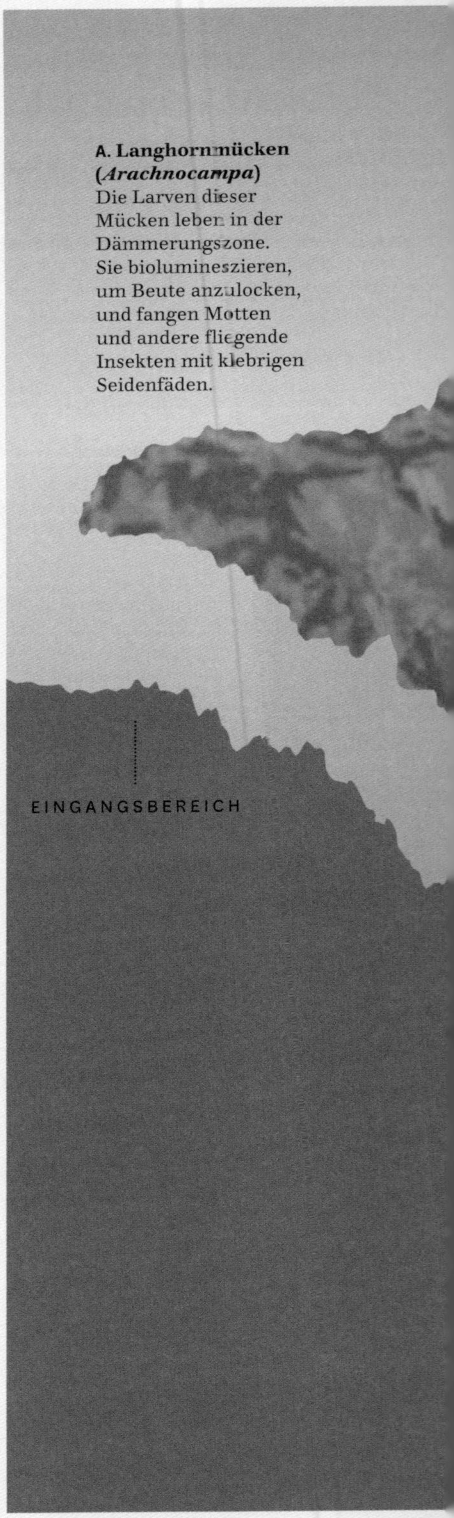

A. Langhornmücken (*Arachnocampa*) Die Larven dieser Mücken leben in der Dämmerungszone. Sie biolumineszieren, um Beute anzulocken, und fangen Motten und andere fliegende Insekten mit klebrigen Seidenfäden.

B. Hawaiianische Höhlenzikade (*Oliarus polyphemus*)
Dieses Insekt kommt nur auf Hawaii vor, wo es in der Dämmerungszone in Felsspalten lebt. Die Larven saugen den Saft von Baumwurzeln, die durch das Gestein gedrungen sind und in die Höhle hängen.

C. Höhlenkäfer (*Leptodirus hochenwartii*)
Der seltsame Detritusfresser mit seiner langen, schlanken Brust und dem aufgewölbten Hinterleib lebt in Slowenien und Kroatien in der Dunkelzone von Höhlen.

Sechsfleck-Widderchen (*Zygaena filipendulae*)

KLASSIFIZIEREN

KAPITEL V

DIE GESCHÄTZTEN 5,5 MILLIONEN Insektenarten der Erde werden 27 großen taxonomischen Gruppen zugeordnet. Im folgenden Kapitel erfahren Sie, wie sich eine Libelle von einer Schlammfliege und eine Schnake von einer Skorpionsfliege unterscheidet. Alle 27 Gruppen werden mit Beispielen vorgestellt.

Die Insekten werden in 27 Ordnungen eingeteilt. Wie viele Arten es weltweit gibt, ist jedoch nicht bekannt.

DIE ORDNUNGEN

Die vielfältigen Merkmale, die jede der Insektenordnungen charakterisieren, haben sich vor Jahrmillionen entwickelt. Im Lauf der Zeit entstanden jedoch unzählige Modifikationen, weil sich Arten an neue Lebensräume anpassten. Wegen ihrer Anpassungsfähigkeit konnten Insekten fast jeden Lebensraum an Land und im Süßwasser und sogar einige Lebensräume am und im Meer besiedeln. Nur in der Tiefsee kommen keine Insekten vor.

Die größten Ordnungen mit jeweils mehr als 100 000 beschriebenen Arten sind die Käfer (Coleoptera), Zweiflügler (Diptera), Schmetterlinge (Lepidoptera) und Ameisen, Bienen und Wespen (Hymenoptera). Einige der kleineren Ordnungen, wie die Ohrwürmer (Dermatpera) und Flöhe (Siphonaptera), sind sehr vielgestaltig im Vergleich zu anderen Tiergruppen. Es gibt beispielsweise etwa 2500 Arten von Flöhen, was in etwa der Zahl der Nagetierarten entspricht, die weltweit vorkommen.

VIELFÄLTIGE ORDNUNGEN Die Arten, die einer Insektenordnung angehören, werden Familien zugeordnet. Zur Ordnung der Schnabelkerfe (Hemiptera) gehören z. B. mehr als 130 Familien, unter ihnen die Blattläuse (etwa 5500 Arten) und die Zikaden (etwa 3000 Arten). Zu den Adelgidae dagegen gehören nur etwa 50 Arten. Diese Familie ist nah mit den Blattläusen verwandt, aber die Mitglieder besitzen keine Siphonen am Hinterleib wie die Blattläuse. Die Ordnung der Käfer ist im Moment mit Abstand die größte Insektenordnung. So sind allein mehr als 95 000 Arten der Familie der Rüsselkäfer bekannt. Es gibt viel mehr Insektenarten, als es Wirbeltierarten gibt (Vögel, Säugetiere und allen anderen Wirbeltiergruppen zusammengenommen). Die Gruppe der Käfer gilt zwar als die größte Gruppe wissenschaftlich beschriebener Insekten, aber weil es viele noch nicht erfasste Arten kleiner Fliegen und parasitoider Wespen gibt, vermuten einige Forschende, dass tatsächlich die Zweiflügler und die Ameisen, Bienen und Wespen (Hautflügler) die größten Ordnungen sind.

NEUE ARTEN IDENTIFIZIEREN Im Vergleich mit anderen Tiergruppen werden bisher unbekannte Insekten viel häufiger wissenschaftlich beschrieben. Mit neuen Methoden der DNA-Sequenzierung kann man Arten identifizieren, die man früher nicht von nah verwandten Arten unterscheiden konnte.

Bodenwanzen-Art (*Oncopeltus fasciatus*)

ZAHL DER WELTWEIT BESCHRIEBENEN ARTEN

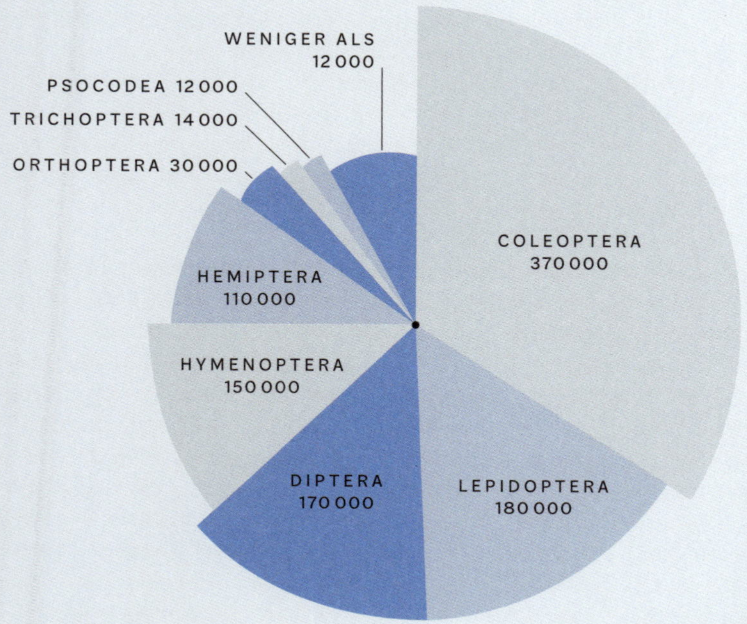

Ordnungen mit weniger als 12 000 beschriebenen Arten
Thysanoptera, Neuroptera, Plecoptera, Ephemeroptera, Phasmida, Zoraptera, Blattodea, Mantodea, Siphonaptera, Dermaptera, Mecoptera, Strepsiptera, Odonata, Zygentoma, Archaeognatha, Embiidina, Megaloptera, Raphidioptera, Notoptera

Hymenoptera: Bienenwolf (*Philanthus triangulum*)

Sechsfleck-Widderchen (*Zygaena filipendulae*)

Die ältesten Fossilien von Felsenspringern stammen aus dem Devon (vor etwa 417 bis 354 Millionen Jahren) und sind etwa gleich alt wie die ältesten bekannten Spinnen und Skorpione. Weltweit gibt es etwa 500 bisher wissenschaftlich beschriebene Arten, die zwei Familien zugeordnet werden.

ARCHAEOGNATHA
FELSENSPRINGER

MACHILOIDES
Felsenspringer-Art

FAMILIE Meinertellidae

ARTEN DER FAMILIE Etwa 170

LEBENSRÄUME Felsen, Steine, Laubstreu, Baumstämme, Kronenregion

Felsenspringer tragen ein langes Terminalfilum am Ende des Hinterleibs. Mit den paarigen Cerci (S. 148) besitzen sie drei Schwanzanhänge.

URZEITLICHE INSEKTEN Die Felsenspringer gehören zu einer Gruppe flügelloser Insekten, die als Apterygota bezeichnet werden. An der Hinterleibsspitze sitzen drei Schwanzanhänge. Sie durchlaufen keine Metamorphose (S. 26–27), sondern häuten sich regelmäßig, auch nachdem sie fortpflanzungsfähig sind. Wie Silberfischchen und Ofenfischchen gehören sie zu den ursprünglichsten Insekten und alle Gruppen haben ähnliche Merkmale, wie die zylindrische Körperform und das Fehlen von Flügeln.

HOCHSPRINGER Felsenspringer haben einen kleinen Kopf und einen lang gestreckten Körper, der an der Brust aufgewölbt ist. Bei Störung können sich einige Arten bis 30 cm hoch in die Luft katapultieren, indem sie ihren Hinterleib blitzschnell krümmen. Die auffälligen Augen befinden sich oben am Kopf und berühren sich und die einfachen beißend-kauenden Maxillarpalpen (Mundwerkzeuge) können teilweise eingezogen werden. Sie bestehen aus sieben Segmenten und sind sehr lang, oft länger als die Beine des Insekts. Felsenspringer haben ein dünnes Außenskelett, das kaum Schutz vor Austrocknung bietet. Deshalb findet man sie an feuchten Orten wie unter Steinen oder Rinde, wo sie sich von Algen, Flechten, Moosen und verrottenden organischen Stoffen ernähren. Sie paaren sich in jedem adulten Stadium einmal und werden bis zu vier Jahre alt. Somit werden sie älter als die meisten anderen Insekten.

Es sind fast 550 Arten von Silberfischchen und Ofenfischchen bekannt, die fünf Familien angehören. Der Körper der Silberfischchen ist mit glänzenden Schuppen bedeckt, daher ihr Name.

ZYGENTOMA
SILBERFISCHCHEN UND OFENFISCHCHEN

URSPRÜNGLICHE INSEKTEN Wie die Felsenspringer sind die Silber- und Ofenfischchen flügellose Insekten, die keine Metamorphose durchlaufen (S. 26–27). Es gibt sie seit Jahrmillionen und sie haben alle Veränderungen des Klimas und der Lebensräume überlebt, die in dieser langen Zeit stattfanden. Oberflächlich ähneln sie den Felsenspringern, denn auch sie besitzen drei Schwanzanhänge. Diese stehen jedoch seitlich vom Körper ab, manchmal sogar im rechten Winkel. Silber- und Ofenfischchen sind außerdem weniger zylindrisch, ihr Hinterleib läuft spindelförmig zu. Die Schwanzanhänge sind ein langes Terminalfilum und zwei kürzere seitliche Filamente (Cerci). Bei den meisten Arten befinden sich acht Paare kurzer Anhänge (Styli) am Hinterleib, aber einige Arten besitzen weniger oder gar keine Anhänge.

FLINKE LÄUFER Anders als die Augen der Felsenspringer sind die der Silber- und Ofenfischchen klein oder fehlen völlig, und sie besitzen auch keine Ozellen (einfache Augen). Ihre Mandibeln sind viel kürzer, während die Maxillarpalpen aus fünf Segmenten bestehen und eine normale Länge haben. Silberfischchen können schnell laufen, aber nicht wie Felsenspringer springen. Weil ihre Schuppen leicht abfallen, schaffen Räuber es jedoch oft nicht, sie festzuhalten. Silberfischchen ernähren sich von organischem Detritus und Pflanzenresten mit einem hohen Zelluloseanteil. Einige Arten richten einigen Schaden an, weil sie Papier und Kleidung fressen und Lebensmittel verunreinigen.

LEPISMA SACCHARINUM
Silberfischchen

FAMILIE Lepismatidae

ARTEN DER FAMILIE Etwa 190

LEBENSRÄUME Feuchte Orte, oft in Häusern und anderen Gebäuden

Weil im Mitteldarm das Enzym Zellulase gebildet wird, können Silberfischchen Zellulose verdauen.

Zu dieser Ordnung gehören etwa 7000 Arten. Die ältesten bekannten Fossilien sind 250 bis 200 Millionen Jahre alt. Ihre Vorfahren, die vor etwa 300 Millionen Jahren lebten, gehörten zu den ersten geflügelten Insekten.

ODONATA
LIBELLEN

CORDULEGASTER BOLTONII

Zweigestreifte Quelljungfer

FAMILIE Cordulegastridae

ARTEN DER FAMILIE Etwa 55

LEBENSRÄUME Kleine Bäche, meist in Wäldern

Die Nymphen dieser Großlibellenart leben drei bis fünf Jahre lang unter Steinen oder toten Blättern in seichten Bächen.

GESCHICKTE FLIEGER Libellen sind die auffälligsten und prächtigsten Insekten, die in Süßwasser-Ökosystemen vorkommen. Viele adulte Libellen schillern bunt und an warmen Sommertagen kann man sie dabei beobachten, wie sie in der Luft blitzschnell andere Insekten erbeuten. Oft fliegen sie am Ufer auf der Suche nach Beutetieren oder Partnern umher. An der Form ihrer Flügel kann man Groß- und Kleinlibellen unterscheiden. Das hintere Flügelpaar der Großlibellen ist meist breiter als das vordere Flügelpaar, während bei Kleinlibellen beide Flügelpaare ähnlich groß sind. Die meisten bei uns heimischen Kleinlibellen sind klein und zierlich, aber in den Tropen gibt es sehr große Kleinlibellenarten und kleine Großlibellenarten.

HERVORRAGENDE JÄGER Sowohl die Nymphen als auch die adulten Insekten sind Räuber. Die Nymphen leben im Wasser und verbergen sich am Grund, wo sie sich vergraben oder an Steinen und Wasserpflanzen festhalten. Sie lauern ahnungsloser Beute auf und packen sie, indem sie ihre Fangmaske blitzschnell vorklappen. Auf der Unterlippe (Labium) sitzen Haken oder Stacheln, die beim Beutefang zum Einsatz kommen. Die Entwicklung der Nymphen dauert einige Wochen bis mehrere Jahre, bis die adulten Libellen das Wasser verlassen. Libellen können hervorragend fliegen und packen ihre Beute im Flug. Dabei setzen sie ihre Beine als »Fangkorb« ein. Mit ihren hervorragenden Augen – die großen Komplexaugen nehmen fast den gesamten Kopf ein – und den kräftigen Mandibeln sind sie gefährliche Jäger.

Eintagsfliegen sind eine Linie geflügelter Insekten. Die ältesten bekannten Fossilien sind etwa 300 Millionen Jahre alt. Weltweit sind um die 4300 Arten in etwa 40 Familien bekannt.

EPHEMEROPTERA
EINTAGSFLIEGEN

IM UND AM WASSER Eintagsfliegen kommen in und an Flüssen und Bächen vor. Den größten Teil ihres Lebenszyklus verbringen sie als Nymphen im Wasser. Manche Arten häuten sich bis zu 50-mal. Adulte Eintagsfliegen nehmen keine Nahrung mehr auf und leben nur sehr kurze Zeit – je nach Art wenige Stunden bis einige Tage. Sie haben lange Schwanzanhänge und lange Flügel, die sie in Ruhe nicht dachförmig über den Körper legen, wie es für ursprünglichere Insekten typisch ist.

LEBENSZYKLUS Die Nymphen der Eintagsfliegenlarven kann man leicht von den meisten anderen im Wasser lebenden Insektennymphen unterscheiden, denn an der Hinterleibsspitze sitzen drei lange Schwanzanhänge und an den Seiten des Hinterleibs gefiederte oder blattförmige Kiemen. Die meisten Nymphen ernähren sich von lebenden oder abgestorbenen Pflanzenteilen oder Algen, aber einige sind Räuber. Sie entwickeln sich zu einer geflügelten, aber noch nicht fortpflanzungsfähigen Subimago, die entfernt einer adulten Libelle ähnelt. Dieses Stadium hat milchig trübe Flügel, die mit feinen, wasserabweisenden Haaren besetzt sind. Die vorderen Beine der Männchen sind nicht verlängert. Adulte Eintagsfliegen hingegen haben durchsichtige Flügel, und die vorderen Beine der Männchen sind verlängert, sodass das Weibchen bei der Paarung festgehalten werden kann. Die Lebenszyklen der Arten sind unterschiedlich lang und bei einigen entwickeln sich jedes Jahr mehrere Generationen. Bei anderen Arten dauert der Lebenszyklus einer Generation bis zu zwei Jahre.

ECDYONURUS TORRENTIS
Eintagsfliegen-Art

FAMILIE Heptageniidae

ARTEN DER FAMILIE Etwa 660

LEBENSRÄUME Seichte, schnell fließende Flüsse und Bäche

Eintagsfliegen und ihre Nymphen sind gute Bioindikatoren für Umweltveränderungen, wie die Verschmutzung von Süßgewässern.

Weltweit gibt es etwa 2000 Arten von Ohrwürmern, die man elf Familien zuordnet. Sie haben sich während des mittleren und späten Jura entwickelt und im Erdmittelalter diversifiziert.

DERMAPTERA
OHRWÜRMER

FORFICULA AURICULARIA
Gemeiner Ohrwurm

FAMILIE Forficulidae

ARTEN DER FAMILIE Etwa 500

LEBENSRÄUME Dunkle, feuchte Orte unter Steinen und Baumstämmen

Ohrwürmer fangen mit ihren zangenartigen Anhängen (Cerci) Beute, kämpfen und balzen mit ihnen und setzen sie ein, wenn sie ihre Flügel nach dem Flug zusammenfalten.

WICHTIGE RECYCLER Ohrwürmer kommen weltweit in Wäldern, im Agrarland und in Gärten vor. Als Allesfresser ernähren sie sich von verschiedensten lebenden und toten Tieren und Pflanzenteilen und spielen als Recycler von Nährstoffen eine wichtige Rolle in den Ökosystemen. Sie sind nachtaktiv und leben an dunkeln, feuchten Orten in der Laubstreu, unter Rinde, Steinen und umgestürzten Baumstämmen sowie in anderen Spalten und Nischen. Komposthaufen gehören zu ihren bevorzugten Lebensräumen, denn hier ist es warm und es gibt Rückzugsmöglichkeiten und viele Beutetiere.

BRUTPFLEGE Ohrwürmer durchlaufen eine unvollständige Metamorphose (S. 30–31) und die Nymphen entwickeln sich nach wenigen Generationen zu adulten Insekten. Die Weibchen kümmern sich um ihren Nachwuchs, obwohl sie nicht zu den sozialen Insekten gehören. Die Mutter wärmt die Eier und entfernt Pilzsporen und sonstige Verunreinigungen. Sie beschützt ihr Gelege und die Nymphen außerdem vor Fressfeinden. Einige Arten werden bis zu 5 cm lang. Ohrwürmer erkennt man leicht an ihren charakteristischen paarigen Cerci (zangenförmige Anhänge mit Sinneszellen) am Ende des sehr beweglichen Hinterleibs. Bei Männchen sind die Cerci gekrümmt, während sie bei Weibchen gerade sind. Beide Geschlechter drohen mit ihren Cerci, wenn sie von Fressfeinden angegriffen werden. Die meisten Ohrwürmer fliegen selten und die häutigen Hinterflügel werden unter den Flügeldecken zusammengefaltet.

Weltweit gibt es etwa 4000 Steinfliegenarten, die 17 Familien zugeordnet werden. Die ältesten Fossilien sind ungefähr 300 Millionen Jahre alt.

PLECOPTERA
STEINFLIEGEN

BIOINDIKATOREN Die Eier und Nymphen der Steinfliegen entwickeln sich im Süßwasser. Die Nymphen und adulten Insekten kann man an einem Paar langer Schwanzfäden (Cerci) an der Spitze des Hinterleibs erkennen. Alle Arten reagieren empfindlich auf Gewässerverschmutzung und sind deshalb Bioindikatoren für die Wasserqualität. Die Nymphen leben vor allem in schnell fließenden Gewässern, weil sie viel Sauerstoff benötigen. Zunächst ernähren sie sich von lebenden und abgestorbenen Pflanzen. Ältere Nymphen erbeuten kleine wirbellose Tiere.

Wie lange sich die Nymphen entwickeln, variiert von Art zu Art und hängt von der Temperatur ab. Bei wärmeren Bedingungen verläuft die Entwicklung schneller. Die meisten Arten bringen nur eine Generation im Jahr hervor, aber einige Arten leben bis zu drei Jahre lang als Nymphen, bevor sie sich zu adulten Insekten entwickeln.

TROMMELN Die meisten adulten Insekten fressen wenig oder überhaupt nichts, aber manche Arten ernähren sich von Flechten und Algen. Viele adulte Steinfliegen sind im Frühjahr aktiv. Sie leben nicht lang, fliegen ungern und man sieht sie bei Steinen und Pflanzen am Ufer. Wenn sie fliegen, dann oft langsam und ungerichtet. Einige Arten haben aber auch keine oder sehr kleine Flügel. Steinfliegen sind meist nachtaktiv und die Männchen und Weibchen trommeln mit ihrem Hinterleib auf den Boden, um zu kommunizieren. Nach dem Trommeln erfolgt die Paarung.

EUSTHENIA NOTHOFAGI
Steinfliegen-Art

FAMILIE Eustheniidae

ARTEN DER FAMILIE Etwa 30

LEBENSRÄUME Bäche in Regenwäldern der gemäßigten Breiten

Diese Art kommt nur in den Otway Ranges vor, einem australischen Bergland, in dem die Tasmanische Scheinbuche (*Nothofagus cunninghamii*) wächst, daher ihr wissenschaftlicher Name. Sie galt bereits als ausgestorben.

Heuschrecken und Grillen haben sich vor mehr als 300 Millionen Jahren entwickelt. Heute sind fast 30 000 Arten in etwa 20 Familien bekannt. Viele leben in Wiesen und im Sommer kann man ihre Gesänge hören.

ORTHOPTERA
HEUSCHRECKEN UND GRILLEN

Heuschrecken und Grillen kann man an ihrem sattelförmigen Halsschild (Pronotum) erkennen, der ein Teil der Brust ist. Er befindet sich direkt hinter dem Kopf und bedeckt oft die Flügelansätze. Zur Ordnung gehören räuberische Insekten (beispielsweise viele tropische Laubheuschrecken) und Arten, die Seide spinnen (Gryllacrididae) sowie blinde Höhlenbewohner (neuseeländische Wētās). Einige Arten, wie die Wüstenheuschrecke *Schistocerca gregaria*, können beträchtliche Schäden an Nutzpflanzen wie Mais anrichten.

GESÄNGE Viele Mitglieder dieser Ordnung stridulieren. Dabei reibt das Insekt einen Teil seines Körpers an einem anderen, sodass ein Geräusch entsteht. Bei vielen Arten sitzen entlang einer Flügelader kleine Stifte oder Zähne, die an einer harten Leiste oder Kante gerieben werden. Die Mitglieder keiner anderen Insektenordnung bringen so vielfältige Geräusche hervor, und einige Arten erzeugen die höchsten Töne der Natur. Männchen zirpen oder trillern, um Weibchen anzulocken oder um Fressfeinde und Rivalen abzuschrecken.

LEBENDES THERMOMETER Je wärmer es ist, desto öfter zirpt eine Grille. Nach dem Dolbearschen Gesetz kann man anhand der Gesänge von Grillen deshalb die Temperatur messen. Man zählt beispielsweise, wie oft eine Mittelmeer-Feldgrille (*Gryllus bimaculatus*) in 15 Sekunden zirpt und zählt 40 dazu. So erhält man die Temperatur in Fahrenheit.

SUPERSONUS AEQUOREUS
Laubheuschrecken-Art

FAMILIE Tettigoniidae

ARTEN DER FAMILIE Etwa 8000

LEBENSRÄUME Weitverbreitet

Kein anderes bekanntes Mitglied der Ordnung erzeugt so hohe Töne. Sie sind höher als die Ultraschall-Laute von Fledermäusen und können nur mit Ultraschallmikrofonen wahrgenommen werden.

GRYLLOTALPA GRYLLOTALPA
Europäische Maulwurfsgrille

FAMILIE Gryllotalpidae

ARTEN DER FAMILIE 137

LEBENSRÄUME Unter der Erde

Maulwurfsgrillen leben in unterirdischen Gängen, wo sich die Weibchen um den Nachwuchs kümmern. Die Männchen graben Gänge mit einer hornförmigen Öffnung, die ihren Gesang wie ein Megaphon verstärkt.

SCHISTOCERCA GREGARIA
Wüstenheuschrecke

FAMILIE Acrididae

ARTEN DER FAMILIE Etwa 7000

LEBENSRÄUME Verschiedene, wie Grasländer und Felder

Die Wüstenheuschrecke richtet auf ihren Wanderungen verheerende Schäden an. Die Schwärme können an einem Tag Hunderte Kilometer zurücklegen.

GRYLLUS BIMACULATUS
Mittelmeer-Feldgrille

FAMILIE Gryllidae

ARTEN DER FAMILIE Etwa 3500

LEBENSRÄUME Verschiedene, wie Grasländer und Wälder

Die Männchen sind aggressiv und kämpfen um die Weibchen und um Reviere. Der Gegner wird dabei an den Mandibeln gepackt.

HEMIDEINA THORACICA
Auckland-Baumwētā, Tokoriro

FAMILIE Anostostomatidae

ARTEN DER FAMILIE Etwa 300

LEBENSRÄUME Verschiedene, wie Grasländer und Wälder

Baumwētās kommen nur in Neuseeland vor. Sie fressen während der Nacht Pflanzenteile und ruhen tagsüber in Baumhöhlen.

TACHYCINES ASYNAMORUS
Gewächshausschrecke

FAMILIE Rhaphidophoridae

ARTEN DER FAMILIE Etwa 900

LEBENSRÄUME Vor allem Wälder und Höhlen

Diese Höhlenschrecke ist in Asien heimisch, aber heute kommt sie auch in anderen Teilen der Welt in warmen Gewächshäusern vor.

Diese Ordnung ist mit nur 51 bekannten Arten klein. Sie wird in zwei Familien, vier Unterfamilien und neun Gattungen unterteilt.

ZORAPTERA
BODENLÄUSE

ZOROTYPUS WEIWEII
Bodenlaus-Art

FAMILIE Zorotypidae

ARTEN DER FAMILIE Etwa 40

LEBENSRÄUME Tropischer Regenwald

Diese Art wurde vor nicht allzu langer Zeit im Regenwald auf Borneo entdeckt und nach dem chinesischen Entomologen Zhang Weiwei benannt.

UNGEWÖHNLICHE LEBENSWEISE Alle Bodenlaus-Arten sind klein, oft nur 3 mm lang oder noch kleiner. Was ihnen an Größe fehlt, machen sie durch ihre faszinierende Lebensweise wett. Sie leben gesellig in kleinen Kolonien (15–120 Individuen) in Spalten unter der Rinde morscher Baumstämme oder in Totholz. Hier putzen sie sich häufig, um die Sporen und Hyphen (Fäden) von Pilzen zu entfernen, damit die Kolonie nicht von einem Pilz infiziert wird. Sie ernähren sich von den Sporen und Pilzhyphen, aber auch von toten Nematoden (Rundwürmern), Milben und anderen winzigen Arthropoden.

NEUE KOLONIEN Die meisten Individuen sind hell gefärbt und ähneln oberflächlich Termiten (mit denen sie nicht näher verwandt sind). Die Nymphen sind anfangs weißlich und färben sich später rötlich beige. Während die Bodenläuse in der Kolonie leben, sind sie blind und haben keine Flügel. Wenn es jedoch in der Gruppe zu eng wird oder das Totholz zur Neige geht, schlüpfen Individuen mit voll entwickelten Augen und Flügeln. Diese geflügelten Insekten breiten sich aus, um sich zu paaren und neue Kolonien zu gründen.

Es gibt weniger als 60 bekannte Arten von Grillenschaben und Gladiatorschrecken. Man stellte sie in die Überordnung Notoptera, der fünf Familien angehören, von denen drei nur als Fossilien bekannt sind.

NOTOPTERA
GRILLENSCHABEN UND GLADIATORSCHRECKEN

NEUE ORDNUNG Dies ist die jüngste Insektenordnung, sie wurde erst im Jahr 2002 beschrieben. Die Familie der Gryllobatidae wurde bereits 1914 beschrieben. Die Mitglieder der Ordnung, die Familien Gryllobatidae und Mantophasmatidae, haben eine weiche Kutikula und sind flügellos.

INTERESSANTE FÜSSE Gladiatorschrecken haben ungewöhnliche Füße. Das letzte Tarsenglied (Arolium) wird angehoben gehalten, sodass es aussieht, als würde das Insekt auf seinen Fersen laufen. Gladiatorschrecken kommen im südlichen und östlichen Afrika vor und sind Räuber. Sie besitzen ähnliche Fangbeine wie Gottesanbeterinnen (S. 158).

KÄLTELIEBENDE GRUPPE Die Mitglieder der Familie Gryllobatidae (Grillenschaben) sind kleine Insekten (15–30 mm) mit reduzierten oder fehlenden Komplexaugen und langen Fühlern. Die meisten leben in der Laubstreu, wo sie vielfältige Nahrung fressen, wie tote kleine Tiere, Pflanzenteile und lebende Insekten. Sie sind nachtaktiv und kommen in Asien und Nordamerika in kalten, hoch gelegenen Lebensräumen vor, was für Insekten ungewöhnlich ist. Viele Arten sind wegen des Klimawandels bedroht, weil sie nur Temperaturen von 1–4 °C tolerieren.

MANTOPHASMA ZEPHYRA

Gladiatorschrecken-Art

FAMILIE Mantophasmatidae

ARTEN DER FAMILIE Etwa 20

LEBENSRÄUME Wüsten und Grasländer

Diese Art kommt nur in Namibia vor. Das lateinische Wort *zephyra* bedeutet »Westwind«.

Die Mitglieder der Ordnung kommen auf jedem Kontinent außer in der Antarktis vor und derzeit sind etwa 3500 Arten bekannt. Gespenstschrecken sind Meister der Tarnung, die auf Pflanzen, auf denen sie leben, kaum zu sehen sind.

PHASMIDA
GESPENSTSCHRECKEN

Viele Mitglieder dieser Ordnung haben einen lang gestreckten Körper, der an einen Zweig erinnert. Der Name der Ordnung geht auf das altgriechische Wort *Phasma* zurück, das »Phantom« oder »Erscheinung« bedeutet. Es beschreibt die beeindruckende Tarnung dieser Insekten, die Pflanzenteile imitieren.

PFLANZEN NACHAHMEN Viele Gespenstschrecken sind in ihrem natürlichen Lebensraum verblüffend gut getarnt. Jedes Insekt ahmt die Pflanzenart nach, an die es gebunden ist. Manche Arten ähneln Kiefernnadeln, andere Zweigen oder Blättern. Einige besitzen Stacheln und andere Auswüchse und viele haben Flecken oder Muster, um wie ein Blatt auszusehen, das angeknabbert wurde oder welke Stellen hat. Manche Arten schwanken zudem hin und her, um die Bewegung eines Blattes im Wind nachzuahmen. Dies bewirkt, dass es für einen Feind noch schwieriger ist, das Insekt zwischen den Blättern zu entdecken.

FORTPFLANZUNG Die meisten Gespenstschrecken vermehren sich, indem sich Männchen und Weibchen paaren, aber einige Arten können sich ungeschlechtlich vermehren (Parthenogenese). Dies bedeutet, dass das Weibchen unbefruchtete Eier legt, aus denen weibliche Nymphen schlüpfen. Weil ein einziges Weibchen oft Hunderte Eier legt, kann eine große Population von einem einzigen Weibchen abstammen. Alle Nachkommen sind genetisch identische Kopien (Klone) der Mutter. Mit dieser Strategie können sich die Insekten rasch vermehren, auch wenn keine Männchen anwesend sind.

PHOBAETICUS CHANI
Riesen-Stabschrecke

FAMILIE Phasmatidae

ARTEN DER FAMILIE Etwa 700

LEBENSRÄUME Regenwald

Die Weibchen dieser Art werden bis 35 cm lang. Sie sind die längsten Insekten, die man bisher kennt.

TIMEMA CRISTINAE
Stabschrecken-Art

FAMILIE Timematidae

ARTEN DER FAMILIE 21

LEBENSRÄUME Chaparral (Strauchland)

Mit nur 2 cm Länge sind die Männchen dieser Art die kürzesten Stabschrecken, die man bisher kennt.

PERUPHASMA SCHULTEI
Rotgeflügelte Samtschrecke

FAMILIE Pseudophasmatidae

ARTEN DER FAMILIE Etwa 320

LEBENSRÄUME Bergwälder, neotropisch

Diese Art verteidigt sich, indem sie ihre Fressfeinde mit einem Wehrsekret aus Drüsen hinter dem Kopf besprüht.

CARAUSIUS MOROSUS
Indische Stabschrecke

FAMILIE Lonchodidae

ARTEN DER FAMILIE Etwa 1200

LEBENSRÄUME Bergregenwälder

Die Art wird häufig in Terrarien gehalten. Die Weibchen vermehren sich ungeschlechtlich durch Parthenogenese.

Die Insekten dieser kleinen Ordnung (weniger als 500 Arten) sind wegen ihres langen Körpers, der kurzen Beine und ihres subsozialen Verhaltens faszinierend.

EMBIOPTERA
TARSENSPINNER

OLIGOTOMA NIGRA
Schwarzer Webspinner

FAMILIE Oligotomidae

ARTEN DER FAMILIE Etwa 60

LEBENSRÄUME Weitverbreitet, lebt am Boden

Diese Art ist invasiv. Sie stammt aus Indien, kommt jedoch heute weltweit vor.

SUBSOZIALE INSEKTEN Bei Tarsenspinnern sind die ersten Segmente ihrer vorderen Füße (Protarsomeren) vergrößert. In ihnen befinden sich viele Seidendrüsen, mit denen sie wie mit schnellen Pinselstrichen Seidenfäden zu komplizierten Nestern verspinnen (S. 58–59). Die Weibchen verbringen den größten Teil ihres Lebens in diesem Nest, wo sie sich um den Nachwuchs kümmern und das Gespinst instand halten. Weil sie sich kaum ausbreiten, leben miteinander verwandte Tarsenspinner in subsozialen Kolonien. Anders als die Mitglieder der Kolonien sozialer Insekten (S. 46–47) kümmern sich die adulten Insekten nur wenig um ihren Nachwuchs. Die geflügelten Männchen schwärmen aus, um neue Kolonien zu gründen. Nach der Paarung sterben sie. Bei einigen Arten fressen die Weibchen die Männchen nach der Paarung, obwohl sie sich ansonsten nur von abgestorbenen Blättern, Moosen und Flechten ernähren.

VIELES IST NOCH UNBEKANNT Tarsenspinner sind in den Tropen am artenreichsten und häufigsten. Diese Insekten fanden aber in der Wissenschaft bisher kaum Beachtung. Systematik (S. 184–185), Verhaltensökologie und die Auswirkungen ihres subsozialen Verhaltens auf ihre Evolution müssen noch erforscht werden.

Schaben und Termiten haben sich vermutlich zur gleichen Zeit wie die Dinosaurier in der Trias vor etwa 250 bis 200 Millionen Jahren entwickelt.

BLATTODEA
SCHABEN UND TERMITEN

Schaben und Termiten bilden die Ordnung Blattodea, die Schwestergruppe der Gottesanbeterinnen. Man schätzt, dass es etwa 5000 Schaben- und 3000 Termitenarten gibt.

KOSMOPOLITISCHE INSEKTEN Schaben kommen weltweit in natürlichen und von Menschen geschaffenen Lebensräumen vor. Sie besiedeln sogar elektrische Geräte wie Kühlschränke und Mikrowellenherde. Schaben gibt es in vielen Größen und Färbungen. Die kleinsten leben symbiontisch mit Ameisen oder Termiten zusammen und werden nur 2 bis 3 mm lang. Die riesigen südamerikanischen Arten der Gattung *Megaloblatta* dagegen werden bis zu 10 cm lang und haben eine Flügelspannweite von fast 20 cm. Einige Arten sind flügellos, wie die Madagaskar-Fauchschabe (*Gromphadorhina portentosa*), die ein bemerkenswertes Abwehrverhalten zeigt. Bei Gefahr stößt sie durch die Stigmen (Atemöffnungen) am Hinterleib zischend Luft aus.

BODENVERBESSERER Obwohl Schaben dafür berüchtigt sind, dass sie Krankheitserreger verbreiten, haben sie in den Ökosystemen wichtige Aufgaben. Weil sie unterschiedliche organische Stoffe (Holz, tote Blätter und andere Substanzen) fressen, tragen sie dazu bei, dass der Boden gesund bleibt. Diese Rolle haben spezielle Schaben perfektioniert: die Termiten (S. 52–53).

PERIPLANETA AMERICANA
Amerikanische Großschabe

FAMILIE Blattidae

ARTEN DER FAMILIE 760

LEBENSRÄUME Verschiedene, wie Laubstreu, morsches Holz und Gebäude

Die Amerikanische Großschabe ist die größte der häufigen Schabenarten. Trotz ihres Namens stammt sie aus Afrika und dem Nahen Osten.

Gottesanbeterinnen oder Fangschrecken kommen weltweit vor und es sind mehr als 2500 Arten bekannt. Die räuberischen Insekten packen ihre Beute blitzschnell.

MANTODEA
GOTTESANBETERINNEN

HYMENOPUS CORONATUS
Orchideenmantis

FAMILIE Hymenopodidae

ARTEN DER FAMILIE Etwa 300

LEBENSRÄUME Verschiedene, wie Grasländer und Wälder

Diese Art ahmt eine Orchideenblüte nach, daher ihr Name. Die Mitglieder der Gruppe schrecken ihre Feinde auf unterschiedliche Weise ab. Bei einigen Arten befinden sich auf den Vorderflügeln Augenflecken.

HERVORRAGENDE JÄGER Gottesanbeterinnen (oder Fangschrecken) sind vielleicht die bekanntesten räuberischen Insekten. Entscheidend für ihren Jagderfolg sind ihre guten Augen und ihre Fangbeine, mit denen sie blitzschnell zupacken können. Die Beute wird mit den Stacheln an den Fangbeinen erdolcht. Der Name dieser Insekten kommt daher, dass sie aussehen, als würden sie ihre Hände zum Gebet falten.

DIE SPEISEKARTE Die meisten Gottesanbeterinnen leben in den Tropen, wo es viele andere Insekten gibt, die sie erbeuten können. Größere Arten fressen manchmal auch Eidechsen, kleine Vögel und sogar Fische. Gottesanbeterinnen sind Kannibalen, die kleinere Individuen ihrer eigenen Art nicht verschmähen. Außerdem verzehrt das Weibchen das Männchen manchmal nach der Paarung, wenn es nicht schnell genug fliehen kann.

TÖDLICHE TARNUNG Gottesanbeterinnen sind perfekt getarnt und werden von Fressfeinden und Beutetieren nicht gesehen. Die verschiedenen Arten ähneln Blättern, Zweigen und sogar Orchideenblüten (links). Diese Insekten sind wunderschön, aber tödlich.

Rindenläuse, Staubläuse und parasitische Läuse werden oft übersehen, obwohl sie in großer Zahl vorkommen. Sie bilden die Ordnung Psocodea, der etwa 12 000 Arten angehören.

PSOCODEA
LÄUSE

RINDEN- UND STAUBLÄUSE Beide Gruppen ähneln sich im Aussehen und in der Größe. Die Arten sind winzig (die adulten Insekten sind etwa 1 mm lang) und haben eine weiche Kutikula. Man findet sie in verschiedenen Lebensräumen, wie auf der Rinde von Bäumen, in der Laubstreu und in gelagerten Nahrungsmitteln. Sie spielen eine wichtige Rolle in den Ökosystemen, weil sie zur Zersetzung und Wiederverwertung von Nährstoffen beitragen. Parasitische Läuse sind abgeflachte, flügellose Insekten, die von ihrem Wirt abhängig sind. Er bietet ihnen Nahrung und Schutz und transportiert sie.

PARASITEN Es gibt zwei Typen parasitischer Läuse: Arten mit beißend-kauenden Mundwerkzeugen ernähren sich hauptsächlich von Hautschuppen, Sekreten und Federn. Blut saugende Arten haben stechend-saugende Mundwerkzeuge und ernähren sich von Blut. Wie hervorragend diese Gruppe an ihre Lebensweise angepasst ist, kann man an den drei (Unter)Arten sehen, die den Menschen befallen. Die Kopflaus (*Pediculus humanus capitis*), die Körperlaus (*Pediculus humanus humanus*) und die Schamlaus (*Pthirus pubis*, rechts) leben in unterschiedlichen Körperregionen. Körperläuse z.B. leben in der Kleidung und legen ihre Eier in ihr ab. Sie brauchen mehr Nahrung als Kopfläuse, legen mehr Eier und wachsen schneller. Die kleineren Kopfläuse sind perfekt daran angepasst, in den Kopfhaaren von Menschen zu leben.

PTHIRUS PUBIS
Schamlaus

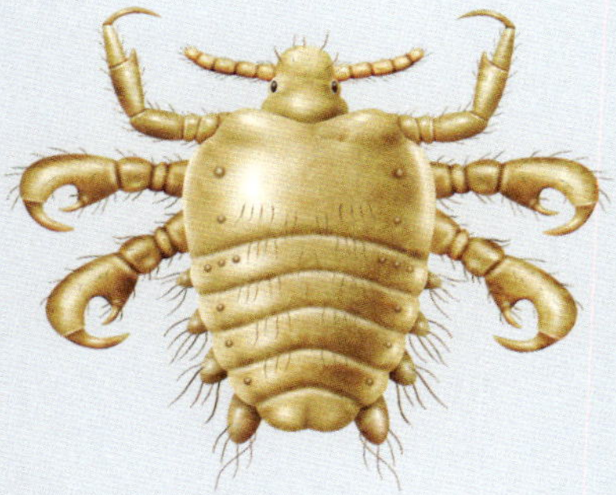

FAMILIE Pthiridae

ARTEN DER FAMILIE 2

LEBENSRÄUME Körper des Menschen

Die Krallen der Schamlaus sind stark modifiziert, sodass sie sich an den abgeflachten Haaren festhalten kann, auf denen sie lebt. Die einzige weitere Arte der Familie (*Pthirus gorilla*) lebt auf Gorillas.

Zu dieser großen Insektenordnung, deren Mitglieder stechend-saugende Mundwerkzeuge haben, gehören sehr verschieden aussehende Arten mit unterschiedlichen Lebensweisen.

HEMIPTERA
SCHNABELKERFE

Die Schnabelkerfe sind eine enorm große Insektenordnung mit etwa 110 000 beschriebenen Arten, die 104 Familien angehören. Viele bezeichnet man als Wanzen, wie die Schildwanzen, Bettwanzen, Raubwanzen und Ruderwanzen. Andere bekannte Schnabelkerfe sind die Teichläufer, Schaumzikaden und Zikaden. Schaumzikaden sondern auf Pflanzen schaumartige Sekrete ab, in deren Schutz sich die Larven entwickeln.

NAHRUNG UND FORTPFLANZUNG Die Schnabelkerfe sind eine vielfältige Gruppe. Sie kommen an Land, im Süßwasser und sogar im Meer vor, aber alle haben ein gemeinsames Merkmal: Ihre Mundwerkzeuge bilden eine Röhre, das sogenannte Rostrum. Mit ihm können sie tief in das Gewebe einer Pflanze oder eines Tiers stechen und Pflanzensaft, Blut oder andere Körperflüssigkeiten aufsaugen. Dies ist einer der Gründe, weshalb viele Schnabelkerfe Schäden anrichten. Blattläuse beispielsweise verbreiten Pflanzenviren und vermehren sich unglaublich schnell. Während des größten Teils des Jahres müssen sie sich nicht paaren, um sich fortzupflanzen (Parthenogenese). Wenn etwa 50 Nachkommen einer Blattlaus so lange überleben, dass sie sich selbst fortpflanzen können und so fort, könnte sich in einem einzigen Jahr theoretisch eine 150 Kilometer dicke Blattlausschicht bilden, die die gesamte Erdoberfläche bedeckt. Die meisten Blattläuse werden jedoch gefressen oder gehen wegen schlechten Wetters oder Nahrungsmangel zugrunde.

Nicht alle Schnabelkerfe richten Schäden an. Sichelwanzen beispielsweise ernähren sich von Blattläusen und sind biologische Schädlingsbekämpfer. Aus Schildläusen gewinnt man Farbstoffe wie etwa Cochenille. Periodische Zikaden sind proteinreich und werden in einigen Ländern, wie in Australien und Mexiko, zubereitet und gegessen.

NABIS CAPSIFORMIS
Sichelwanzen-Art

FAMILIE Nabidae

ARTEN DER FAMILIE Etwa 200

LEBENSRÄUME Verschiedene, wie Gärten, Felder und Wälder

Diese räuberischen Wanzen haben (ähnlich wie Gottesanbeterinnen) vergrößerte Vorderbeine, mit denen sie ihre Beute packen.

HALOBATES MICANS
Meerwasserläufer-Art

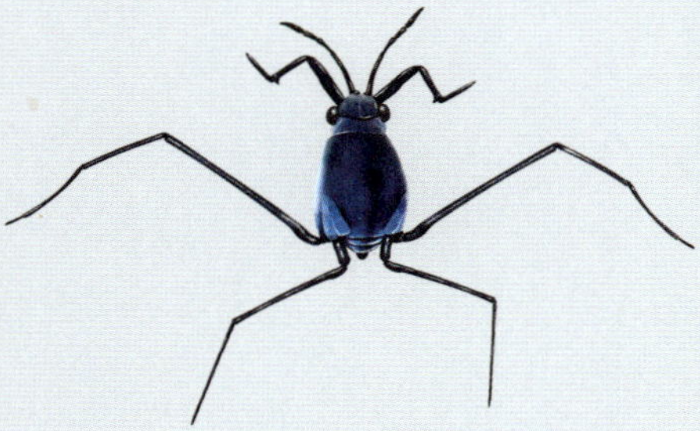

FAMILIE Gerridae

ARTEN DER FAMILIE Etwa 860

LEBENSRÄUME Meer

Halobates micans ist eine von fünf *Halobates*-Arten, die auf der Oberfläche des offenen Meeres leben. Meerwasserläufer sind die einzigen Insekten mit dieser Lebensweise.

MAGICICADA SEPTENDECIM
Periodische Zikade

FAMILIE Cicadidae

ARTEN DER FAMILIE Etwa 3000

LEBENSRÄUME Wälder, Gärten und Laubbäume

Adulte Männchen singen laut, aber sie verbringen den größten Teil ihres Lebens als Nymphen unter der Erde.

HALYOMORPHA HALYS
Marmorierte Baumwanze

FAMILIE Pentatomidae

ARTEN DER FAMILIE Etwa 4700

LEBENSRÄUME Vielfältige, einige überwintern in Gebäuden

Einige Baumwanzen (»Stinkwanzen«) verströmen bei Bedrohung einen durchdringenden Geruch.

CORIXA PUNCTATA
Große Ruderwanze

FAMILIE Corixidae

ARTEN DER FAMILIE Etwa 500

LEBENSRÄUME Teiche, Seen, langsam fließende Bäche

Diese im Wasser lebenden Insekten sind nach ihrer Schwimmweise benannt.

PLATYCOTIS VITTATA
Buckelzirpen-Art

FAMILIE Membracidae

ARTEN DER FAMILIE Etwa 3500

LEBENSRÄUME Vielfältige, meist auf Bäumen und Sträuchern

Die Mitglieder dieser Gruppe tragen einen Fortsatz auf dem Pronotum, der an den Dorn einer Pflanze erinnert.

Bisher sind mehr als 6500 Arten von Thripsen beschrieben. Viele sind Schädlinge an Garten- und Nutzpflanzen und verbreiten Pflanzenviren.

THYSANOPTERA
FRANSENFLÜGLER

FRANKLINIELLA OCCIDENTALIS
Kalifornischer Blütenthrips

FAMILIE Thripidae

ARTEN DER FAMILIE Etwa 2000

LEBENSRÄUME Verschiedene

Die Thripidae sind die größte Familie der Fransenflügler. Sie sind auf winzige Spalten spezialisiert, wie Hohlräume in Blüten. Man nennt sie auch Gewitterfliegen, weil sie bei Gewittern im Sommer oft in großer Zahl auftauchen.

Die Fransenflügler nennt man auch Thripse oder Blasenfüße. Sie sind winzig, schlank (meist weniger als 2 mm lang) und beige, braun oder schwärzlich gefärbt.

NAHRUNG Die meisten Fransenflügler ernähren sich von Pflanzen. Sie leben im dichten Laub, auf Blüten, Gräsern, Zweigen und Knospen und in Pflanzengallen. Viele Arten, die in Blüten leben und Pollen fressen, schädigen die Blüten, weil sie ihre Eier in ihnen ablegen und ihre abgeworfene Kutikula und ihre Exkremente hinterlassen. Andere kommen auf der Rinde lebender oder abgestorbener Bäume, trockenem Gras und in der Laubstreu vor. Die meisten stechen die äußeren Pflanzengewebe an und saugen den Inhalt der Zellen aus. Dabei entfärbt sich das Gewebe und die Blätter werden braun oder silbrig. Einige Arten fressen die Sporen und Hyphen von Pilzen und manche sind Räuber, die andere Thripsarten, Milben und Mottenschildläuse erbeuten.

SCHÄDEN AN NUTZPFLANZEN Mehrere Fransenflüglerarten richten weltweit bedeutende Schäden an. *Thrips tabaci*, der Tabakblasenfuß oder Zwiebeltrips, ist die häufigste Art. Er ernährt sich von verschiedenen Nutzpflanzen, wie von Tabak, Zwiebeln, Gurken, Kürbissen und Melonen.

Es gibt heute nur noch zwei Familien der Kamelhalsfiegen (die Raphidiidae und Inocelliidae). Von Fossilien wissen wir, dass diese Ordnung in der Kreide und im Jura weit vielfältiger war.

RAPHIDIOPTERA
KAMELHALSFLIEGEN

Diese Insekten, die an geflügelte Schlangen oder winzige Dinosaurier erinnern, sind nah mit den Netzflüglern (S. 166) und Schlammfliegen (S. 167) verwandt. Es gibt etwa 280 Arten in zwei Familien, die auf der Nordhalbkugel in Nadel- und Laubwäldern vorkommen. Die Larven verpuppen sich erst, wenn sie einer kalten Periode ausgesetzt waren, und viele Arten kommen in Gebirgsregionen vor.

RÄUBERISCHE PUPPE Anders als die Puppen von Insekten, die eine vollständige Metamorphose durchlaufen (S. 28–29), können sich Kamelhalsfliegenpuppen fortbewegen und kleine Tiere erbeuten. Die adulten Insekten sind Räuber, die während des Tages Blattläuse und Milben verzehren. Vor der Paarung balzen sie auf spektakuläre Weise: Sie putzen die Beine und Fühler ihres Partners. Die Weibchen legen ihre Eier mit ihrem langen Ovipositor in Rindenspalten. Wenn die Larven geschlüpft sind, leben sie in der Rinde, unten an Baumstämmen, zwischen Steinen oder in der Laubstreu. Wie die adulten Insekten und die Puppen sind sie Räuber, die sich von kleinen Gliederfüßern ernähren.

VIELES IST NOCH UNERFORSCHT In der Vergangenheit gab es in tropischen Regionen viele Kamelhalsfliegen. Es ist unklar, weshalb die Ordnung heute vor allem in den gemäßigten Breiten vorkommt und längst nicht mehr so vielfältig ist.

PHAEOSTIGMA MAJOR
Große Kamelhalsfliege

FAMILIE Raphidiidae

ARTEN DER FAMILIE Etwa 230

LEBENSRÄUME Nadel- und Laubbäume

Der Name dieser Insektenordnung kommt daher, dass das erste Brustsegment stark verlängert und der Kopf lang gestreckt ist.

Diese Ordnung hat sich vor etwa 250 Millionen Jahren entwickelt. Bisher sind etwa 150 000 Arten bekannt, aber bis zu 10-mal mehr warten noch auf ihre Entdeckung. Das bedeutet, dass die Hymenoptera vermutlich die artenreichste Ordnung sind und die Coleoptera (Käfer) an Vielfalt übertreffen.

HYMENOPTERA
WESPEN, BIENEN UND AMEISEN

PFLANZENWESPEN Die ersten Hymenoptera (Hautflügler) waren Pflanzenwespen. Heutige Arten wie die Rote Buschhornblattwespe (*Neodiprion sertifer*) setzen ihren sägeartigen Ovipositor ein, um ihre Eier tief in das Gewebe einer Pflanze zu legen. Die Larven ernähren sich von Blättern, Knospen und Trieben. Eine kleine Gruppe (Orussidae) hat sich an eine tierische Ernährung angepasst: Die blinden, beinlosen Larven verspeisen Käferlarven.

PARASITOIDE Parasitiode beuten ihren Wirt aus (S. 68–69). Viele sind sehr klein und schwer zu bestimmen. Zu ihnen gehören die kleinsten Insekten: Einige Zwerg- oder Eierschlupfwespen (Mymaridae) sind nur 0,14 mm lang. Sie spielen eine wichtige Rolle bei der Regulierung der Insektenpopulationen und viele Arten werden zur biologischen Schädlingsbekämpfung eingesetzt.

RÄUBERISCHE WESPEN 25 Millionen Jahre später entwickelte sich der Ovipositor der Pflanzenwespen und Parasitoide zu einem Stachel. Solche Wespen lähmen ihre Beute mit einem Stich, transportieren sie in ein Nest und legen ein Ei auf ihr ab. Die meisten Arten sind auf eine Wirtsart spezialisiert. Wegwespen (Pompilidae) beispielsweise jagen nur Spinnen. Bienen haben sich aus der Grabwespenfamilie Crabronidae entwickelt und ernähren sich von Pflanzen. Die meisten Arten sind solitär und versorgen ihre Larven mit Pollen.

SOZIALE HAUTFLÜGLER Am bekanntesten sind wahrscheinlich die sozialen Mitglieder der Hymenoptera: Diese Bienen, Wespen und Ameisen leben in Kolonien. Sie können aus wenigen Individuen bestehen, aber die Staaten der Honigbienen, Wespen der Unterfamilie Vespinae und die meisten Ameisen sind Superorganismen.

NEODIPRION SERTIFER
Rote Buschhornblattwespe

FAMILIE Diprionidae

ARTEN DER FAMILIE Etwa 60

LEBENSRÄUME Nadelwälder

Diese Art, die in Europa und Asien heimisch ist, wurde in Nordamerika vor etwa 100 Jahren eingeschleppt und richtet dort wie auch in ihrem natürlichen Verbreitungsgebiet Schäden an. Wie viele invasive Arten wurde sie in der Kleidung und mit Fahrzeugen transportiert.

ENCARSIA FORMOSA
Erzwespen-Art

FAMILIE Aphelinidae

ARTEN DER FAMILIE Etwa 1200

LEBENSRÄUME Vielfältige, auch Gewächshäuser

Diese parasitische (oder parasitoide) Wespe wird zur biologischen Bekämpfung der Weißen Fliege eingesetzt, die in Gewächshäusern seit den 1920-er Jahren Gemüse befällt.

XYLOCOPA VIRGINICA
Holzbienen-Art

FAMILIE Apidae

ARTEN DER FAMILIE Etwa 6000

LEBENSRÄUME Sehr vielfältige

Holzbienen nisten in Holzbalken von Gebäuden sowie in Totholz und Hohlräumen in der Vegetation. Obwohl einige der größeren Arten Schäden an Gebäuden anrichten können, sind diese Bienen wichtige Bestäuber. Sie bestäuben z. B. auch Heidelbeeren in Kultur.

FORMICA RUFA
Rote Waldameise

FAMILIE Formicidae

ARTEN DER FAMILIE Etwa 15 000

LEBENSRÄUME Alle Lebensräume an Land

Dies ist eine von mehreren ähnlichen Arten. Die riesigen Nester fallen oft in alten Wäldern auf. In ihnen können mehr als 100 000 Arbeiterinnen leben. *Formica*-Arten können Superkolonien bilden. Die von *F. yessensis* bestehen mitunter aus 300 Millionen Ameisen.

Die ältesten Fossilien von Netzflüglern stammen aus dem Perm. Heute sind weltweit etwa 6000 Arten in 16 Familien bekannt.

NEUROPTERA
NETZFLÜGLER, HAFTE UND AMEISENJUNGFERN

LIBELLOIDES MACARONIUS
Östlicher Schmetterlingshaft

FAMILIE Ascalaphidae

ARTEN DER FAMILIE Etwa 450

LEBENSRÄUME Vielfältige, weitverbreitet

Adulte Schmetterlingshafte erbeuten im Flug andere Insekten, während die Larven ihrer Beute auflauern. Sie sind im Sand oder zwischen Pflanzenteilen gut getarnt.

ELEGANTE RÄUBER Die Bachhafte, Florfliegen, Ameisenjungfern und anderen Netzflügler sind Insekten mit weicher Kutikula und vier membranösen, oft zarten Flügeln. Die Zerbrechlichkeit täuscht, denn die Larven der meisten Familien sind Räuber. Mit ihren verlängerten Mandibeln können sie stechen und saugen, und viele Arten erbeuten Blattläuse und andere Schnabelkerfe. Vor allem Florfliegen (S. 74–75) werden deshalb zur biologischen Bekämpfung von Schädlingen eingesetzt.

SPEZIALISIERTE LARVEN Fanghafte ähneln Gottesanbeterinnen (S. 158). Ihre Larven sind hoch spezialisiert und leben in den Eikokons von Spinnen, als Parasitoide in Bienen-, Wespen- und Blatthornkäferlarven oder sie erbeuten kleine Gliederfüßer. Die Larven der Ameisenjungfern (»Ameisenlöwen«) graben Gruben in den Boden und verbergen sich am Grund, um kleine Tiere zu fangen, die in den Trichter stürzen.

Die ältesten Fossilien dieser Ordnung stammen aus dem frühen Jura. Heute gehören zu ihr etwa 400 Arten in zwei Familien: die Corydalidae und Sialidae.

MEGALOPTERA
SCHLAMMFLIEGEN

GROSSE FLÜGEL Der Name *Megaloptera* bedeutet »großer Flügel« und bezieht sich auf die auffällig großen, derben Flügel der adulten Insekten dieser Ordnung. Anders als die nah verwandten Netzflügler, Hafte, Ameisenjungfern und Kamelhalsfliegen (S. 163) können sie ihre Hinterflügel in Ruhe dachförmig über ihrem Körper falten.

KURZLEBIGES STADIUM Schlammfliegen haben kräftige beißend-kauende Mundwerkzeuge, obwohl die adulten Stadien vieler Arten keine Nahrung mehr aufnehmen. Viele adulte Schlammfliegen werden nur wenige Stunden bis einige Wochen alt. Die Larven haben einen robusten Körper und sind Räuber, die im Süßwasser leben, und auch die adulten Insekten sieht man in Gewässernähe. Die Larven entwickeln sich langsam und es dauert ein bis fünf Jahre, bis sie ausgewachsen sind. Dann kommen sie an Land und verpuppen sich im feuchten Boden oder unter umgestürzten Baumstämmen oder anderen Holzresten.

ACANTHACORYDALIS FRUHSTORFERI
Schlammfliegen-Art

FAMILIE Corydalidae

ARTEN DER FAMILIE Etwa 320

LEBENSRÄUME Verbreitet, Larven leben im Wasser

Acanthacorydalis fruhstorferi, die in Vietnam und China vorkommt, ist das größte an das Wasser gebundene Insekt der Welt. Der Rekord ist eine Flügelspannweite von 21,6 cm.

Die Strepsiptera sind eine Ordnung relativ kleiner und nicht allzu vielfältiger Insekten. Es sind nur etwa 600 Arten in zehn Familien bekannt.

STREPSIPTERA
FÄCHERFLÜGLER

STYLOPS ATER
Fächerflügler-Art

FAMILIE Stylopidae

ARTEN DER FAMILIE 160

LEBENSRÄUME Parasiten von Bienen, Wespen, Fliegen und anderen Insekten

Mit haftenden Segmenten an den Enden ihrer Füße halten sich junge *Stylops*-Larven an der fliegenden Wirtsbiene fest.

PARASITEN Die Fächerflügler leben als Parasiten auf Kosten anderer Insekten. Ihre Wirte gehören verschiedenen Ordnungen an, wie den Zweiflüglern (S. 174–175), Schnabelkerfen (S. 160–161), Hautflüglern (S. 164–165) sowie Heuschrecken und Grillen (S. 150–151). Weil Fächerflügler eine parasitische Lebensweise haben, sind ihre Lebenszyklen kompliziert. In den meisten Fällen ist ein Larvenstadium frei lebend. Diese Larve muss einen Wirt finden, und viele Arten lassen sich von einem ahnungslosen Insekt in dessen Nest transportieren. Hier greift die Larve den Nachwuchs der Wirtsart an und durchläuft dann im Wirt mehrere Stadien. Danach verpuppen sich die Männchen. Die geflügelten adulten Männchen leben kurze Zeit außerhalb des Wirts und suchen in dieser Zeit eine Partnerin.

STRATEGIE Die Weibchen behalten ihr larvenähnliches Aussehen und die meisten leben weiterhin im Wirt. Sie können das Verhalten ihres Wirts manipulieren, sodass dieser an einer Pflanze emporklettert, wo es leichter von einem fliegenden Fächerflügler-Männchen gefunden wird. Obwohl Fächerflügler weitverbreitet sind, sieht man sie selten, weil sie im Körper ihres Wirts verborgen leben.

Zu dieser kleinen Insektenordnung gehören etwa 6000 Arten in 34 Gattungen in neun Familien. Der Name »Mecoptera« bedeutet »lang geflügelt«. Die ältesten Fossilien dieser Gruppe sind etwa 300 Millionen Jahre alt.

MECOPTERA
SKORPIONSFLIEGEN, MÜCKENHAFTE UND WINTERHAFTE

FLEISCHFRESSER Aus Vorfahrenlinien dieser Ordnung haben sich viele bedeutende Insektengruppen entwickelt. Zu den Mecoptera gehören die Skorpionsfliegen, Mückenhafte und Winterhafte, und sie sind nah mit den Flöhen (S. 172) verwandt. Mecoptera durchlaufen eine vollständige Metamorphose (S. 28–29) und die adulten Insekten sowie die Larvenstadien ernähren sich von Fleisch. Sie sind Räuber oder Aasfresser, die hauptsächlich Insekten, aber auch andere tote Tiere verzehren.

Die größte Gruppe dieser Familie bilden die Skorpionsfliegen. Sie stechen nicht wie Skorpione, sondern sind harmlos, aber die Genitalien der Männchen erinnern an den Stachel eines Skorpions. Winterhafte ähneln Flöhen, und man kann sie im Winter, wenn sie aktiv sind, über den Schnee laufen sehen. Mückenhafte kann man leicht mit Schnaken verwechseln (einer Zweiflüglerfamilie), denn auch sie haben große, membranöse Flügel und lange Beine. Anders als Schnaken haben Mückenhafte jedoch zwei Flügelpaare und keine Halteren (zu Schwingkölbchen umgebildete hintere Flügel).

Mecoptera kommen in feuchten Lebensräumen vor, wie in Laubwäldern mit einer dicken Streuschicht, und die Larven entwickeln sich häufig in Moospolstern. Ihr Balzverhalten ist oft kompliziert und die Männchen bieten den Weibchen »Geschenke« in Form erbeuteter Insekten an.

PANORPA COMMUNIS
Gemeine Skorpionsfliege

FAMILIE Panorpidae

ARTEN DER FAMILIE Etwa 500

LEBENSRÄUME Hecken und Brennnesselbestände

Wie alle typischen Skorpionsfliegen ernährt sich diese Art von Fleisch. Sie frisst nicht nur tote Insekten, sondern auch lebende Blattläuse und andere Insekten, die sich in Spinnennetzen verfangen.

Käfer sind eine der vielfältigsten Insektengruppen. Bisher sind mehr als 370 000 Arten wissenschaftlich beschrieben, und vielleicht warten eine weitere Million Arten noch auf ihre Beschreibung.

COLEOPTERA
KÄFER

EVOLUTION Käfer entwickelten sich im Karbon vor über 300 Millionen Jahren, etwa 100 Millionen Jahre vor den Dinosauriern. Einige Käfergruppen haben eine gemeinsame Evolution mit den Blütenpflanzen durchlaufen, während sich andere erst in der späten Kreide entwickelten, als die Blütenpflanzen dominant wurden. Auch mit Mikroben haben die Käfer eine Koevolution durchlaufen: Weil sie Gene von Bakterien und Pilzen in ihr eigenes Genom aufnahmen, können sie die Zellwände von Pflanzen und pflanzliche Zucker verdauen. Diese bemerkenswerte Evolutionsgeschichte trägt wahrscheinlich zu der enormen Vielfalt pflanzenfressender Käfer bei.

ÖKOLOGIE Käfer sind in terrestrischen und aquatischen Lebensräumen während des Tages und in der Nacht aktiv. Ihr charakteristischstes Merkmal sind die verhärteten Vorderflügel, die man Deckflügel oder Elytren nennt. Sie bedecken den Hinterleib und schützen die zarten Hinterflügel. Käfer spielen als Pflanzenfresser, Räuber, Zersetzer und Bestäuber eine wichtige Rolle. Sie halten Schädlinge unter Kontrolle und sind Wiederverwerter von Nährstoffen. Einige Arten können jedoch Schäden anrichten, weil sie an Nutzpflanzen und Bäumen fressen. Viele Käfer verteidigen sich mit chemischen Stoffen gegen Fressfeinde. Ölkäfer z. B. sondern das Gift Cantharidin ab und viele Blattkäfer nehmen Giftstoffe aus den Pflanzen auf, an denen sie fressen. Sie speichern es im Körper und sind deshalb ungenießbar. Bombardierkäfer versprühen bei Bedrohung heiße Substanzen. Bockkäfer und Rüsselkäfer beherrschen die Kommunikation mit chemischen Stoffen besonders gut. Mit flüchtigen Pheromonen locken sie Partner an.

DIE ZUKUNFT Die schiere Anzahl verschiedener Käferarten bietet viele Gelegenheiten, die Entwicklung und die Anpassungsstrategien dieser Insektengruppe zu erforschen. Zahlreiche Käferarten sind jedoch wegen Lebensraumverlust, Verschmutzung, nächtlicher Beleuchtung und der Klimakrise bedroht. Wir müssen deshalb die Lebensräume der Käfer schützen.

CURCULIO PROBOSCIDEUS
Rüsselkäfer-Art

FAMILIE Curculionidae

ARTEN DER FAMILIE Mehr als 55 000

LEBENSRÄUME Verbreitet

Einige Rüsselkäfer setzen ihr Rostrum nicht nur beim Fressen ein, sondern auch, um ihre Eier tief im Pflanzengewebe zu platzieren.

EXOCHOMUS QUADRIPUSTULATUS
Vierfleckiger Kugelmarienkäfer

FAMILIE Coccinellidae

ARTEN DER FAMILIE Etwa 6000

LEBENSRÄUME Verbreitet

Viele Marienkäfer sind gefräßige Räuber. Manche sind auf wenige Insektenarten spezialisiert, während andere Hunderte von Arten erbeuten.

CASSIDA VIRIDIS
Grüner Schildkäfer

FAMILIE Chrysomelidae

ARTEN DER FAMILIE Etwa 3000

LEBENSRÄUME Verbreitet

Schildkäfer ziehen ihre Fühler und Beine bei Bedrohung in den Panzer ein wie Schildkröten.

CICINDELA CAMPESTRIS
Feld-Sandlaufkäfer

FAMILIE Carabidae

ARTEN DER FAMILIE Etwa 42 000

LEBENSRÄUME Verbreitet

Sandlaufkäferlarven graben Gänge in den Boden, in denen sie anderen Insekten auflauern. Keine andere Käfergruppe kann so schnell laufen wie adulte Sandlaufkäfer.

CLYTUS ARIETIS
Echter Widderbock

FAMILIE Cerambycidae

ARTEN DER FAMILIE Etwa 35 000

LEBENSRÄUME Wälder

Wie viele Bockkäferlarven ernähren sich die Larven des Echten Widderbocks von Totholz. Die adulten Käfer verspeisen Pollen und ahmen mit ihrer Färbung Wespen nach.

DYTISCUS MARGINALIS
Gelbrandkäfer

FAMILIE Dytiscidae

ARTEN DER FAMILIE Etwa 5000

LEBENSRÄUME Süßgewässer

Die Larven sind bis 6 cm lang, während die adulten Käfer nur 3,6 cm erreichen. Diese Räuber ernähren sich von anderen Insekten, kleinen Fischen und Molchen.

Flöhe sind eine kleine Insektenordnung, deren Mitglieder dank spezieller Anpassungen sehr erfolgreiche Parasiten an Säugetieren und Vögeln sind. Weltweit sind etwa 2300 Arten in 15 Familien bekannt.

SIPHONAPTERA
FLÖHE

PULEX IRRITANS
Menschenfloh

FAMILIE Pulicidae

ARTEN DER FAMILIE Etwa 170

LEBENSRÄUME Kosmopolitische Parasiten

Frauen werden häufiger von Flöhen gebissen als Männer. Dies weist darauf hin, dass Flöhe weibliche Hormone bevorzugen.

Adulte Flöhe besitzen keine Flügel und können mit ihrem seitlich abgeflachten Körper zwischen den Haaren oder Federn ihres Wirts umherkrabbeln. Ihre dicke, dunkle Kutikula schützt sie, wenn sich der Wirt kratzt, und mit den langen Hinterbeinen springen sie von einem Wirt zum anderen. Flöhe können erstaunlich weite Sprünge machen und in 0,02 Sekunden über 30 cm zurücklegen.

ÜBERTRÄGER VON KRANKHEITEN Die Mundwerkzeuge der Flöhe sind daran angepasst, die Haut des Wirts zu durchdringen und sein Blut zu saugen. Damit adulte Flöhe Eier oder Spermien bilden können, brauchen sie eine Blutmahlzeit. Flohbisse jucken und es kann zu Sekundärinfektionen kommen. Flöhe sind die Wirte anderer Organismen, wie z. B. des Bakteriums *Yersinia pestis*, das im 14. Jahrhundert in Europa die verheerenden Pestepidemien verursachte. Das Bakterium wurde von Rattenflöhen übertragen und tötete etwa die Hälfte der Bevölkerung Europas.

LEBENSZYKLUS Weibliche Flöhe legen bis zu 50 Eier täglich, die sich über drei Larvenstadien zu einem Puppenstadium entwickeln. Dieses kann bis zu fünf Monate lang ruhen, bis die Bedingungen wieder besser werden. Flöhe, die an wandernde Huftierherden und Vögel gebunden sind, wie die Art *Ceratophyllus hirundinis*, die an Mehlschwalben parasitiert, bringen jedes Jahr nur eine Generation hervor. Beim Katzenfloh kann dagegen nach nur 20 Tagen eine neue Generation schlüpfen.

Es gibt etwa 14 000 Köcherfliegenarten, die nach ihrer Ernährungsweise in zwei Unterordnungen eingeteilt werden: die Integripalpia und die Annulipalpia.

TRICHOPTERA
KÖCHERFLIEGEN

NAHRUNG UND SCHUTZ Die Larven und Puppen der Köcherfliegen kommen weltweit in vielen aquatischen Lebensräumen vor, wie in Bächen, Flüssen und Teichen. Die Larven bauen mithilfe von Seide einen Köcher, der ihren Körper schützt. Im Köcher sind oft Steinchen, Zweige, Sandkörner und Blattstückchen eingebaut, die Tarnung bieten. Die Larven der Integripalpia krabbeln mit ihrem Köcher bei der Suche nach Nahrung umher. Die Larven der Annulipalpia dagegen leben in einem Köcher, den sie an einem Stein oder einer Pflanze befestigt haben. Sie ernähren sich von Plankton, Pflanzenteilen oder kleinen Wassertieren und weben komplizierte Netze aus Seidenfäden, in denen sich im Wasser treibende Nahrungsteilchen verfangen.

LEBENSZYKLUS Köcherfliegenlarven verpuppen sich in ihrem Köcher. Die Puppe besitzt Mundwerkzeuge, mit denen sie sich befreit. Dann steigt sie zur Wasseroberfläche auf, wo das adulte Insekt aus der Puppenhülle schlüpft. Adulte Köcherfliegen sind nachtaktiv und ruhen während des Tages, wobei sie ihre behaarten Flügel dachförmig über dem Körper falten.

BIOINDIKATOREN Weil Köcherfliegen sehr sensibel auf Veränderungen ihres Lebensraums reagieren, ist ihr Vorkommen ein Hinweis auf gute Wasserqualität: Flüsse und Bäche, in denen viele Köcherfliegenarten vorkommen, sind sauber. Die verschiedenen Arten, die unterschiedlich empfindlich auf Lebensraumveränderungen reagieren, sind Bioindikatoren für die Wasserqualität.

RHYACOPHILA FASCIATA
Gebänderte Flussköcherfliege

FAMILIE Rhyacophilidae

ARTEN DER FAMILIE Etwa 500

LEBENSRÄUME Schnell fließende Gewässer, verbreitet

Wie die meisten adulten Köcherfliegen hat diese Art ein unauffälliges Muster und ist gut getarnt, wenn sie während des Tages ruht.

Weltweit wurden bisher etwa 170 000 Arten von Zweiflüglern beschrieben, obwohl es nach Schätzungen 400 000 bis 800 000 sein könnten. Die ältesten Fossilien sind etwa 260 Millionen Jahre alt.

DIPTERA
ZWEIFLÜGLER

Was ist ein Zweiflügler? Das Wort »Diptere« kommt vom griechischen Wort *di* (zwei) und *ptera* (Flügel). Diese Insekten besitzen nur ein ausgebildetes Flügelpaar – die Vorderflügel –, das sie beim Fliegen einsetzen. Im Lauf der Evolution wurden die Hinterflügel zu zwei Schwingkölbchen (Halteren) umgebildet. Sie sind Sinnesorgane und verleihen dem Insekt im Flug Stabilität. Der Körper der Zweiflügler ist mit Haaren und Borsten besetzt, die als Sinnesorgane fungieren und Signale direkt zum Gehirn leiten. Die Augen der meisten Arten sind groß, konvex und aus vielen Einzelaugen zusammengesetzt. Bei manchen Männchen sind sie holoptisch: Sie berühren sich am Oberkopf, sodass das Insekt einen Rundumblick von fast 360° hat.

ZWEI GRUPPEN Manche Forschende unterteilen die Zweiflügler in zwei Gruppen. Zu den Nematocera gehören u. a. die Stechmücken, Pilzmücken, Gnitzen und Schnaken. Sie sind lang und schlank mit langen, manchmal gefiederten Fühlern. Die Brachycera haben einen dickeren Körper und kürzere Fühler. Es sind die Arten, die wir typischerweise als Fliegen bezeichnen, wie Stubenfliegen, Schmeißfliegen, Fruchtfliegen und Schwebfliegen. Sie kommen in fast allen Lebensräumen vor, von Wüsten bis in die Antarktis, und sind sehr vielfältig. Die Larven vieler Arten leben im Wasser. Die der Schwegfliegenart *Eristalis tenax* leben in verschmutzten Gewässern wie Abflussgräben, weshalb die Art den Namen »Mistbiene« trägt. Ein Atemrohr am Hinterleib ist mehrere Male so lang wie der Körper der Larve. Einige Fliegen erbeuten andere Insekten und wirbellose Tiere. Viele andere leben parasitisch und legen ihre Eier in den Körper eines anderen Tiers. Fliegen sind sehr wichtig für die Ökosysteme. Sie recyceln Abfallstoffe und fressen alles, von Pilzen bis hin zu abgestorbenen Pflanzen und toten Tieren.

BOMBYLIUS MAJOR

Großer Wollschweber

FAMILIE Bombyliidae

ARTEN DER FAMILIE Etwa 5000

LEBENSRÄUME Verschiedene, wie Sandflächen, Gärten, Parks, Heidegebiete, Wiesen und Wälder

Obwohl diese pelzigen Insekten nett aussehen, sind sie Parasitoide. Sie legen ihre Eier in die Nester von Solitärbienen, in denen sich ihre Larven entwickeln.

ERIOTHRIX RUFOMACULATA

Rotgefleckte Raupenfliege

FAMILIE Tachinidae

ARTEN DER FAMILIE Etwa 10 000

LEBENSRÄUME Verschiedene, wie Stadtgebiete, Wälder, Wiesen, Gärten, Parks und Küsten

Raupenfliegen sind als Bestäuber von Blüten ebenso wichtig wie Bienen. Sie besuchen viele verschiedene Blüten und legen dabei weite Strecken zurück.

UROPHORA CARDUI

Distelbohrfliege

FAMILIE Tephritidae

ARTEN DER FAMILIE Etwa 5000

LEBENSRÄUME Wiesen, Brachflächen, Ackerland und Marschen

Die Flügel dieser Fliegen sind auffällige gezeichnet. Sie werden eingesetzt, um mit Artgenossen zu kommunizieren.

HELOPHILUS PENDULUS

Gemeine Sumpfschwebfliege

FAMILIE Syrphidae

ARTEN DER FAMILIE Etwa 7000

LEBENSRÄUME Verschiedene, wie Wiesen, Feuchtgebiete, Wälder, Gärten und Parks

Die Larven der Gemeinen Sumpfschwebfliege entwickeln sich in stehenden Gewässern. Sie leben auch in vielen Gartenteichen.

Der Name »Lepidoptera« kommt von den altgriechischen Wörtern lepís (Schuppe) und pteron (Flügel) und meint die winzigen Schüppchen auf den Flügeln adulter Schmetterlinge. Erstaunlicherweise gehören zehn Prozent aller beschriebenen Arten zu dieser Insektenordnung.

LEPIDOPTERA
SCHMETTERLINGE

TAG- ODER NACHTFALTER? Die meisten Tagfalter sind tagaktiv und die meisten Nachtfalter nachtaktiv, aber es gibt Ausnahmen. Die Familie der Hedylidae etwa gehört zu den Tagfaltern, aber die Arten sind nachtaktiv. Widderchen (Zygaenidae) dagegen sind Nachtfalter, die die Sonne lieben. In der Natur kann man viele Tagfalter an ihren keulenförmigen Fühlerspitzen erkennen, während die von Nachtfaltern und Kleinschmetterlingen meist gefiedert sind oder spitz zulaufen. Neuere Studien zur Evolution der Schmetterlinge zeigen, dass die Tagfalter eine Überfamilie (Papilionoidea) sind, die sich innerhalb der Nachtfalter bildete. Tagfalter sind demnach tagaktive Nachtfalter.

FLÜGELFARBE Das Muster der Flügel trägt dazu bei, Partner anzulocken. Es kann auch ein Tarnkleid sein oder Fressfeinde abschrecken. Die Farbe entsteht durch Pigmente (Pigmentfarben) oder spezielle Strukturen der Flügelschuppen, die bestimmte Anteile des Lichts reflektieren (Strukturfarben). Das schillernde Blau des Morphofalters *Morpho helenor* etwa entsteht, weil Grate auf den Flügelschuppen blaues Licht je nach Einfallswinkel reflektieren.

ANPASSUNGEN AN DAS KLIMA In den gemäßigten Breiten bringen die meisten Schmetterlingsarten jedes Jahr eine oder zwei Generationen hervor, bei einigen jedoch, wie der Gammaeule (*Autographa gamma*), sind es manchmal mehr. Bei vielen Arten stagniert während einer Diapause die Entwicklung, bis die Bedingungen wieder besser werden. Deshalb tolerieren diese Arten extreme Umweltbedingungen wie das Klima im Hochgebirge oder in einer Wüste. Ungünstige Bedingungen kann man jedoch auch vermeiden, indem man in wärmere Regionen abwandert. Der Distelfalter (*Vanessa cardui*) beispielsweise legt im Herbst etwa 4000 km zurück, wenn er von Europa über die Sahara ins tropische Afrika fliegt, wo er den Winter verbringt.

TYRIA JACOBAEAE
Jakobskrautbär

FAMILIE Erebidae

ARTEN DER FAMILIE Etwa 26 000

LEBENSRÄUME Vielfältige, verbreitet

Die Raupen fressen an Greiskräutern wie dem Jakobskraut und speichern deren giftige Alkaloide in ihrem Körper. Diese Stoffe schaden dem Falter nicht, aber für Vögel sind diese Insekten deshalb giftig.

MORPHO HELENOR
Morphofalter

FAMILIE Nymphalidae

ARTEN DER FAMILIE Etwa 8000

LEBENSRÄUME Vielfältige, verbreitet

Morphofalter haben Flügelspannen von bis zu 20 cm. Ihre leuchtend blaue Farbe hat vielleicht mehrere Funktionen, wie das Anlocken von Partnern und das Abschrecken von Fressfeinden.

OPISTHOGRAPTIS LUTEOLATA
Gelbspanner

FAMILIE Geometridae

ARTEN DER FAMILIE Etwa 24 000

LEBENSRÄUME Vielfältige

Spannerraupen sind nach ihrer typischen Fortbewegungsweise benannt. Sie haben weniger Bauchfüße als andere Gruppen und ziehen ihren Körper in Hufeisenform zusammen, um sich dann wieder zu strecken.

GRIPOSIA APRILINA
Grüne Eicheneule

FAMILIE Noctuidae

ARTEN DER FAMILIE Etwa 17 000

LEBENSRÄUME Viele, verbreitet

Zur Familie der Eulenfalter gehören einige der schönsten Nachtfalter, aber auch Arten, die Schäden an Nutzpflanzen anrichten.

ADSCITA STATICES
Ampfer-Grünwidderchen

FAMILIE Zygaenidae

ARTEN DER FAMILIE Etwa 1000

LEBENSRÄUME Viele, verbreitet

Anders als die meisten Nachtfalter sind die Arten dieser Familie tagaktiv. Mit ihren bunten Farben sind sie leicht zu entdecken.

PAPILIO MACHAON
Schwalbenschwanz

FAMILIE Papilionidae

ARTEN DER FAMILIE Etwa 550

LEBENSRÄUME Viele, verbreitet

Die Gruppe der Schwalbenschwänze ist nach den Anhängen an den Flügeln benannt. Vielleicht schützen diese vor den Angriffen von Vögeln.

Kohlweißlings-Brackwespe (*Cotesia glomerata*)

DOKUMENTIEREN

KAPITEL VI

WIE UND WARUM beobachten wir Insekten? Wie wissen wir, welche Insektenart seltener wird und welche häufiger? Erfahren Sie, wie wissenschaftliche Daten erhoben werden, warum Insekten so wichtig für die Ökosysteme sind und wie Insektenpopulationen beobachtet und überwacht werden.

Weltweit gibt es immer weniger Insekten und viele Arten sterben aus. Es ist sehr wichtig, die Populationen wissenschaftlich zu beobachten. Nur so können wir verstehen, was sie brauchen, um zu überleben.

WAS WIRD BEOBACHTET UND WESHALB?

WAS? Es ist wichtig, jede Insektenart und ihre Rolle im Ökosystem, ihren Lebenszyklus, ihr Verbreitungsgebiet und ihre Ernährungsweise genau zu erforschen. Außerdem müssen wir wissen, wie Insekten miteinander interagieren, weil wir nur dann ihre Aufgabe im Ökosystem verstehen.

WANN? Forschende können Insektenarten oder -gemeinschaften beobachten, um zu verstehen, was an einem bestimmten Ort zu einer bestimmten Zeit geschieht. Die Zahl der Insekten schwankt im Jahreslauf jedoch stark. Gründe sind das Wetter, die Lebenszyklen der verschiedenen Arten, die Verfügbarkeit von Nahrung und vieles mehr. Eine einzige Erhebung zu einem bestimmten Zeitpunkt sagt nicht allzu viel aus. Hier kommt das Monitoring ins Spiel. Es kann sich um stündliche Beobachtungen handeln oder seltenere (z. B. alljährliche) Datenerhebungen, je nach Insektenart und Fragestellung.

WIE? Bei Langzeitstudien werden Tendenzen deutlich, wie die Abnahme der Individuenzahlen. Typischerweise werden die Studien mit Insektenfallen durchgeführt, wie z. B. mit Lichtfallen, die nachtaktive Arten anlocken. Man kann Insekten aber auch bei ihrem natürlichen Verhalten beobachten, indem man beispielsweise alle Bestäuber zählt, während man eine festgelegte Route abläuft. Auch neue Technologien wie digitale Kameras, bioakustisches Monitoring und das Zählen von Insekten, die sich durch einen Laserstrahl bewegen sind vielversprechende, nicht invasive Methoden der Datenerhebung.

KANARIENVÖGEL IN BERGWERKEN

Früher hielten Bergleute Kanarienvögel in Bergwerksstollen, weil die Vögel auf giftige Gase bereits reagierten, bevor sie eine für Menschen gefährliche Konzentration erreichten. Ähnlich müssen wir die Populationsentwicklungen der Insekten registrieren, bevor es zu spät ist. Insekten reagieren sensibel auf menschliche Eingriffe wie eine veränderte Landnutzung und Umweltverschmutzung. Ohne sie würden die Landökosysteme kollabieren. Deshalb müssen ihre Bestände beobachtet und Schutzmaßnahmen entwickelt werden.

Widderchen
Das Sechsfleck-Widderchen (*Zygaena filipendulae*, rechts) ist in England die häufigste Widderchenart. Andere Arten, wie das Kleine Fünffleck-Widderchen (*Zygaena viciae*), sind sehr selten. Schutzmaßnahmen, die von Datenerhebungen begleitet wurden, waren jedoch erfolgreich (S. 204–205).

Sechzehnfleckiger Marienkäfer (*Halyzia sedecimguttata*)
Im Rahmen von Citizen-Science-Projekten untersuchte man im Vereinigten Königreich diese Marienkäferart, die sich von Mehltau ernährt. Es zeigte sich, dass sie in den letzten Jahrzehnten häufiger wurde. Früher galt sie als eine Art alter Wälder, heute jedoch findet man sie in verschiedenen Lebensräumen, auch in Stadtgebieten.

*Jede und jeder Einzelne ist **wichtig.** Jeder von uns hat **eine Aufgabe**. Jeder einzelne Mensch **macht einen Unterschied.***

~ Jane Goodall, 1994 ~

Seit Jahrhunderten widmen Menschen ihre Zeit der Erforschung von Insekten, aber in den letzten Jahrzehnten lieferten unzählige Freiwillige wertvolle Daten, die im Rahmen von Citizen-Science-Projekten ausgewertet werden.

CITIZEN SCIENCE

Als Citizen Science bezeichnet man Projekte, bei denen Freiwillige an Forschungsprojekten beteiligt werden. Früher erforschte man auf diese Weise vor allem das Vorkommen von Insektenarten an einem bestimmten Ort und zu einer bestimmten Zeit. Diese biologischen Daten, die über mehrere Jahrzehnte erhoben wurden, sind sehr wertvoll, denn sie können Antworten auf wissenschaftliche Fragen geben, wie beispielsweise »Wie rasch verändert sich die Verbreitung bestimmter Insektenarten wegen des Klimawandels?« (S. 200–201).

UNTERSCHIEDLICHE PROJEKTE Einige Projekte sind klar definiert, während bei anderen allgemeinere Daten ausgewertet werden. Freiwillige tragen etwa dazu bei, bestäubende Insekten, Nützlinge und Schädlinge oder seltene Arten zu erforschen, indem sie ihre Beobachtungen von Bienen, Schwebfliegen und anderen Insekten Plattformen wie beispielsweise iNaturalist, MikroSafari oder NützLINK zur Verfügung stellen. Die von ihnen erhobenen Daten werden analysiert und geteilt.

NEUE ENTWICKLUNGEN Apps für Smartphones und Online-Projekte spielen eine immer wichtigere Rolle bei der Insektenbeobachtung. Mithilfe von Apps kann man mittels Künstlicher Intelligenz Insekten bestimmen. Es ist aufregend, die Entwicklungen in diesem Bereich zu beobachten und neue Technologien wie KI, Umwelt-DNA und bioakustische Daten mit traditionellen Erhebungsmethoden zu kombinieren, um möglichst viele Informationen zu sammeln. In Regionen, die schwer zugänglich sind, und bei Insekten, die schwierig zu beobachten sind, erweisen sich diese Technologien als besonders hilfreich und tragen zu einem besseren Verständnis der Insektenvielfalt bei.

Warum ist es so wichtig, die Lebewesen der Erde zu beschreiben und wissenschaftlich zu benennen? Namen tragen dazu bei, die Verbreitung der Insekten zu dokumentieren und die Arten zu schützen.

TAXONOMIE UND SYSTEMATIK

Die Taxonomie oder das Benennen und Klassifizieren von Lebewesen ist die grundlegendste der biologischen Wissenschaften. Ohne sie könnten wir die Lebewesen, ihre Beziehungen zueinander und ihre Evolutionsgeschichte nicht erfassen. Die Schwester der Taxonomie ist die Systematik, die erforscht, wie verschiedene Lebewesen miteinander verwandt sind. Diese Wissenschaften helfen uns, die unvorstellbare Vielfalt der Insekten zu beschreiben.

BENENNEN UND BESCHREIBEN Carl von Linné führte das System der Klassifikation in seinem Werk *Systema Naturae* (1758–1759) ein, das man als binäre Nomenklatur bezeichnet. Der wissenschaftliche Name einer Art setzt sich aus dem Namen der Gattung und dem der Art zusammen. Der Siebenpunkt-Marienkäfer beispielsweise gehört zur Gattung *Coccinella*, ist jedoch eine eigene Art: *Coccinella septempunctata*. In der Taxonomie werden die morphologischen Merkmale eines Insekts (die oft nur unter dem Mikroskop zu erkennen sind) herangezogen, um eine neue Art zu beschreiben. Unser Verständnis von der Vielfalt der Arten entwickelt und verändert sich, je mehr wir mit wissenschaftlichen Methoden herausfinden, die sich ständig weiterentwickeln. Seit der Zeit Linnés verbesserten sich die Methoden dank der Fortschritte in der Mikroskopie, insbesondere in der Elektronenmikroskopie, enorm. Taxonominnen und Taxonomen können mit den neueren Methoden deutlich mehr morphologische Details erkennen als mit einem Lichtmikroskop.

Fossile Insekten, wie Versteinerungen und in Bernstein erhaltene Exemplare, werden untersucht, um die evolutionären Verwandtschaftsverhältnisse besser zu verstehen. Die Arten der Vergangenheit helfen uns, Linien zu rekonstruieren. Heute kombiniert man in der Taxonomie und Systematik eine morphologische Beschreibung mit dem einzigartigen genetischen Code einer Art.

Phylogenetischer Baum
Oft werden Verwandtschaftsverhältnisse mit einem Stammbaum dargestellt. Man betrachtet die Basis und folgt den Ästen bis zu den Spitzen, um die Evolutionsgeschichte und die Verwandtschaft der verschiedenen Gruppen zu verstehen. Der hier abgebildete Stammbaum verdeutlicht eine Hypothese der Verwandtschaftsverhältnisse der Insektengruppen. Wenn neue Erkenntnisse gewonnen werden, muss der Stammbaum verändert werden.

LEBENSZYKLUS
ametabol (keine Metamorphose)
hemimetabol (unvollständige Metamorphose)
holometabol (vollständige Metamorphose)
Verzweigungen von Verwandtschaftslinien werden dargestellt. Vor etwa 485–444 Millionen Jahren zweigten beispielsweise die Insekten von allen anderen Gliederfüßern ab.
An der Spitze eines Asts befindet sich ein bestimmtes Taxon, in diesem Fall eine Insektenordung.
ARCHAEOGNATHA (FELSENSPRINGER)
ZYGENTOMA (SILBER- UND OFENFISCHCHEN)
ODONATA (LIBELLEN)
EPHEMEROPTERA (EINTAGSFLIEGEN)
ZORAPTERA (BODENLÄUSE)
DERMAPTERA (OHRWÜRMER)
PLECOPTERA (STEINFLIEGEN)
ORTHOPTERA (HEUSCHRECKEN UND GRILLEN)
NOTOPTERA (GRILLENSCHABEN)
EMBIOPTERA (TARSENSPINNER)
PHASMIDA (GESPENSTSCHRECKEN)
MANTODEA (GOTTESANBETERINNEN)
BLATTODEA (SCHABEN UND TERMITEN)
PSOCODEA (LÄUSE)
THYSANOPTERA (THRIPSE)
HEMIPTERA (SCHNABELKERFE)
HYMENOPTERA (WESPEN, BIENEN UND AMEISEN)
TRICHOPTERA (KÖCHERFLIEGEN)
LEPIDOPTERA (SCHMETTERLINGE)
DIPTERA (ZWEIFLÜGLER)
MECOPTERA (SKORPIONSFLIEGEN, MÜCKENHAFTE UND WINTERHAFTE)
COLEOPTERA (KÄFER)
STREPSIPTERA (FÄCHERFLÜGLER)
MEGALOPTERA (SCHLAMMFLIEGEN)
NEUROPTERA (NETZFLÜGLER, HAFTE UND AMEISENJUNGFERN)
RAPHIDIOPTERA (KAMELHALSFLIEGEN)
Die Äste des Baums zeigen die Verwandtschaftsverhältnisse innerhalb einer Linie auf.
Diese Linie holometaboler Insekten hat einen gemeinsamen Vorfahren, der sich vor etwa 340 Millionen Jahren entwickelte.

Insekten bilden Gemeinschaften und sind mit anderen Lebewesen vernetzt. Die Interaktionen in den komplexen ökologischen Netzwerken bestimmen den Fluss von Energie und Nährstoffen.

ÖKOLOGIE

DIE ARTGENOSSEN MEIDEN

Manche Insekten interagieren miteinander, ohne sich gegenseitig zu begegnen. Viele Marienkäferarten sind Räuber, die Blattläuse unter Kontrolle halten. Sie sind aber auch Kannibalen, weil sie die Eier anderer Marienkäfer fressen. Adulte Marienkäfer legen ihre Eier deshalb nicht an Pflanzen ab, auf denen andere Marienkäfer leben. Sie nehmen chemische Stoffe wahr, die ihre Artgenossen mit ihren Fußspuren hinterlassen.

VERBREITUNG Viele Faktoren wie z. B. die Umweltbedingungen, das Vorhandensein von Nahrung und die Anwesenheit von Räubern und Krankheiten bestimmen, ob eine Insektenart zu einer bestimmten Zeit oder an einem bestimmten Ort existieren kann. Manche Insekten kommen in hochspezifischen Lebensräumen vor, und Einflüsse wie der Klimawandel und eine veränderte Landnutzung wirken sich auf ihre Verbreitung aus. Weil diese Faktoren im Lauf der Zeit variieren, verändern sich auch die Arten und die Anzahl der Insekten in den Gemeinschaften sowie die Interaktionen der Arten. Diese Interaktionen spielen bei vielen ökologischen Prozessen, von denen auch wir abhängig sind, eine entscheidende Rolle. Man bezeichnet sie als Ökosystem-Dienstleistungen. Sie reichen von der Bestäubung von Nutzpflanzen und der Kontrolle von Schädlingen bis hin zum Erhalt der Bodengesundheit. Insekten können Ökosysteme aber auch schädigen, indem sie beispielsweise Krankheitserreger verbreiten oder Pflanzen sehr stark befallen.

NETZWERKE Weil sie mit anderen Organismen interagieren, bilden Insekten ökologische Netzwerke. Diese werden erforscht, um zu verstehen, wie verschiedene Organismen miteinander interagieren und voneinander abhängig sind. Dabei werden auch Konsequenzen dieser Interaktionen für andere Organismen deutlich, die nicht direkt mit den Arten in Verbindung stehen. Ein Beispiel sind Kettenreaktionen: Stirbt eine Art in einem Ökosystem aus, kann das dazu führen, dass weitere Arten aussterben, die von dieser Art abhängig waren. Nur wenn wir die Netzwerke gut verstehen, können wir den Verlust der Biodiversität aufhalten und dafür sorgen, dass die Ökosysteme gesund bleiben.

Interaktionen
Hier sind zahlreiche Interaktionen verschiedener Arten dargestellt. Einige Insekten fressen Pflanzen (gelb) oder bestäuben sie (blau), während andere Arten als Räuber an der Spitze der Nahrungsketten stehen (rot) oder Parasitoide (rosa) sind.

Legende
- Pflanzenfresser
- Bestäuber
- Räuber
- Parasitoid

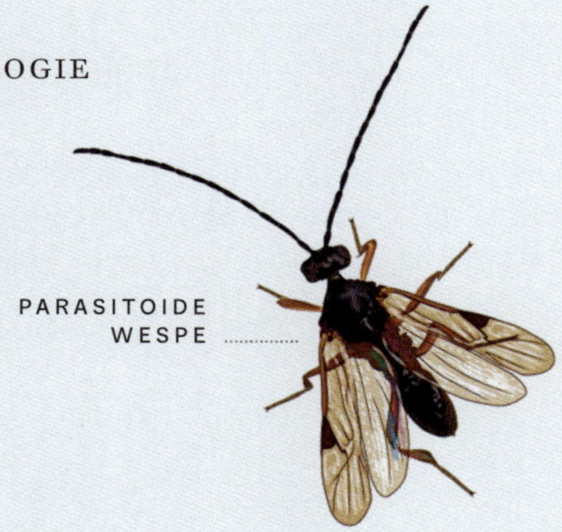

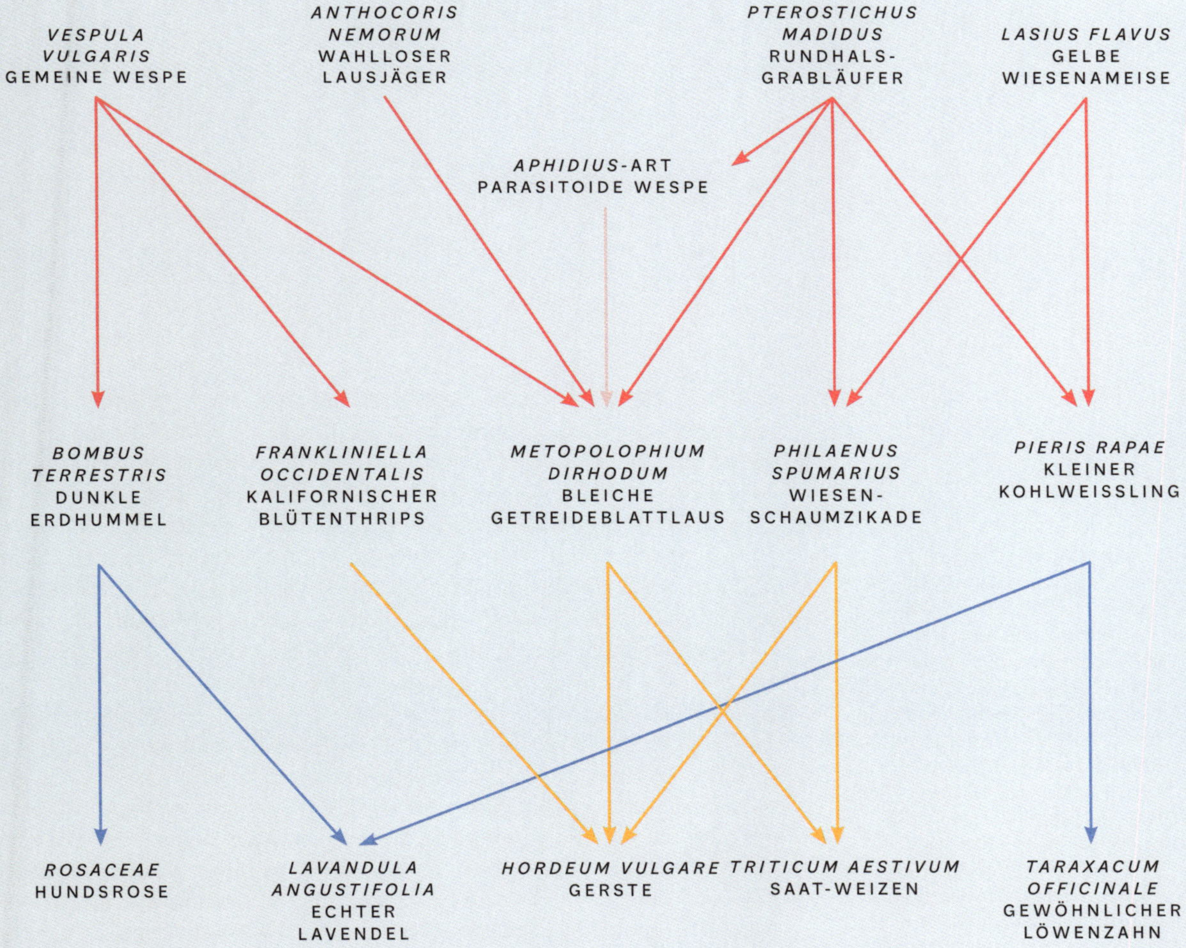

Die Vielfalt und Häufigkeit der Insekten, die Schäden an Nutzpflanzen anrichten, verändert sich ständig. Es ist eine Herausforderung, dies dauerhaft zu überwachen, aber es hilft Landwirten und Gärtnern, wichtige Entscheidungen zu treffen.

DAUERBEOBACHTUNG VON SCHÄDLINGEN

ENTSCHEIDUNGEN Die Methoden, mit denen Ernteschädlinge überwacht werden, hängen von der Insektenart und ihrer Lebensweise ab. Wenn man in einem landwirtschaftlichen Betrieb mehrere Arten überwachen muss, ist dies zeitaufwendig und oft teuer. Zu Beginn jeder Jahreszeit entscheiden Landwirte, welche Insektenarten sie überwachen und welche Methoden zum Einsatz kommen. Nicht alle Arten leben während ihres gesamten Lebenszyklus auf den Nutzpflanzen, und viele wandern auf unterschiedliche Weisen in großen Gebieten umher. Wegen dieser Migrationen ist es für Landwirte nicht einfach, zur rechten Zeit und am richtigen Ort zu überwachen.

MONITORING-NETZWERKE
Solche Netzwerke sind hilfreich, weil Informationen darüber geteilt werden, wo bestimmte Insektenarten gesichtet wurden. So kann früh vor möglichen Risiken gewarnt werden. In Deutschland führen die Landesbauernverbände und landwirtschaftlichen Beratungsstellen Monitoring zu Schadinsekten durch und sind Ansprechpartner für Landwirte. Verschiedene Forschungsinstitutionen, wie das Julius Kühn-Institut, entwickeln zudem neue Methoden, wie akustisches Monitoring und KI-gestützte Kamerafallen.

TECHNIKEN Die einfachste Methode ist die direkte Beobachtung. Man beobachtet zunächst, wo die Insekten zuerst auftauchen und wie sie sich ausbreiten. Dabei werden die Felder oder Anpflanzungen und die umliegende Lebensräume regelmäßig begutachtet. Zudem kann man Nachbarn fragen oder Netzwerke heranziehen, die Insekten überwachen. Für einige Insektenarten braucht man eine spezielle Ausrüstung, um ihre Aktivitäten genauer nachvollziehen zu können, wie z. B. Licht- oder Lebendfallen. Es gibt auch Anwendungssoftware, die Vorhersagen über die Risiken von Ernteschäden trifft. Landwirte können diese Informationen bei Entscheidungen heranziehen.

ANALYSE VON UMWELT-DNA (eDNA), UM DIE BIODIVERSITÄT ZU ERMITTELN

BEPROBTES FELD

1.

Die DNA wird keinem Lebewesen, sondern der Umwelt entnommen. Man extrahiert sie aus dem Boden, dem Wasser oder der Luft oder aus Haut- oder Kotproben, Mageninhalt etc.

2.

Weiterverarbeitung: Dieser Schritt hängt vom Substrat ab. Bei Wasserproben wird das Wasser meistens gefiltert. Andere Proben werden zerkleinert und in destilliertem Wasser gelöst.

3.

Die DNA wird mit speziellen Methoden oder Standardmethoden für wirbellose Tiere extrahiert.

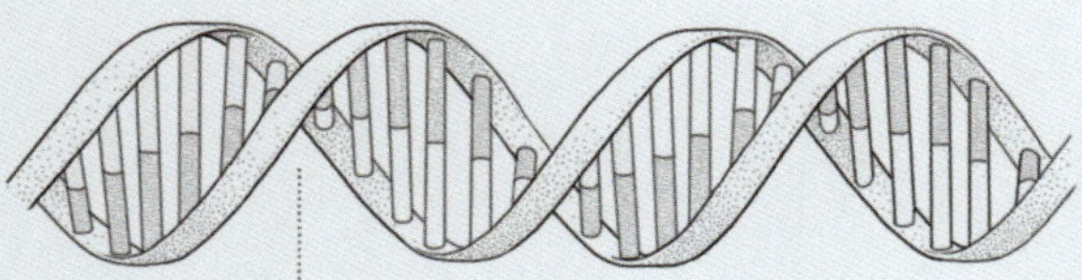
DNA-DOPPELHELIX

4.

Vervielfältigung der DNA: Um die DNA durch Polymerasekettenreaktion zu vervielfältigen, werden Primer zugegeben, die an bestimmten DNA-Sequenzen einer Art (traditionelles Barcoding) oder vieler Arten (Metabarcoding) binden.

5.

Nun folgt ein DNA-Sequenzierverfahren. »Next Generation Sequencing« wird beim Metabarcoding angewandt.

6.

Bioinformatik: Die erhaltenen DNA-Sequenzen werden mit einer Datenbank verglichen. So kann man ermitteln, welche Arten im Lebensraum vorkommen, dem die Proben entnommen wurden. Mit den genetischen Daten kann man Insektenpopulationen erforschen, ohne lebende Insekten zu fangen und zu töten.

… es ist ***unbedingt notwendig,*** *bei* ***Naturschutzmaßnahmen*** *und* ***Richtlinien*** *auf das* ***Wohlergehen*** *der* ***Insekten*** *zu achten.*

~ Meghan Barrett, Bob Fischer und Stephen Buchmann, 2023 ~

In vielen Zusammenhängen müssen wir Werte, Prinzipien und möglichen Konflikte bedenken, wenn wir Entscheidungen treffen. Auch bei der Forschung an Insekten ist es wichtig, ethische Fragen zu diskutieren.

TIERWOHL UND ETHIK

Die Ethik spielt auch bei der Erforschung von Insekten in verschiedenen Bereichen eine Rolle, wie bei der Haltung der Tiere und den wissenschaftlichen Methoden. Besonders relevant sind ethische Aspekte bei der Feldforschung, bei Naturschutzprojekten und wenn Tiere getötet werden müssen.

ARBEIT IM FELD Entomologinnen und Entomologen müssen darauf achten, so wenig wie möglich in die Natur einzugreifen, wenn sie erforschen, welche Insektenarten in einem bestimmten Gebiet vorkommen. Die getöteten Insekten sollten bestmöglich ausgewertet werden, damit es nicht notwendig ist, weitere Individuen zu fangen. Man kann z.B. den Beifang (alle Tiere, die in eine Falle gegangen sind und für das Projekt nicht ausgewertet werden) für zukünftige Studien aufbewahren oder Museumsexemplare heranziehen. Außerdem werden immer neue Erhebungsmethoden entwickelt, bei denen die Insekten nicht getötet werden müssen, wie Foto- und Filmaufnahmen, das Aufzeichnen von Klanglandschaften und molekulare Methoden wie die Auswertung von Umwelt-DNA (S. 188–189).

ETHIK IN DER FORSCHUNG Die Frage, ob Insekten Gefühle haben oder Schmerzen empfinden, ist noch nicht beantwortet. Dennoch sind selbst Skeptiker der Meinung, dass den Tieren möglichst wenig Leid zugefügt werden darf. Bei der Forschung im Labor und im Feld sollte bei Insekten genau wie bei Wirbeltieren das 3R-Prinzip gelten: Die Insekten sollten wenn möglich ersetzt (»replace«) werden, die Anzahl der Individuen reduziert (»reduce«) und die Methoden verbessert (»refine«) werden. Die ersten Richtlinien zur Berücksichtigung des Insektenwohls in der Forschung wurden 2023 erstellt. Sie umfassen Aspekte wie eine artgerechte Ernährung und Haltung und die Beachtung der natürlichen Verhaltensweisen und des Tierwohls.

Dunkle Erdhummel (*Bombus terrestris*)

SCHÜTZEN

KAPITEL VII

WEIL SICH DIE LEBENSRÄUME der Insekten verändern, nimmt ihre Zahl ab und die Vielfalt ist bedroht. Können sich Insekten schnell genug an veränderte Umweltbedingungen anpassen? Im nächsten Kapitel erfahren Sie, weshalb sich die Verbreitungsgebiete mancher Arten wegen des Klimawandels verändern und wie wir auf dem Land und in der Stadt wieder mehr Lebensräume für Insekten schaffen können.

Würden wir alle Insekten auf diesem Planeten ***ausrotten*** *..., dann würden auch die meisten* ***anderen Lebewesen*** *und wir* ***aussterben.*** *Innerhalb* ***weniger Monate.***

~ E. O. Wilson, 2007 ~

Es ist noch unklar, wie schnell und wie stark die Bestände der Insekten abnehmen. Wir können jedoch Maßnahmen ergreifen, um das Insektensterben aufzuhalten und wieder günstigere Bedingungen für diese bedeutende Tiergruppe schaffen.

DIE POPULATIONEN SCHRUMPFEN

INSEKTENPOPULATIONEN ERFORSCHEN Es ist nicht bekannt, wie stark die Bestände der Insekten weltweit abgenommen haben, weil es sehr schwierig ist, langfristige Tendenzen wissenschaftlich zu dokumentieren. Am besten untersucht sind wirtschaftlich bedeutende Gruppen wie Ernteschädlinge (beispielsweise Heuschrecken) und für uns nützliche Arten wie die Westliche Honigbiene (*Apis mellifera*). Heute erforscht man Insekten auch im Rahmen von Citizen-Science-Projekten (S. 182–183), jedoch wurden solche Projekte bisher nur zu relativ wenigen Insektengruppen in bestimmten Regionen durchgeführt. Die Anzahl der Insekten kann innerhalb kurzer Zeiträume stark schwanken, etwa bei Klimaveränderungen oder wenn Lebensräume umgewandelt werden. Das Ausbringen von Pestiziden, das Roden von Wäldern, die Entwässerung von Feuchtgebieten und die Verschmutzung von Gewässern sind Gründe, weshalb Insektenpopulationen kleiner werden. Um festzustellen, ob eine Population langfristig abnimmt, muss man Daten regelmäßig und über Jahrzehnte erheben. Leider fehlen solche Daten für die meisten Insektenarten.

WAS KÖNNEN WIR TUN? Die gute Nachricht ist, dass sich Insektenpopulationen wieder erholen können, wenn wir keine Pestizide ausbringen und insektenfreundliche Bäume, Sträucher und Stauden kultivieren. Gärten können Orte sein, in denen sich Menschen wohlfühlen und auch die Insekten gedeihen (S. 224–225). Wenn wir das Land anders nutzen, vermeiden wir, dass Insekten unnötigerweise zugrunde gehen. In der Landwirtschaft helfen Streifen mit Wildblumen an den Feldrändern (S. 206–207) und beim Bau unserer Häuser können wir der Natur mehr Platz einräumen. Außerdem müssen wir mehr natürliche Lebensräume unter Schutz stellen.

Dunkle Erdhummel
(*Bombus terrestris*)
Einige Insekten halten keine Winterruhe. In wärmeren Wintern sind sie jedoch aktiver und es ist wichtig, dass sie Nahrung finden. Die Dunkle Erdhummel sucht v. a. im Süden Englands auch im Winter nach Nektar.

Kohlmotte
(*Plutella xylostella*)
In ganz Europa kann die wandernde Kohlmotte erheblichen Schaden an Kreuzblütlern wie Kohl, Brokkoli und Blumenkohl anrichten. Diese Art wird wahrscheinlich wegen des Klimawandels häufiger werden.

Der Klimawandel bereitet verschiedenen Insekten Probleme, während andere profitieren – auch solche, die Schäden an Nutzpflanzen anrichten oder Krankheitserreger übertragen.

KLIMAWANDEL

REGULIERUNG DER KÖRPERTEMPERATUR Immer häufiger kommt es zu Hitzewellen, Dürren und sehr kalten Perioden. Insekten reagieren stark auf Temperaturveränderungen, weil sie wechselwarm sind und kaum Möglichkeiten haben, ihre Körpertemperatur zu regulieren. Dies bedeutet, dass die Temperatur der Umgebung beeinflusst, wie schnell sie wachsen und ob sie sich fortpflanzen können. Der Klimawandel hat daher erhebliche Auswirkungen auf die Insektenbestände und die Interaktionen von Insekten mit Menschen. Die Verbreitungsgebiete vieler Arten verändern sich (S. 200–201), es breiten sich mehr invasive Arten aus (S. 198–199) und auch Krankheiten, die von Insekten übertragen werden, treten häufiger auf (S. 96–97).

DEN WINTER ÜBERLEBEN Im gemäßigten Klima, wie in Mitteleuropa und Teilen der USA, überstehen viele Insekten die Kälte in einem Ruhezustand. Es sind Taktgeber aus der Umwelt notwendig, die diesen Zustand auslösen, wie die kürzer werdenden Tage und die niedrigeren Temperaturen im Herbst. Wegen des Klimawandels ist es jedoch im Herbst und Winter mittlerweile wärmer, sodass die Winterruhe mitunter nicht mehr ausgelöst wird. Viele Insekten sind nun auch im Winter aktiv, aber sie sterben bei Kälteeinbrüchen.

In milderen Wintern haben Insekten höhere Überlebenschancen, und es kann für sie vorteilhaft sein, auch im Winter aktiv zu sein. Im Frühjahr können sich solche Individuen eventuell früher fortpflanzen, sodass sich bis zum Sommer größere Bestände entwickeln. Insekten, die normalerweise in wärmere Länder ziehen, bleiben in milden Wintern mittlerweile häufiger in der Region. Für Landwirte sind wärmere Winter oft ungünstig, weil einige Insektenarten, die erhebliche Schäden an Nutzpflanzen anrichten, wie die Kohlmotte (*Plutella xylostella*), bei solchen Bedingungen gedeihen.

Weltweit gibt es nach Schätzungen mehr als 10 000 in Regionen eingeschleppte, also dort nicht einheimische Insektenarten, und viele von ihnen wirken sich negativ auf die Biodiversität und die Ökosysteme aus.

NICHT HEIMISCHE ARTEN

Etliche Arten wurden von Menschen absichtlich oder unabsichtlich in Regionen gebracht, in denen sie natürlicherweise nicht vorkommen. Als invasive Arten bezeichnet man nicht einheimische Arten, die Ökosysteme schädigen, wirtschaftliche Schäden verursachen oder Krankheitserreger übertragen. Manche bleiben unbemerkt, aber es sind viele invasive Arten bekannt, vor allem unter den Käfern (S. 170–171), Zweiflüglern (S. 174–175) und Schmetterlingen (S. 176–177) sowie den Wespen, Bienen und Ameisen (S. 164–165).

PROBLEME Invasive Insekten können sich auf verschiedene Weisen negativ auswirken. Einige Arten sind Räuber und bewirken, dass die Bestände ihrer Beutetiere dramatisch schrumpfen. Der Asiatische Marienkäfer (*Harmonia axyridis*) beispielsweise wurde in vielen Ländern eingeführt, um Blattläuse zu bekämpfen, doch er breitete sich in der Natur stark aus. Er konkurriert mit einheimischen Marienkäfern um die Nahrung und frisst außerdem deren Eier und Larven. Andere Insekten, wie Mücken, übertragen Krankheitserreger auf Menschen und Wildtiere. Besonders problematisch sind invasive Ameisen, die ganze Ökosysteme verändern können (siehe gegenüber).

PER ANHALTER Insekten werden meist unbeabsichtigt in fremde Regionen transportiert, etwa mit dem Zierpflanzenhandel. Einige Arten wurden absichtlich eingeführt, um Nutzpflanzen zu bestäuben. Die europäische Dunkle Erdhummel (*Bombus terrestris*) führte man in Südamerika ein. Dies hatte zur Folge, dass die einzige in Patagonien heimische Hummelart *Bombus dahlbomii* seltener wurde. Die europäischen Hummeln übertrugen einzellige Parasiten auf die patagonischen Hummeln, die für diese Art tödlich sind.

KÜNFTIGE INVASIONEN

Wegen des Klimawandels werden invasive Arten in Zukunft noch größere Probleme bereiten. Bei extremen Wetterereignissen könnten weitere Insektenarten einwandern, und andere werden sich wegen der Klimaerwärmung ausbreiten (S. 196–197) und einheimische Arten verdrängen. Es ist auch deshalb unbedingt notwendig, dem Klimawandel entgegenzuwirken.

DER EINFLUSS INVASIVER AMEISEN

1.

Einige Ameisenarten, wie die Argentinische Ameise (*Linepithema humile*), gehören zu den invasivsten Insekten. Sie werden auf verschiedene Weisen verschleppt, etwa im Gepäck von Touristen und im Zuge des internationalen Handels.

2.

Die Nester der Ameisen verändern die physikalischen und chemischen Eigenschaften des Bodens. Dies kann sich auf andere bodenbewohnende Arten auswirken, sodass sie bei den neuen Bedingungen nicht überleben können.

3.

Ameisen können sich auf die Häufigkeit anderer Arten auswirken (Argentinische Ameisen brauchen sehr viel Nahrung und verdrängen einheimische Insekten). Tiere, die sich von Insekten ernähren, finden möglicherweise weniger Nahrung.

4.

Invasive Arten können andere Insekten verdrängen, die Samen verbreiten und Blüten bestäuben. Dies wirkt sich negativ auf die Ökosysteme aus.

5.

Der Klimawandel könnte dazu führen, dass invasive Arten, die von den veränderten Bedingungen profitieren, sich weiter ausbreiten.

6.

Argentinische Ameisen kommunizieren mit chemischen Stoffen und sorgen dafür, dass ihre Kolonien eine bestimmte Größe nicht überschreiten. In Regionen, in denen sie eingeführt wurden, funktioniert dieses Kommunikationssystem nicht mehr. Die Ameisen bilden »Superkolonien«, die auf einheimische Arten verheerende Auswirkungen haben können.

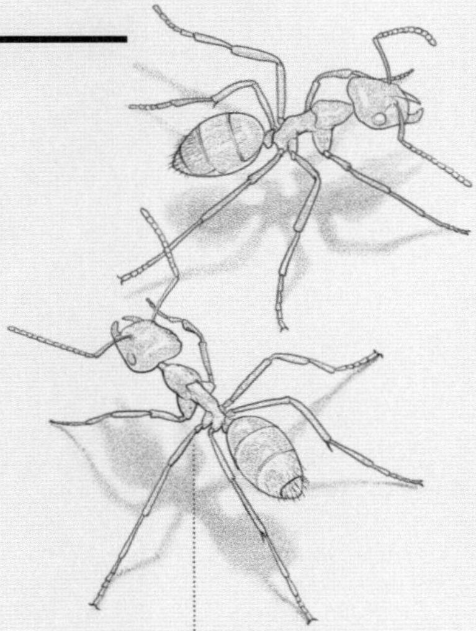

ARGENTINISCHE AMEISEN (*LINEPITHEMA HUMILE*)

C-Falter
(*Polygonia c-album*)
Dieser Schmetterling kommt in Waldgebieten vor und ist gut getarnt. Seit den 1970-er Jahren wurde beobachtet, dass sich sein Verbreitungsgebiet in Richtung Norden verschiebt.

ANPASSUNGEN

In einer wärmer werdenden Welt können Insekten ihr Verhalten anpassen und schlüpfen früher im Jahr. Viele Schmetterlingsarten kann man mittlerweile bereits zeitiger fliegen sehen. Für manche Arten sind solche Veränderungen jedoch nachteilig, weil die Interaktionen mit anderen Arten im Ökosystem mitunter nicht mehr funktionieren.

Das Klima verändert sich weltweit. Insekten reagieren darauf und die Verbreitungsgebiete von Arten verschieben sich. Das führt dazu, dass sie in größere Höhen oder in Richtung des Nord- oder Südpols in kühlere Regionen wandern.

VERBREITUNGS-GEBIETE

Eine Studie an Schmetterlingen, die man im nördlichen Europa durchführte, war eine der ersten wissenschaftlichen Erhebungen, die belegten, dass der vom Menschen verursachte Klimawandel ökologische Auswirkungen hat. Sie zeigte, dass sich die Verbreitungsgebiete von mehr als der Hälfte der Arten im Lauf des 20. Jahrhunderts 35 bis 240 Kilometer nach Norden verschoben haben. Ähnliche Auswirkungen des Klimawandels sind bei vielen Insektengruppen sichtbar.

ABWANDERUNG In Mitteleuropa breiten sich viele Arten nach Norden aus, aber die Geschwindigkeit variiert erheblich. Schmetterlinge sind beliebte Insekten, und im Vereinigten Königreich melden Freiwillige Millionen Sichtungen, die analysiert werden. Die Daten zeigen, dass der C-Falter (*Polygonia c-album*) auf wärmere Temperaturen am stärksten reagiert. Er breitet sich jedes Jahr etwa 10 Kilometer nach Norden aus. Auch das Verbreitungsgebiet des Waldbrettspiels (*Pararge aegeria*) verändert sich in Abhängigkeit von Waldgebieten, die es zu seiner Vermehrung braucht. Seine Verbreitung verschiebt sich deutlich langsamer, wenn Wälder fehlen oder fragmentiert sind. Die Verbreitungsgebiete anderer Arten werden kleiner. Knochs Mohrenfalter (*Erebia epiphron*) kommt in kühlen Gebirgsregionen vor, und weil die Temperaturen steigen, ist sein Verbreitungsgebiet im Vereinigten Königreich um ein Drittel kleiner geworden.

In Finnland breiten sich die Arten deutlich schneller nach Norden aus. Das Verbreitungsgebiet des Kaisermantels (*Argynnis paphia*) verschob sich in zehn Jahren um etwa 300 Kilometer. In tropischen Regionen bewegen sich Insekten eher in größere Höhen als in Richtung der Pole. Nachtfalter auf dem Kinabalu in Borneo, dem höchsten Berg Südostasiens, sind während 40 Jahren im Schnitt 67 Meter bergauf gezogen. Sie konnten mit der Klimaerwärmung aber nicht schritthalten, denn dafür hätten sie doppelt so viele Höhenmeter bergauf wandern müssen.

In städtischen Gebieten sind Insekten oft nicht willkommen. Menschen und Insekten können jedoch auch in der Stadt gut miteinander auskommen und Parks und Grünflächen lassen sich insektenfreundlich gestalten.

STADTGEBIETE INSEKTENFREUNDLICH GESTALTEN

Die einzelnen Grünflächen in der Stadt, wie Gärten, Parks und Straßenränder, sind zwar nicht groß, aber sie sind dennoch wichtige Lebensräume für Insekten. Gemeinsam bilden sie ein Netzwerk, das die Stadt mit dem Umland verbindet.

INSEKTENFREUNDLICHE BEPFLANZUNG Gärten, Parks und andere Grünflächen sind für Insekten sehr wertvoll, wenn man sie so bepflanzt, dass sie Nahrung und Rückzugsmöglichkeiten bieten. Bäume, Sträucher, Gräser und Kräuter mit unterschiedlichen Strukturen bieten verschiedenen Insektengruppen Lebensräume. Einheimische Pflanzen sind die Nahrung spezialisierter Insektenarten, während sich einige Generalisten auch von Arten ernähren, die nicht aus der Region stammen. Fuchsien etwa sind beim Mittleren Weinschwärmer beliebt. Der ebenfalls nicht heimische Schmetterlingsflieder (*Buddleja*) bietet Insekten viel Nektar und blüht noch spät im Jahr. Doch breitet er sich sehr stark aus und verdrängt heimische Pflanzen. Häuft man Falllaub und herabgefallene Zweige an, statt sie zu entfernen, fördert man Arten, die sich von abgestorbenen Pflanzenteilen ernähren.

LEBENSRÄUME SCHAFFEN Teiche in der Stadt sind die Lebensräume von im Wasser lebenden Insekten wie Libellenlarven und Teichläufern. In »Insektenhotels« finden solitäre Wildbienen Nistmöglichkeiten und Schmetterlinge Spalten, in denen sie überwintern können. Solche Nisthilfen fördern nicht nur die Insektenvielfalt in der Stadt, sondern man kann die Besucher hier auch beobachten. In der Nacht fliegende Insekten werden durch die Lichtverschmutzung geschädigt, die Straßen- und Hausbeleuchtungen verursachen. Wärmeres Licht mit geringem Blau- und UV-Anteil wirkt sich weniger negativ aus. Außerdem sollte die Beleuchtung so oft wie möglich ausgeschaltet werden.

Vom Licht angelockt
Künstliches Licht kann Nachtfalter und andere Insekten irritieren. Mitunter zeigen sie ihr natürliches Verhalten nicht mehr, wie die Nahrungs- und Partnersuche und die Bestäubung von Pflanzen.

Weil Insektenpopulationen individuenreich sind, ist es sinnvoll, sich auf die Wiederherstellung natürlicher Lebensräume zu konzentrieren. Wenn die Bedingungen stimmen, können sich Insektenbestände schneller erholen als die der meisten anderen Tiergruppen.

LEBENSRÄUME SCHÜTZEN

LEBENSRÄUME SCHAFFEN Seit langer Zeit verändern Menschen natürliche Lebensräume, um Lebensmittel und Holz zu produzieren und Gebäude und Straßen zu bauen, was dazu geführt hat, dass es heute viel weniger Insekten gibt. Es gilt deshalb, diese Lebensräume wiederherzustellen, indem man beispielsweise trockengelegte Moore und Sümpfe wieder vernässt und Wiesen traditionell beweidet. Im östlichen England wurden 99 Prozent der Feuchtgebiete zerstört. 2001 wurde ein 50- bis 100-Jahresplan erstellt, um ein 36 km² großes Gebiet wieder zu vernässen, damit seltene Insektenarten sich ansiedeln können, wie etwa der Rainfarnkäfer (*Chrysolina graminis*). Bei solchen Projekten werden die Wiesen traditionell mit Sensen gemäht und beweidet. In den Weißen Karpaten an der Grenze der Slowakei zu Tschechien bewirtschaftet man eine 600 ha große Fläche auf diese Weise, damit Insektenarten wie der Hirschkäfer (*Lucanus cervus*), der Schwarze Apollo (*Parnassius mnemosyne*) und der Russische Bär (*Euplagia quadripunctaria*) sich wieder vermehren können.

ERFOLGREICHE PROJEKTE Das in Europa verbreitete Kleine Fünffleck-Widderchen (*Zygaena viciae*) wurde im Vereinigten Königreich wegen der Überweidung seiner Lebensräume selten. Heute kommt es nur noch in einem einzigen Gebiet im westlichen Schottland vor. 1990 waren nur 20 adulte Falter übrig geblieben. Man stellte Zäune auf, um die Schafe fernzuhalten, sodass sich eine der wichtigsten Nahrungspflanzen der Raupen, die Wiesen-Platterbse (*Lathyrus pratensis*), wieder erholen konnte. Die Population der Falter wuchs deutlich und 2003 zählte man 8500 bis 10200 Individuen. Auch in Deutschland und in der Schweiz gibt es verschiedene Projekte zum Schutz des Kleinen Fünffleck-Widderchens.

Großes Wiesenvögelchen (*Coenonympha tullia*)
Diese Art kommt heute wieder in mehreren renaturierten Feuchtgebieten im Vereinigten Königreich vor, die während der Industriellen Revolution im 19. Jahrhundert trockengelegt wurden.

Hirschkäfer (*Lucanus cervus*)
Hirschkäfer brauchen Lebensräume mit viel Totholz (S. 110–111), denn die Engerlinge entwickeln sich im morschen Holz (S. 28–29). Es gilt, geeignete zusammenhängende Lebensräume zu schaffen, damit sich die adulten Käfer wieder weiter ausbreiten können.

Spitzenfleck
(Libellula fulva)
Die in einigen Regionen seltene Libellenart hat davon profitiert, dass einstiges Agrarland wieder in eine Naturlandschaft mit Gewässern umgewandelt wurde.

Wenn wir nicht in die Natur eingreifen, entwickeln sich wieder Lebensräume, in denen viele Insekten vorkommen. In solchen Naturgebieten leben vielfältigere Arten in größeren Populationen.

REWILDING

ÖKOSYSTEME WIEDERHERSTELLEN Schutzmaßnahmen, bei denen natürliche Lebensräume wiederhergestellt werden, locken viele Insektenarten ins Ökosystem. Als »Rewilding« bezeichnet man die Renaturierung von Landschaften, in denen einheimische Bäume, Sträucher und Kräuter wieder natürlich wachsen können und Tierarten angesiedelt werden, die in gesunden Ökosystemen eine wichtige Rolle spielen. Knepp Estate in der englischen Grafschaft West Sussex war ein landwirtschaftlicher Betrieb mit Milchkuhhaltung, der im Jahr 2000 in ein Rewilding-Projekt umgewandelt wurde. Heute leben hier viele freilaufende Tiere, wie Schweine, Pferde und Rinder, die eine artenreiche Naturlandschaft mit Wiesen, Gebüschen und Waldgebieten geschaffen haben. Auch in anderen Regionen Europas gibt es ähnliche Projekte.

SCHMETTERLINGE SIND ZURÜCKGEKEHRT Die Raupen des Großen Schillerfalters (*Apatura iris*) ernähren sich von Weidenblättern, und weil sich in Knepp Estate die Weidengebüsche auf natürliche Weise regenerieren konnten, waren die Bedingungen für die Rückkehr des prächtigen Schmetterlings ideal. 2018 zählte man an einem einzigen Sommertag 388 Individuen, doppelt so viele wie im vergangenen Jahr und ein Rekord für das Vereinigte Königreich. Dies zeigt, wie effektiv Rewilding ist und wie schnell sich Insektenpopulationen erholen können. Auch viele andere Arten kommen nun im Gebiet vor, wie der Mistkäfer *Geotrupes mutator* und der Spitzenfleck (*Libellula fulva*).

Im Naturreservat Étang de Cousseau im Südwesten Frankreichs kam der Pillendreher *Scarabaeus laticollis* seit 1965 nicht mehr vor. Heute ist dieses Reservat ein Rewilding-Gebiet. 2023 wurden auf einer Sanddüne 60 Mistkäfer angesiedelt, die man in der Nähe von Montpellier gesammelt hatte. Sie sollen den Boden mit Nährstoffen anreichern, indem sie Kugeln aus dem Kot der Rinder in ihre unterirdischen Kammern transportieren.

Der Schwarzfleckige Ameisenbläuling hat in England ein Comeback erlebt. Er wurde erfolgreich wieder angesiedelt und vermehrt sich dank gezielter Schutzmaßnahmen. Auch in Deutschland und anderen europäischen Ländern gibt es Projekte zum Schutz dieser Schmetterlingsart.

DAS AUSSTERBEN VON ARTEN VERHINDERN

LEBENSZYKLUS Der Schwarzfleckige Ameisenbläuling (*Phengaris arion*) hat einen sehr ungewöhnlichen Lebenszyklus. Das Weibchen legt seine Eier an den Blüten von wildem Thymian oder Echtem Dost ab. Die Raupe wächst auf der Pflanze heran und lässt sich schließlich auf den Boden fallen. Hier wartet sie ab, bis sie von einer Ameise der Gattung *Myrmica* entdeckt wird. Dann passiert etwas Verblüffendes: Die Raupe sondert einen Geruch ab, der dem einer Ameisenlarve sehr ähnlich ist. Zudem bläht sie sich auf, sodass sie ihr auch ähnlich sieht. Die Ameisen transportieren die Raupe deshalb in ihr unterirdisches Nest, wo sie fortan unter den Ameisenlarven lebt. Hier wird sie zur Räuberin, die Ameisenlarven verzehrt, bis sie sich schließlich verpuppt. Im folgenden Sommer schlüpft der adulte Schmetterling, verlässt das Ameisennest und hält nach einem Partner Ausschau, um seinen Lebenszyklus abzuschließen.

MYSTERIÖSE ABNAHME Der Schwarzfleckige Ameisenbläuling war in England immer selten, aber zur Mitte des 20. Jahrhunderts schrumpfte die Population rasch, und niemand kannte den Grund. 1963 wurde das »Joint Committee for the Conservation of the Large Blue Butterfly« mit dem Ziel gegründet, die charismatische Art zu schützen. Trotzdem gab es 1970 nur noch zwei kleine Populationen. Der Wissenschaftler Jeremy Thomas sollte das Rätsel lösen. Er fand heraus, dass fünf Ameisenarten der Gattung *Myrmica* die Raupen des Schmetterlings »adoptieren«. Sie überleben jedoch nur, wenn sie von

DAS GRÖSSERE BILD

Auch viele andere Insektenarten werden seltener, wenn Wiesen nicht regelmäßig beweidet werden und das Gras zu hoch wächst. Sie profitieren ebenfalls, wenn die Gebiete beweidet werden, um den Ameisenbläuling anzusiedeln. Viele gefährdete Pflanzen- und Insektenarten, wie der Runzelige Ölkäfer (*Meloe rugosus*), der Veilchen-Perlmutterfalter (*Boloria euphrosyne*) und die Fliegen-Ragwurz (*Ophrys insectifera*) kommen in solchen Schutzgebieten deutlich häufiger vor.

der Säbeldornigen Knotenameise (*Myrmica sabuleti*) ins Nest transportiert werden, einer wärmeliebenden Art, die nur in Wiesen vorkommt, die beweidet werden. Leider kamen diese Erkenntnisse zu spät, um den Bläuling zu retten. Die Population war zusammengebrochen, weil die Wiesen anders bewirtschaftet wurden und die Gräser zu hoch und zu dicht wuchsen. Die Säbeldornige Knotenameise wurde deshalb so selten, dass die Schmetterlinge nicht überleben konnten. 1979 galt die Art in England als ausgestorben.

ERFOLGREICHER SCHUTZ Als die Wiesen regelmäßig beweidet wurden, kam die Säbeldornige Knotenameise bald wieder in größerer Zahl vor. Man siedelte Schmetterlinge aus schwedischen Populationen 1983 in Dartmoor und 1992 in Somerset erfolgreich an. Später folgten weitere Gebiete, und heute gehören die Populationen zu den größten in Europa. Im Sommer sieht man viele der Bläulinge.

Schwarzfleckiger Ameisenbläuling (*Phengaris arion*)
Weibchen legen ihre Eier auf die Blütenknospen von Thymian und Dost, die auf beweideten Wiesen wachsen. Das kurze Gras ist der Lebensraum verschiedener Ameisen der Gattung *Myrmica*, die die Wirte der parasitischen Bläulingsraupen sind.

Wir erkennen zunehmend die Bedeutung der Insekten und sehen, welchen Nutzen sie haben und welche Schäden sie anrichten. Die Zukunft wird neue Herausforderungen und Chancen für Insekten bringen, die auch unser Leben beeinflussen.

WIE SIEHT DIE ZUKUNFT FÜR INSEKTEN AUS?

Weil Insekten wechselwarme Tiere sind, beeinflusst die Temperatur ihr Wachstum und ihre Fortpflanzung. Höhere Temperaturen führen dazu, dass sich die Verbreitungsgebiete einiger Arten (S. 200–201) und ihre Aktivitäten im Lauf der Jahreszeiten verändern. Viele sind im Frühjahr zeitiger aktiv und ruhen in wärmeren Wintern nicht mehr. Insekten, die Pflanzen fressen, gehen zugrunde, wenn ihre Wirtspflanzen verdorren oder Überschwemmungen ihre Lebensräume zerstören, und laut Klimaprognosen wird dies künftig häufiger vorkommen. Es ist noch nicht verstanden, welche Insekten betroffen sind und wie sich die Veränderungen genau auswirken. Weil jedoch viele andere Lebewesen von Insekten abhängig sind, werden auch sie betroffen sein, wie beispielsweise Vögel, die Insekten fressen und Pflanzen, die von Insekten bestäubt werden.

GEWINNER UND VERLIERER Einige Arten profitieren von den Veränderungen ihrer Umwelt, während andere seltener werden. Insekten, die gute Flieger und Generalisten sind, kommen im Allgemeinen besser zurecht und ihre Bestände werden größer, wie die des mobilen C-Falters (*Polygonia c-album*), der sich von verschiedenen häufigen Pflanzen wie Brennnesseln ernährt. Schlechte Flieger und sehr spezialisierte Arten werden tendenziell seltener, wie etwa die Perlbinde (*Hamearis lucina*), deren Raupen nur an Schlüsselblumen fressen. Es ist jedoch schwierig einzuschätzen, welche Arten zu den Gewinnern und welche zu den Verlierern zählen. Wenn sich die Verbreitungsgebiete von Insektenarten verändern, die Krankheitserreger übertragen, gelangen neue Krankheiten aus tropischen Regionen in kühlere Gegenden. Der Klimawandel führt außerdem dazu, dass es mehr Schädlingen an Nutzpflanzen und invasive Insektenarten gibt.

Viele Arten, die von höheren Temperaturen profitieren, verursachen wirschaftliche Schäden und können bei Menschen gesundheitliche Probleme hervorrufen. Ein Beispiel ist der Eichen-Prozessionsspinner (*Thaumetopoea processionea*), der Eichen schädigt. Die Haare der Raupen können bei Menschen allergische Reaktionen hervorrufen. Neue Technologien wie der Einsatz Künstlicher Intelligenz bei der Bestimmung und bioakustische Erfassungsmethoden können dazu beitragen, die Entwicklung von Insektenpopulationen besser zu verstehen.

WAS KÖNNEN WIR TUN? Sie können einer Naturschutzorganisation oder einer entomologischen Gesellschaft beitreten. Bei Citizen-Science-Projekten (S. 182–183) werden Daten gesammelt, die in Datenbanken hochgeladen und anschließend analysiert werden, um langfristige Trends bei den Insektenpopulationen zu ermitteln. Diese Informationen können Regierungen heranziehen, um der Abnahme der Biodiversität entgegenzuwirken. Sehr hilfreich ist es außerdem, Gärten und Höfe insektenfreundlich zu gestalten, Teile von Gärten und Stadtparks verwildern zu lassen, keine Pestizide und Dünger auszubringen und anderen Menschen darüber zu berichten, wie wichtig Insekten sind.

Wenn die ***Herausforderungen*** *bewältigt werden …, wird der* ***Einfluss der Entomologie*** *künftig groß sein.*

~ Sarah Luke *et al.*, 2023 ~

Japanischer Nashornkäfer (*Allomyrina dichotoma*)

WERTSCHÄTZEN

KAPITEL VIII

DIE MENSCHEN SIND seit Jahrtausenden von Insekten fasziniert. Im nächsten Kapitel erfahren Sie von Insekten in der Literatur und Kunst sowie von Exemplaren, die in den Sammlungen von Naturkundemuseen aufbewahrt werden. Einige Arten hält man sogar als Haustiere in Terrarien.

Das Natural History Museum in London beherbergt mehr als 300 Millionen Insekten, die seit dem 18. bis ins 21. Jahrhundert gesammelt wurden. Museen informieren die Öffentlichkeit und tragen dazu bei, die momentanen Populationsentwicklungen in historischen Zusammenhängen zu sehen.

SAMMLUNGEN IN MUSEEN

WAS WIRD IM MUSEUM AUFBEWAHRT? In den Magazinen naturhistorischer Museen werden gesammelte Insekten aufbewahrt. Die meisten wurden so präpariert und genadelt, dass ihre charakteristischen Merkmale zu sehen sind, andere sind in einer Flüssigkeit konserviert. Vor der Digitalisierung war dies die einzige Möglichkeit, um Informationen über Insekten zu bekommen und zu bewahren. Heute kann man mit Digitalkameras gute Fotos machen und mittels künstlicher Intelligenz lebende Insekten bestimmen. Früher musste man die Tiere töten, um sie bestimmen zu können. Seit noch nicht allzu langer Zeit sind immer mehr digitale Bildersammlungen der Öffentlichkeit zugänglich.

WELCHE INFORMATIONEN LIEFERN DIE GESAMMELTEN EXEMPLARE? Mit modernen Methoden kann man das Genom von Insekten sequenzieren, die in Sammlungen aufbewahrt werden. Indem man die Präparate vermisst, erhält man Daten darüber, wie sich Insekten im Lauf der Zeit verändern. Die einzelnen Exemplare wurden mit Daten versehen, wie dem Fundort und dem Datum, an dem sie gesammelt wurden, aber manchmal sind die Notizen schwierig zu entziffern oder die Namen der Fundorte haben sich geändert, sodass man sie nicht mehr nachvollziehen kann. Mitunter wurden weitere Hinweise notiert, wie etwa zu Pollen oder Parasiten am Körper des Insekts. Sie liefern Informationen zu den Ökosystemen vergangener Zeiten.

VERÄNDERUNGEN VERSTEHEN In Museen aufbewahrte Exemplare, die mit Daten versehen wurden, können für die Forschung interessant sein. Vergleicht man beispielsweise Schwalbenschwänze aus verschiedenen Regionen Englands, erkennt man, dass dort, wo ihre feuchten Lebensräume entwässert wurden, ihre Flügelgröße abnahm. In den Niederlanden vermaß man die Pollenpakete, die präparierte Wildbienen am Körper trugen. Es zeigte sich, dass das Verschwinden ihrer Nahrungspflanzen der Hauptgrund für ihren Rückgang war. Studien an Spannern (einer Nachtfalterfamilie) auf einem Berg in Borneo (Malaysia) ergaben, dass sich ihr Verbreitungsgebiet in immer höhere Lagen verschiebt (S. 200–201). Ihr ursprüngliches Verbreitungsgebiet wird wegen des Klimawandels von kleineren Nachtfaltern aus tiefer gelegenen Regionen besiedelt.

Spitzenfleck (*Libellula fulva*)
Diese Libellen wurden genadelt, getrocknet und mit Etiketten versehen. Von oben nach unten werden die Etiketten mit dem Namen der Art, dem Funddatum, dem Fundort, dem Namen des Sammlers und dem der Sammlung beschriftet und mit zusätzlichen Informationen wie einer Illustration oder einem QR-Code versehen.

Insekten sind nährstoffreich und werden seit langer Zeit von Menschen gegessen. Heute verzehren etwa zwei Milliarden Menschen in mehr als 110 Ländern regelmäßig ungefähr 2000 Insektenarten.

ESSBARE INSEKTEN

Insekten enthalten ähnlich viele Proteine wie anderes Fleisch und machen in vielen Teilen der Erde einen bedeutenden Anteil der Nahrung von Menschen aus, und der Bedarf an Lebensmitteln wird in Zukunft steigen. Heute isst man vor allem Grillen, Nachtfalterraupen, Heuschrecken, Mehlwürmer und die Maden der Schwarzen Soldatenfliege (*Hermetia illucens*). Schmetterlingsraupen wie die der Pfauenspinner-Art *Cirina forda* sind in großen Teilen Zentral-, West- und Südafrikas ein wichtiges Nahrungsmittel. Sie sind reich an Proteinen und vor allem dort bedeutend, wo andere Nahrung knapp ist. Leider sind viele Schmetterlingsarten selten geworden, weil ihre Lebensräume zerstört und zu viele Raupen gesammelt wurden.

ARBEITSINTENSIVES SAMMELN Die Raupe des afrikanischen Pfauenspinners *Lobobunaea phaedusa* ist schwer zu finden, weil sie einzelgängerisch lebt und zwischen den Blättern ihrer Nahrungspflanze gut getarnt ist. Man sucht unter Bäumen nach ihrem Kot. In der Demokratischen Republik Kongo verkauft man die Raupen des Eulenfalters *Achaea catocaloides* in großen Mengen auf Lebensmittelmärkten. Vor allem Kinder suchen die Insekten und rufen dabei laut. Die Raupen zucken daraufhin, sodass man sie leichter entdecken kann.

INSEKTEN ZUBEREITEN

Die Puppe des Nachtfalters *Borocera cajani* ist in Madagaskar eine Delikatesse. Sie wird aus ihrem Kokon geholt, in kochendes Wasser geworfen und danach in Asche geröstet. In vielen Regionen im südlichen Afrika, von Sambia südwärts, sind die Raupen des Pfauenspinners *Gonimbrasia belina* wichtige Nährstofflieferanten. Man entfernt den Darminhalt und kocht und würzt die Raupen. Danach werden sie geröstet und mit Maisbrei gegessen. Auch an einem Spieß über dem Feuer kann man sie grillen.

*Insekten eignen sich für den **menschlichen Verzehr** und als Futter für **Nutztiere** und **Fische.** Dies könnte zur sicheren Versorgung mit **Lebensmitteln** beitragen.*

~ Arnold van Huis, 2013 ~

Weil die Weltbevölkerung wächst und der Bedarf an tierischen Proteinen steigt, ist es dringend notwendig, alternative und nachhaltige Tierfutterquellen aufzutun. Insekten sind die Nahrung vieler Tiere und deshalb in dieser Hinsicht vielversprechend.

TIERFUTTER

GUTE NAHRUNGSQUELLE Die Larven von Mehlwürmern, Schwarzen Soldatenfliegen und Stubenfliegen sind reich an Makro- und Mikronährstoffen. Sie enthalten viele Proteine und Fette und sind eine gute Mineralstoff- und Vitaminquelle. Deshalb eignen sie sich für Nutztiere wie Geflügel und Schweine, und auch Fische in Fischzuchten kann man mit Insekten füttern. Solche Futtermittel sind ähnlich nährstoffreich oder sogar nährstoffreicher als traditionelles Futter wie Sojabohnen und Fischmehl, und es gibt Hinweise, dass sie sich positiv auf die Gesundheit und das Immunsystem der Tiere auswirken, sodass weniger Antibiotika verabreicht werden müssen.

GERINGERE UMWELTBELASTUNG Insekten wandeln organische Stoffe sehr effizient in Proteine um. Das bedeutet, dass sie weniger Nahrung als traditionelle Nutztiere brauchen, um dieselbe Proteinmenge zu erzeugen. Um beispielsweise 1 kg Grillen zu züchten, braucht man nur 2,2 kg Futter, während für 1 kg Rindfleisch 25 kg Rinderfutter benötigt werden. Deshalb werden weniger Treibhausgase freigesetzt und weniger Wasser und Land verbraucht, sodass die Umweltbelastung insgesamt geringer ist. Traditionelle Futtermittel für Nutztiere, wie Getreide, Sojabohnen und Fischmehl, hinterlassen einen großen ökologischen Fußabdruck. Insekten kann man mit Abfällen aus der Lebensmittelproduktion und der Landwirtschaft füttern. Dies fördert die Kreislaufwirtschaft und trägt zu einer nachhaltigeren Landwirtschaft bei. Zudem kann man Insekten während des ganzen Jahres platzsparend in Gebäuden züchten.

BLICK IN DIE ZUKUNFT

Um Insekten als Futter für Nutztiere zu züchten, müssen einige Herausforderungen gemeistert werden. Der gesetzliche Rahmen und die Produktion in großen Mengen sind zwei der wichtigsten Punkte. Ein wachsendes Interesse und Investitionen in dieser Branche weisen jedoch darauf hin, dass die Zucht von Insekten als Tierfutter eine realistische Möglichkeit ist, die den CO_2-Fußabdruck der Futtermittelindustrie verkleinern würde.

DIE ZUCHT DER SCHWARZEN SOLDATENFLIEGE

1.

Insekten wie die Schwarze Soldatenfliege werden mittlerweile weltweit in Insektenfarmen gezüchtet. Alljährlich können in einer Farm Tausende Tonnen Maden produziert werden.

SCHWARZE SOLDATENFLIEGE (*HERMETIA ILLUCENS*)

EIER

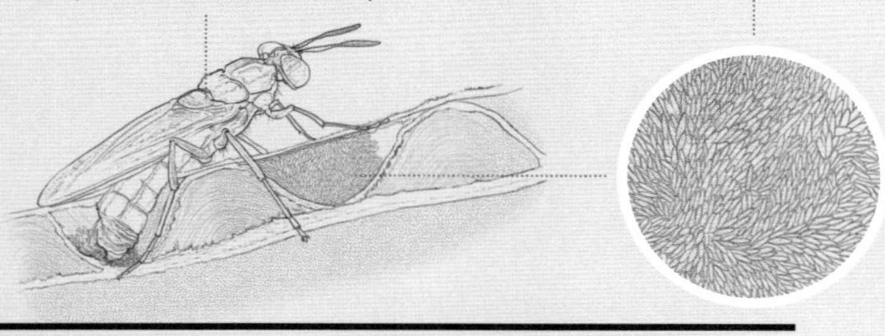

2.

Der Lebenszyklus der Fliegen dauert fünf bis sechs Wochen. Sie werden in Behältnissen mit organischen Stoffen gefüttert, in denen sie ihre Eier legen.

3.

Die Maden wandeln organische Abfälle in Proteine um. Man kann sie mit unterschiedlichen Abfällen aus der Lebensmittelproduktion und der Landwirtschaft füttern.

4.

Maden im fünften Stadium können an Hühner verfüttert werden. Wahrscheinlich wirkt sich die Insektennahrung positiv auf das Wohlbefinden der Hühner aus.

EIN HUHN PICKT MADEN AUF.

5.

Man kann die Maden auch zu Proteinpulver und Ölen verarbeiten, aus denen anschließend Futterpellets für Nutz- und Haustiere gepresst werden.

6.

Der Kot und die abgeworfenen Häute der Insekten sind nährstoffreich und können als Dünger in der Landwirtschaft verwendet werden.

Oft ist es in der Landwirtschaft notwendig, Insekten zu bekämpfen, die Schäden anrichten. Häufig werden chemische Insektizide eingesetzt, doch inzwischen hat man auch umweltfreundlichere Methoden der biologischen Schädlingsbekämpfung entwickelt und resistentere Pflanzen gezüchtet.

SCHÄDLINGS-BEKÄMPFUNG

CHEMISCHE SCHÄDLINGSBEKÄMPFUNG Um 1940 schien DDT die Lösung gegen Schädlingsbefall zu sein, aber schon bald entwickelten sich Insekten, die gegen das Gift resistent waren. Das Gleiche geschah, als weitere Insektizide entwickelt wurden. Man hatte außerdem festgestellt, dass Insektizide schädlich für die Umwelt sind und auch Tierarten schädigen, die sich von den Schädlingen ernähren.

BIOLOGISCHE SCHÄDLINGSBEKÄMPFUNG Insekten, die Schäden an Nutzpflanzen anrichten, können mit ihren natürlichen Feinden bekämpft werden, wie Marienkäfern oder parasitoiden Wespen. Man kann sie im Handel beziehen und in Gewächshäusern freilassen. Im Freiland ist die Methode jedoch selten erfolgreich, weil man nicht genügend natürliche Schädlingsbekämpfer aussetzen kann. Stellt man den Arten Nektar- und Pollenpflanzen bereit, werden sie mitunter zahlreicher. Hilfreich ist es auch, Pflanzen zu kultivieren, an denen Beutetiere der natürlichen Feinde der Schadinsekten leben. So können sie sich vermehren und schließlich die Schädlinge dezimieren.

RESISTENTE PFLANZEN Bei der Züchtung neuer Nutzpflanzensorten gingen oft die chemischen und physikalischen Eigenschaften verloren, mit denen sich Wildpflanzen gegen Schädlingsbefall wehren. Wenn man Wildpflanzen in die Sorten einkreuzt, können sie diese Resistenzen wieder erlangen.

KULTIVIERUNG Der Zeitpunkt, zu dem die Samen ausgesät werden, hat einen Einfluss auf die Schadinsekten. Bei einer späten Aussaat haben die Schädlinge weniger Zeit, sich zu vermehren. Effektiv sind Pflanzenmischungen, weil Schädlinge von den flüchtigen organischen Stoffen, die die verschiedenen Pflanzenarten freisetzen, oft verwirrt werden. In den Tropen kultiviert man häufig zwei oder mehr Nutzpflanzen gleichzeitig. Dies reduziert den Schädlingsbefall, weil es in solchen Kulturen ähnlich wie in natürlichen Ökosystemen seltener vorkommt, dass sich Schadinsekten stark vermehren.

INSEKTIZIDE MASSVOLL EINSETZEN Berücksichtigt man Folgendes, dann lässt sich der Einsatz von Insektiziden verringern oder vermeiden:

- Aus ökonomischen Gründen werden Insektizide nur eingesetzt, wenn die Ernteeinbußen die Kosten der Insektizide überschreiten.
- Kombiniert man Maßnahmen (biologische Schädlingsbekämpfung, Kultur bestimmter Sorten und resistente Pflanzen), ist dies oft wirkungsvoller.
- Werden Insektizide maßvoll eingesetzt, vermehren sich die Schadinsekten oft langsamer als ihre natürlichen Feinde. Dabei spielen die Dosis und Art des Insektizids und der Zeitpunkt des Ausbringens eine Rolle.

Echter Buchweizen
(Fagopyrum esculentum)
In einem Weinberg wurde Buchweizen ausgesät. Natürliche Feinde der Insekten, die Schäden an den Weinreben anrichten, vermehren sich auf dieser Pflanzenart.

Japanischer Nashornkäfer
(*Allomyrina dichotoma*)
Das lange, gegabelte Horn dieses Käfers ist geformt wie ein Y. Männchen setzen es während der Paarungszeit ein, um ihr Revier zu verteidigen. Sie können damit Rivalen hochheben und vom Ast schubsen.

DIE ERFINDUNG VON *POKÉMON*

Der Spieleentwickler Satoshi Tajiri wuchs in Japan in einer Kultur auf, in der man Insekten fing und als Haustiere hielt. Er war so fasziniert von der Welt der Insekten, dass er darüber nachdachte, Entomologe zu werden. Stattdessen inspirierten ihn die Insekten schließlich zur Erfindung von »Pokémon«. In diesem Computerspiel kommen Insekten aus elf Ordnungen vor.

In den letzten Jahren wuchs das Interesse, Insekten zu halten vor allem bei Menschen, die sich für die Entomologie und den Naturschutz interessieren.

INSEKTEN ALS HAUSTIERE

Insekten sind recht pflegeleichte Haustiere, und sie brauchen nur wenig Platz. Für Kinder ist es spannend, sich um sie zu kümmern, und sie lernen dabei viel über die Natur sowie über die Biologie und das Verhalten von Insekten. Man kann verschiedene Insekten gut als Haustiere halten.

GESPENSTSCHRECKEN Zu den beliebtesten Insekten, die in Terrarien gehalten werden, gehören Gespenstschrecken, die es in vielen Formen, Größen und Farben gibt. Sie sind hervorragend getarnt und in ihrer natürlichen Umgebung kaum zu erkennen. Das Große Wandelnde Blatt (*Phyllium giganteum*) zum Beispiel kann man wunderbar beobachten. Sein Körper ist wie ein Blatt geformt und geädert, und das faszinierende Insekt bewegt sich sogar so, als würde ein Blatt im Wind schwanken.

SCHABEN Diese Insekten gelten oft als ekelerregend, aber sie eignen sich als Haustiere, denn sie sind leicht zu halten und überraschend hygienisch. Die Madagaskar-Fauchschabe (*Gromphadorhina portentosa*) gehört zu den größten Arten, und weil sie nicht fliegen kann, ist sie ein beliebtes Terrarientier. Man muss aber beachten, dass sie außerordentlich gut klettern kann.

KÄFER In Japan werden Käfer vor allem von Kindern als Haustiere gehalten. Der Grund ist, dass in den meisten Wohnungen die Haltung von Hunden oder Katzen nicht erlaubt ist. Käfer mit Hörnern, wie Hirschkäfer (japanisch *kuwagata*) und Nashornkäfer (*kabutomushi*), sind am beliebtesten.

Insektenhotel
Eine solche Wand bietet nützlichen Insekten im Garten unterschiedliche Nistgelegenheiten. Diese Illustration stellt die Wand dar, die Tom Massey für den Garten der Royal Entomological Society entwarf, der 2023 für die Chelsea Flower Show (England) angelegt wurde.

Bei der Arbeit im Garten oder auf einer anderen Grünfläche kann man direkt erleben, wie Insekten auf den Klimawandel reagieren und wie sich die Artenvielfalt verändert.

GÄRTEN UND GRÜNFLÄCHEN

EIN GLEICHGEWICHT FINDEN Häufig werden Insekten in Gärten und auf Grünflächen noch immer mit Chemikalien vernichtet. Viel besser ist es, nützliche Insekten wie Bestäuber oder räuberische Arten in den Garten zu locken, die Insekten dezimieren, die Zier- und Nutzpflanzen schädigen. Sehr förderlich ist es, wenn wir unsere Ordnungsliebe unterdrücken und Haufen aus Pflanzenresten, Falllaub und Totholz liegen lassen, denn sie bieten unzähligen kleinen Tieren Nahrung und Lebensräume. Pflanzen, die oftmals als Unkräuter gelten, wie Löwenzahn, Klee, Wicken, Disteln und Flockenblumen, sind wichtige Nahrungsquellen für Insekten und profitieren davon, wenn wir seltener mähen und jäten. Wir sollten außerdem auch weniger beliebte Insekten wie Ameisen und Fliegen schätzen, weil sie organische Abfälle zersetzen und eine wichtige Nahrungsquelle für willkommene und nützliche Tiere wie Vögel und Frösche sind.

DIE GESTALTUNG IST ENTSCHEIDEND Eine abwechslungsreiche Gestaltung stellt vielfältige Lebensräume für Insekten bereit, wie ausgebrachter Rindenmulch, mit Kies, Sand oder Lehm bedeckte Wege und Totholzstapel. Trockenmauern und Flechtzäune aus Weiden bieten Insekten Spalten und Nischen. Eine Wasserquelle lockt viele Tiere in den Garten. Es kann sich um eine einfache Mulde im Boden handeln oder um einen kleinen Behälter, in dem sich Regenwasser sammelt. Schmetterlinge und andere Insekten werden herbeifliegen, um Wasser zu trinken. Wenn Sie mehrjährige Stauden und Sträucher pflanzen, die zu verschiedenen Zeiten im Jahr blühen, finden Insekten lange Zeit Nahrung und können sich vermehren. Je vielfältiger die Kräuter und Bäume sind, die Sie pflanzen, desto mehr Insektenarten werden sich einfinden.

Vor der Erfindung der Fotografie hatten künstlerische Darstellungen von Insekten, die der Wissenschaft zuvor unbekannt waren, eine große Bedeutung. Man konnte die Arten bestimmen und erhielt Informationen zum Lebenszyklus und zum Verhalten der Insekten.

WISSENSCHAFTLICHE ILLUSTRATIONEN

BISHER UNBEKANNTE INSEKTEN Die Künstlerin Maria Sibylla Merian hielt sich von 1699 bis 1701 in der niederländischen Kolonie Surinam auf. Sie erforschte, züchtete und zeichnete auch Insekten, die der Wissenschaft damals noch unbekannt waren. 1705 erschien ihr illustriertes Buch *Metamorphosis insectorum Surinamensium* (»Verwandlung der surinamischen Insekten«). In der ersten Auflage beschrieb Merian 131 Insektenarten, darunter 86 Tag- und Nachtfalter. Es war das erste illustrierte Werk über südamerikanische Insekten, das auch die Lebenszyklen und Nahrungspflanzen zeigte.

Maria Sibylla Merian zeichnete zuerst auf Vellum, einem feinen Pergament. Dann wurde eine Kupferplatte der Illustration gestochen. Die Stiche waren ungewöhnlich groß und deshalb sehr detailliert. Carl von Linné bestimmte und benannte mehr als 100 Tierarten, die zuvor in Europa unbekannt gewesen waren, nach den Illustrationen Maria Sybilla Merians. Eine davon ist der Morphofalter *Morpho menalaus*, der ursprünglich den Namen *Papilio menelaus* trug.

ARTEN BENENNEN Viele Insekten wurden zu Ehren von Maria Sybilla Merian benannt. Zu ihnen gehört die Unterart eines Edelfalters (*Opsiphanes cassina merianae*), die eines Passionsblumenfalters (*Heliconius melpomene meriana*), ein seltener Weißling aus Panama (*Catasticta sibyllae*) und ein Schwärmer (*Erinnyis merianae*). Auch andere Insekten tragen ihren Namen, wie die Fangschreckengattung *Sibylla* und eine Prachtbiene (*Eulaema meriana*).

»Die Ananas« Tafel 2 im Buch *Metamorphosis insectorum Surinamensium* zeigt den Lebenszyklus des Pracht-Passionsfalters (*Philaethria dido*). Die Abbildung des Schmetterlings auf dem handkolorierten Stich ist sehr genau. Nicht richtig ist jedoch, dass sich die Raupe von Ananasfrüchten ernährt.

Eishōsai Chōki
Frau und Kind fangen Glühwürmchen
(etwa 1793)
In diesem Holzschnitt stellt der Künstler die Begeisterung eines Kindes dar, das beim Abendspaziergang Glühwürmchen sieht.

Vincent van Gogh
Langes Gras mit Schmetterlingen
(1890)
Das Gemälde gehört zu einer Serie, die den Namen »Schmetterlinge« trägt. Die Falter sind Symbole für Freiheit oder Flucht.

Die ältesten bekannten Abbildungen von Insekten wurden etwa 4000 v. Chr. bei Valencia in Spanien an Höhlenwände gemalt. Es handelt sich um Menschen, die den Honig von wilden Bienen sammeln. Seit früher Zeit werden Insekten als Symbole und Metaphern oder zur Dekoration dargestellt.

INSEKTEN IN DER KUNST

SYMBOLE Im Mittelalter stellte man Insekten an den Rändern von Manuskripten (meist religiösen Texten) dar. Schmetterlinge symbolisierten oft die menschliche Seele, die nach dem Tod fortfliegt. Insekten sind auch Symbole für die Vergänglichkeit der weltlichen Dinge, von niederländischen Stillleben aus dem 16. bis 18. Jahrhundert bis hin zur Installation »A Thousand Years« (1990) von Damien Hirst, die zeigt, wie sich Fliegenmaden im Schädel einer Kuh entwickeln.

GENAUE ABBILDUNGEN 1665 begann man, Insekten zu erforschen. Der britische Wissenschaftler Robert Hooke zeichnete Flöhe, Läuse und Fliegen, die er unter einem Mikroskop betrachtete. Heute setzen der Fotograf Gildes Revell und der Künstler Mark Fairnington diese Arbeit mit detaillierten Bildern von Insekten fort. Der türkische Künstler Ergin Inan kombiniert in seinen Werken realistische Insekten mit traumartigen Szenarien, arabischen Buchstaben und surrealistischen Porträts. Weniger detailliert sind die Bilder von David Measures und John Walters, die das Verhalten und die Bewegungen von Insekten zeigen. Nach der Reaktorkatastrophe von Tschernobyl im Jahr 1986 stellte die wissenschaftliche Illustratorin Cornelia Hesse-Honegger Fehlbildungen bei Wanzen detailgenau dar.

PRÄCHTIGE INSEKTEN Ihrer Schönheit wegen bildete man Insekten auf Jugendstilkunstwerken ab. Seit den 1980-er Jahren lässt der französische Künstler Hubert Duprat Köcherfliegenlarven Edelmetalle, Perlen und Schmucksteine in ihre Köcher einbauen. Normalerweise bauen die Larven ihre Köcher aus Sandkörnern und Pflanzenteilen (S. 58–59). In jüngerer Zeit schuf der belgische Künstler Jan Fabre mit den schillernden Flügeldecken von Prachtkäfern Mosaike, Kleidungsstücke und dekorative Deckenelemente im Königlichen Palast in Brüssel.

Insekten tauchen auch in der Literatur als Charaktere oder literarische Stilmittel auf. Ab dem späten 19. Jahrhundert brachte man sie in Erzählungen und Romanen einer breiten Leserschaft näher.

INSEKTEN IN DER LITERATUR

REALE UND FIKTIVE INSEKTEN Vor dem 20. Jahrhundert kamen Insekten in der Literatur nur am Rande vor, aber es gibt bemerkenswerte Ausnahmen. In den Fabeln von Aesop (Mitte bis Ende des 6. Jahrhunderts v. Chr.) gehören Insekten zu den Protagonisten und stehen für verschiedene Charaktere. Die Fabel *Die Grille und die Ameise* etwa will vermitteln, dass sich harte Arbeit und Weitsicht auszahlen. In *Alice im Wunderland* (1865) von Lewis Carroll trifft Alice eine Raupe, die auf einem Pilz sitzt und eine Wasserpfeife raucht. Zwar ist sie nicht freundlich, aber sie verrät Alice, was es mit dem Pilz auf sich hat.

MODERNE LITERATUR In zeitgenössischen Erzählungen und Romanen wird mit dem Eindruck, den ein bestimmtes Insekt vermittelt, oft auf ein Thema hingewiesen. Der Nachtfalter beispielsweise steht in vielen Geschichten für unwiderstehliche Anziehungskraft oder Zerbrechlichkeit. Bienen versinnbildlichen oft harte Arbeit und ein Leben in Gemeinschaft, wie in *Die Bienenhüterin* (2001) von Sue Monk Kidd. Der Roman *Die Bienen* (2014) von Laline Paull spielt in einem Bienenstock, in dem die Regeln der Bienen gelten. Es ist eine Geschichte der Rebellion und der Liebe in einer starren Gesellschaft. Die Protagonistin Flora 717 ist eine Arbeitsbiene, die in der untersten Kaste zur Welt kommt.

Die Verwandlung (1915) von Franz Kafka ist ein moderner Klassiker. Ein Handlungsreisender erwacht und stellt fest, dass er sich in ein Insekt verwandelt hat (um welches es sich handelt, ist umstritten). Die Erzählung handelt davon, wie er und seine Familie mit dieser Situation umgehen. Ian McEwans Roman *Die Kakerlake* (2019) parodiert diese Erzählung. Eine Kakerlake wacht auf und stellt fest, dass sie der Premierminister des Vereinigten Königreichs ist.

ENTOMOLOGINNEN UND ENTOMOLOGEN Wenn Entomologen die Protagonisten sind, sind sie oft Forscherinnen und Entdecker. Im Roman »Boxer Beetle« (2010) von Ned Beauman gehen ungewöhnliche Charaktere Andeutungen in einem Brief von Adolf Hitler nach und suchen einen Käfer, dessen Flügelzeichnung ein Hakenkreuz darstellt. Rachel Joyce erzählt in »Miss Bensons Reise« (2020) von Miss Benson, die nach Neukaledonien reist, um einen goldenen Käfer zu finden. Auch »Beetle Boy« (2016) von M. G. Leonard ist eine Entdeckergeschichte, in der der Junge Darkus nach seinem Vater sucht, einem verschollenen Entomologen. Dabei entdeckt er eine Population hoch entwickelter und intelligenter Käfer. In E. O. Wilsons semi-autobiografischem Roman *Anthill* (2010) kämpft ein junger Entomologe, der die Ameisenarten seiner Heimat erforscht, um den Erhalt der Natur. Gleichzeitig erzählt Wilson aus der Perspektive der Ameisen. Künftig wird es sicherlich weitere Romane geben, in denen die Entomologie eine Rolle spielt, weil immer deutlicher wird, wie wichtig die Insekten für die Ökosysteme der Erde und für unser Überleben sind.

Fabel von La Fontaine
Diese Illustration von 1910 stammt aus einer Ausgabe von »Cent Fables«, die Jean de La Fontaine im 17. Jahrhundert niederschrieb. Die Erzählung »Die Taube und die Ameise« war ursprünglich eine der Fabeln Aesops. Sie vermittelt, dass gute Taten belohnt werden.

Entomologinnen und Entomologen wissen, wie faszinierend Insekten sind, aber viele andere Menschen sind erst dabei, dies zu entdecken.

SICH FÜR INSEKTEN EINSETZEN

FAKTEN UND BERICHTE Sie können das Interesse anderer Menschen wecken, indem Sie Beeindruckendes über Insekten erzählen. Faszinierend ist zum Beispiel, dass der Wissenschaft bisher mehr als eine Million Insektenarten bekannt sind. Auch Ungewöhnliches hinterlässt oft einen starken Eindruck. Wenn eine Blattlaus zur Welt kommt, wachsen in ihrem Leib bereits ihre Töchter heran, und die Lebensbedingungen der Mutter wirken sich direkt auf die nächste Generation aus. Aussagekräftige Bilder machen solche Berichte lebendiger, wie Aufnahmen der jungen Blattläuse im Körper der Mutter in starker Vergrößerung. Auch Posts in den sozialen Medien können das Interesse für Insekten wecken.

AKTIVITÄTEN Lebende Insekten sind für Menschen jeden Alters faszinierend, egal, wie viel sie bereits über Insekten wissen. Man kann die Tiere in einem Terrarium zeigen oder in die Hand nehmen, um sie zu präsentieren. Auch präparierte Insekten können deutlich machen, wie vielfältig diese Tiergruppe ist. Besonders spannend sind solche Arten, mit denen Menschen eindrückliche Erfahrungen machen, wie Bienen und Schmetterlinge, Bettwanzen und Mücken. Sie können das Thema anschaulich vermitteln, wie z. B. mit einem Insektenmodell aus Pappröhren (Körper) und Strohhalmen (Beine und Fühler).

BLEIBENDE ERINNERUNGEN Das Ziel ist es immer, bleibende Erinnerungen zu schaffen. Ein spannendes Erlebnis wird meistens weitererzählt. Manche Menschen ändern daraufhin ihre Meinung über Insekten, begegnen ihnen künftig anders und setzen sich für ihren Schutz ein.

Gemeiner Grashüpfer
(*Pseudochorthippus parallelus*)
Einige Heuschrecken weisen eine Genmutation auf, die als Erythrismus bezeichnet wird. Sie verleiht ihnen eine rosa Färbung.

GLOSSAR

Abdomen auch Hinterleib; der hinterste Abschnitt des Insektenkörpers, in dem sich u. a. die Verdauungs- und Fortpflanzungsorgane befinden.

adult Ausgewachsen; Insekten treten nach der letzten Häutung in diese Lebensphase ein und sind dann geschlechtsreif.

Arthropode *Siehe* Gliederfüßer

Außenskelett Die robuste äußere Bedeckung, die dem Insektenkörper Festigkeit und Struktur verleiht und die inneren Organe schützt. Das Außenskelett der Insekten besteht aus Chitin.

Biodiversität Die Vielfalt der Lebewesen und ihre Interaktionen.

biologische Schädlingsbekämpfung Schädlinge ohne den Einsatz chemischer Pestizide dezimieren, beispielsweise indem man ihre natürlichen Feinde freilässt, wie räuberische Insekten oder Parasitoide.

Citizen Science Freiwillige werden bei Citizen-Science-Projekten zur Erfassung von Arten beteiligt und steuern Daten bei, die anschließend von Forschenden ausgewertet werden.

Clypeus Die harte Platte vorn am Kopf des Insekts unterhalb der Stirn (Frons) und über dem Labrum.

Detrivoren Diese Zersetzer ernähren sich von toten oder verrottenden organischen Stoffen (Detritus), die sie aufnehmen und verdauen.

Diapause Eine Periode, in der die Entwicklung eingestellt wurde und in der sich das Tier nicht fortpflanzt.

Domatien Diese Strukturen bilden einige Pflanzen aus, um Insekten oder anderen Gliederfüßern, mit denen sie in Symbiose leben, ein Nest und eine geeignete Umgebung bereitzustellen.

ektotherm Ein Tier, das seine Körpertemperatur nicht regulieren kann und darauf angewiesen ist, Wärme aus seiner Umgebung aufzunehmen.

Elytren *Siehe* Flügeldecken.

Entomologie Der Zweig der Wissenschaft, der sich mit der Erforschung von Insekten beschäftigt.

Eusozialität Eine spezielle Form des Sozialverhaltens, bei der es in der Kolonie eine Arbeitsteilung gibt. Die Individuen sind nicht in der Lage, über längere Zeit allein zu überleben.

Flagellum Ein faden- oder geißelartiger Fortsatz, mit dem sich eine Zelle Antrieb verschafft.

Flügeldecken Auch Elytren; die vorderen Flügel sind bei einigen Insektengruppen, wie Käfern und Ohrwürmern, zu harten Gebilden umgewandelt, die die empfindlichen hinteren Flügel schützen.

Frons Die harte Platte in der Mitte des Insektenkopfs zwischen den Augen und über dem Clypeus.

Galea Teil der Mundwerkzeuge, der bei einigen Insekten ausgebildet ist. Die Galea oder äußere Kaulade befindet sich an der Außenseite der Maxille.

Galle Eine Gewebewucherung, die ein Insekt oder ein anderes Lebewesen verursacht hat und in der sich die Larve entwickelt.

Ganglien Ansammlungen von Nervenzellkörpern, die bei Insekten Teile des Nervensystems sind.

Generalist Eine Art, die vielfältige Ressourcen wie z. B. verschiedene Nahrungsquellen oder Nistmöglichkeiten nutzt und in unterschiedlichen Lebensräumen vorkommt.

Gliederfüßer Auch Arthropode; ein wirbelloses Tier mit einem gegliederten Körper und gegliederten Beinen, das sein Außenskelett regelmäßig häutet. Zur Gruppe gehören u. a. die Insekten, Krebstiere und Spinnentiere.

Gongylidien Verdickungen der Hyphen von Pilzen, die von bestimmten Ameisenarten kultiviert werden.

Halteren Auch Schwingkölbchen. Bei den Mitgliedern der Ordnung Diptera (Zweiflügler) sind die hinteren Flügel zu keulenförmigen Organen umgebildet, die den Flug stabilisieren und als Sinnesorgane dienen.

Hämolymphe So bezeichnet man die Blutflüssigkeit von Insekten und anderen wirbellosen Tieren.

häuten Wirbellose Tiere werfen ihr Außenskelett zwischen zwei Entwicklungsstadien ab und ersetzen es durch ein größeres.

invasive Art Eine nicht einheimische Art, die sich in einer fremden Region stark ausbreitet und sich negativ auf die einheimische Biodiversität und die Ökosysteme auswirkt. Manche invasive Arten können auch Menschen Probleme bereiten.

Kutikula Die Körperbedeckung eines Insekts; sie besteht vor allem aus Chitin, Wachsen und Proteinen, die die Zellen der Epidermis abscheiden.

Labrum Die harte Platte, die die »Oberlippe« der Mundwerkzeuge eines Insekts bildet. Sie befindet sich unter dem Clypeus.

Lacinia Ein Teil der Mundwerkzeuge, der bei einigen Insekten ausgebildet ist. Die Lacinia oder innere Kaulade befindet sich an der Innenseite der Maxille.

Larve So bezeichnet man alle Stadien eines Insekts mit vollständiger

Metamorphose, bevor es sich zum adulten Insekt entwickelt.
lebendgebärend Arten, die Eier legen, statt weit entwickelte Junge zur Welt zu bringen, bezeichnet man als lebendgebärend oder vivipar.
Luciferasen Enzyme, die die Oxidation des chemischen Stoffs Luciferin beschleunigen. Dabei wird Licht freigesetzt, sodass Glühwürmchen und andere Insekten leuchten.
Mandibeln Die paarigen Mundwerkzeuge einiger Insekten und anderer Gliederfüßer, die den Kiefern entsprechen. Sie werden zum Schneiden, Beißen und Greifen eingesetzt und bewegen sich dabei zu den Seiten.
Maxillen Paarige und sehr bewegliche Mundwerkzeuge der Insekten und einiger anderer Gliederfüßer, die sich hinter und unter den Mandibeln befinden. Einige setzen sie wie Pinzetten bei der Aufnahme der Nahrung ein. Bei anderen sind sie zu spitzen oder röhrenförmigen Mundwerkzeugen umgebildet. Mit ihnen können diese Insekten in Gewebe eindringen und Flüssigkeiten aufsaugen.
Mikroorganismus Ein winziges Lebewesen, das aus einer oder mehreren Zellen besteht. Bakterien, Protozoen und kleine Pilze sind z. B. Mikroorganismen.
Mutualismus Wenn zwei verschiedene Arten lange Zeit zusammenleben, sodass die Lebensgemeinschaft für beide Arten vorteilhaft ist.
Nymphen So nennt man die Jugendstadien von Insekten, die eine unvollständige Metamorphose durchlaufen, wie bei Libellen und Heuschrecken.
Ökosystem Eine Gemeinschaft von Arten, die miteinander interagieren, und ihre physikalische Umgebung bilden ein komplexes System.
Ovipositor Auch Legeröhre. Dieser Eilegeapparat ist bei den Weibchen einiger Insektengruppen ausgebildet, wie z. B. bei Pflanzenwespen und Heuschrecken.
Pedicellus Das zweite Segment des Fühlers eines Insekts, das sich über dem Scapus befindet.
Petiolus Ein schmaler, stielartiger Abschnitt des Hinterleibs, der bei Hautflüglern mit Wespentaille (Ameisen und vielen Wespen) ausgebildet ist. Er verbindet die Brust mit dem Hinterleib.
Pronotum Eine plattenartige Struktur, die bei einigen Insektenarten (wie bei Käfern, Wanzen, Schaben und Heuschrecken) die Brust teilweise oder völlig bedeckt. Es handelt sich um den oberen Teil des ersten Brustabschnitts.
Puppe Das Stadium, in dem sich bei Insekten mit vollständiger Metamorphose die Larve in das adulte Insekt verwandelt.
Resilin Ein Protein, das in der Kutikula von Insekten und anderen Gliederfüßern vorkommt, vor allem in den Gelenken und Flügeln.
Rostrum Bei einigen Insekten ist der Kopf schnabel- oder rüsselartig verlängert und bildet ein Rostrum.
Scapus Das erste, basale Segment des Fühlers eines Insekts, das am Kopf ansetzt.
Siphonen Blattläuse besitzen diese meist röhrenförmigen, nach hinten weisenden Organe. Sie befinden sich am Ende des Hinterleibs und sind bei einigen Arten zu einer Pore reduziert.
Sommerruhe Ein Ruhezustand, in den ein Tier im Sommer oder während einer Trockenzeit eintritt. Er ähnelt der Winterruhe; die Stoffwechselrate ist niedrig und das Tier ist inaktiv.
Spezialist Eine Art, die sich nur von spezieller Nahrung ernährt oder nur in einem speziellen Lebensraum vorkommt.
Stadium Ein Entwicklungsstadium zwischen zwei Häutungen. Insekten durchlaufen mehrere Stadien, bis sie adult und fortpflanzungsfähig sind.
Stigmen Diese Poren am Körper von Insekten sind Öffnungen, über die das Atemsystem mit der umgebenden Luft in Verbindung steht.
stridulieren Wenn ein Insekt Körperteile wie Beine oder Flügel gegeneinander reibt, sodass ein Geräusch entsteht.
Symbiose Zwei verschiedene Arten, die über lange Zeit gemeinsam leben. Das Verhältnis kann parasitisch, mutualistisch oder kommensalisch sein.
Taxonomie Der Zweig der Wissenschaft, der sich mit der Klassifikation, Benennung und Beschreibung von Arten beschäftigt.
Tentorien Netzartige, stützende Strukturen im Inneren des Insektenkopfs.
Thermoregulation Die Fähigkeit einer Tierart, eine bestimmte Körpertemperatur aufrechtzuerhalten, obwohl die Temperatur der Umgebung höher oder niedriger ist.
Thorax Auch Brust; der zweite Abschnitt des Insektenkörpers zwischen dem Kopf und dem Hinterleib oder Abdomen. An ihm setzen die Beine und Flügel an.
Tracheen Das Atmungssystem der Insekten besteht aus einem Netzwerk dieser winzigen Röhren, die den gesamten Körper durchziehen.
Trilobiten Eine Gruppe ausgestorbener Arthropoden, deren Fossilien erhalten sind. Trilobiten lebten im Paläozoikum in den Meeren. Ihr Körper war in drei Abschnitte unterteilt.
Troglobit Eine Art, die in einem unterirdischen Lebensraum wie in einer Höhle vorkommt.
Verbreitungsgebiet Das gesamte Gebiet, in dem eine bestimmte Art vorkommt.
Vertex Auch Scheitel. Die harten Platten oben am Kopf eines Insekts.

QUELLEN

S. 14–15 Gullan, P. J. and Cranston, P. S. (2005) *The insects An outline of entomology*. 3rd edn. Oxford: Blackwell Publishing.

Hillyer, J. F. and Pass, G. (2020) 'The insect circulatory system: Structure, function, and evolution', *Annual Review of Entomology*, 65 (1), S. 121–143. doi:10.1146/annurev-ento-011019-025003.

S. 22–23 Bennet-Clark, H. C. (1971) 'Acoustics of insect song', *Nature*, 234 (5327), S. 255–259. doi:10.1038/234255a0.

Bailey, W. J. (1993) 'The tettigoniid (Orthoptera : Tettigoniidae) ear: Multiple functions and structural diversity', *International Journal of Insect Morphology and Embryology*, 22 (2–4), S. 185–205. doi:10.1016/0020-7322(93)90009-p.

Montealegre-Z., F. *et al.* (2012) 'Convergent evolution between insect and mammalian audition', *Science*, 338(6109), S. 968–971. doi:10.1126/science.1225271.

Woodrow, C. and Montealegre-Z, F. (2023) 'Auditory system biophysics in a new species of false-leaf katydid (Tettigoniidae: Pseudophyllinae) supports a hypothesis of broadband ultrasound reception', *Zoologischer Anzeiger*, 304, S. 94–104. doi:10.1016/j.jcz.2023.04.002.

Warren, B. and Nowotny, M. (2021) 'Bridging the gap between mammal and insect ears – a comparative and evolutionary view of sound-reception', *Frontiers in Ecology and Evolution*, 9. doi:10.3389/fevo.2021.667218.

S. 34–35 Gilbert, F. (2005) 'The evolution of imperfect mimicry.', in *Insect Evolutionary Ecology*. Wallingford: CABI Publishing, S. 231–288.

Chatelain, P. *et al.* (2023) 'Müllerian mimicry among bees and wasps: A review of current knowledge and future avenues of research', *Biological Reviews*, 98(4), S. 1310–1328. doi:10.1111/brv.12955.

S. 36–37 *Firefly Species Checklist of the USA and Canada (2022) Firefly Atlas*. Available at: **https://www.fireflyatlas.org/firefly-species/firefly-species-checklist**

S. 42–43 Goldsworthy, G.J. and Wheeler, C.H. (2018) *Insect flight*. Boca Raton, FL: CRC Press.

Woiwood, I., Reynolds, D.R. and Thomas, C.D. (2001) *Insect movement: Mechanisms and consequences: Proceedings of the Royal Entomological Society's 20th symposium*. New York: CABI Pub.

S. 48–49 Schultheiss, P. *et al.* (2022) 'The abundance, biomass, and distribution of ants on Earth', *Proceedings of the National Academy of Sciences*, 119(40). doi:10.1073/pnas.2201550119.

S. 54–55 Wcislo, W. and Fewell, J.H. (2017) 'Sociality in Bees', in *Comparative Social Evolution*. Cambridge: Cambridge University Press, S. 50–83.

Roubik, D.W. (2012) 'Ecology and Social Organisation of Bees', *Encyclopedia of Life Sciences*. doi:10.1002/9780470015902.a0023596.

S. 56–57 Bochynek, T. *et al.* (2021) 'Anatomy of a superorganism - structure and growth dynamics of army ant bivouacs', *arXiv, Cornell University*. Available at: **https://arxiv.org/abs/2110.09017v1**

Mujinya, B. B. *et al.* (2014) 'Spatial patterns and morphology of termite (Macrotermes Falciger) mounds in the Upper Katanga, D.R. Congo', *Catena*, 114, S. 97–106. doi:10.1016/j.catena.2013.10.013.

Joseph, G. S. *et al.* (2015) 'Termite Mounds mitigate against 50 years of herbivore-induced reduction of functional diversity of savanna woody plants', *Landscape Ecology*, 30(10), S. 2161–2174. doi:10.1007/s10980-015-0238-9.

Joseph, G.S. *et al.* (2013) 'Escaping the flames: Large termitaria as refugia from fire in Miombo Woodland', *Landscape Ecology*, 28(8), S. 1505–1516. doi:10.1007/s10980-013-9897-6.

Hood, A.S. *et al.* (2020) 'Termite Mounds House a diversity of taxa in oil palm plantations irrespective of understory management', *Biotropica*, 52(2), S. 345–350. doi:10.1111/btp.12754.

Kalko, E. K., Ueberschaer, K. and Dechmann, D. (2006) 'Roost structure, modification, and availability in the white-throated round-eared bat, *Lophostoma Silvicolum* (Phyllostomidae) living in active termite nests', *Biotropica*, 38(3), S. 398–404. doi:10.1111/j.1744-7429.2006.00142.x.

Valdivia-Hoeflich, T., Vega Rivera, J.H. and Stoner, K.E. (2005) 'The citreoline trogon as an ecosystem engineer', *Biotropica*, 37(3), S. 465–467. doi:10.1111/j.1744-7429.2005.00062.x

Riley, J., Stimson, A.F. and Winch J.M. (1985) 'A review of Squamata ovipositing in ant and termite nests', *Herpetological Review*, 16(2), S. 38–43.

Kistner, D.H. (1969) 'The Biology of Termitophiles', in *Biology of Termites*. 1st edn. New York and London: Academic Press, S. 525–555.

Cai, C. *et al.* (2017) 'Early evolution of specialized termitophily in Cretaceous rove beetles', *Current Biology*, 27(8), S. 1229–1235. doi:10.1016/j.cub.2017.03.009.

S. 62–63 Ambele, C.F. *et al.* (2023) 'Managing insect services and disservices in Cocoa Agroforestry Systems', *Agroforestry Systems*, 97(6), S. 965–984. doi:10.1007/s10457-023-00839-x.

Anderson, C.N. and Grether, G.F. (2009) 'Interspecific aggression and character displacement of competitor recognition in hetaerina damselflies', *Proceedings of the Royal Society B: Biological Sciences*, 277(1681), S. 549–555. doi:10.1098/rspb.2009.1371.

Diby, L. *et al.* (2014) 'Cocoa Land Health Surveillance: An evidence-based approach to sustainable management of Cocoa landscapes in the Nawa region, South-West Côte d'Ivoire', *World Agroforestry Centre (ICRAF)*, 193.

Drury, J.P. and Grether, G.F. (2014) 'Interspecific aggression, not interspecific mating, drives character displacement in the wing coloration of male rubyspot damselflies (hetaerina)', *Proceedings of the Royal Society B: Biological Sciences*, 281(1796), 20141737. doi:10.1098/rspb.2014.1737.

Kastinger, C. and Weber, A. (2001) 'Bee-flies (bombylius spp., Bombyliidae, Diptera) and the pollination of flowers', *Flora*, 196(1), S. 3–25. doi:10.1016/s0367-2530(17)30015-4.

Nash, D.R. *et al.* (2008) 'A mosaic of chemical coevolution in a large blue butterfly', *Science*, 319(5859), S. 88–90. doi:10.1126/science.1149180.

S. 66–67 Danforth, B.N. *et al.* (2019) *The solitary bees: Biology, evolution, conservation*. Princeton, NJ: Princeton University Press.

S. 72–73 Bauer, T. (1981) 'Prey capture and structure of the visual space of an insect that hunts by sight on the litter layer (*notiophilus biguttatus* F., Carabidae, Coleoptera)', *Behavioral Ecology and Sociobiology*, 8(2), S. 91–97. doi:10.1007/bf00300820.

Hintzpeter, U. and Bauer, T. (1986) 'The antennal setal trap of the ground beetle *loricera pilicornis*: A specialization for feeding on collembola', *Journal of Zoology*, 208(4), S. 615–630. doi:10.1111/j.1469-7998.1986.tb01527.x.

Baulechner, D. *et al.* (2020) 'Convergent evolution of specialized generalists: Implications for phylogenetic and functional diversity of carabid feeding groups', *Ecology and Evolution*, 10(20), 11100. doi:10.1002/ece3.6746.

Digweed, S.C. (1994) 'Detection of mucus-producing prey by Carabus nemoralis Mueller and Scaphinotus marginatus Fischer (Coleoptera: Carabidae)'. *The Coleopterists' Bulletin*, 48(4), S. 361–369.

Konuma, J., Nagata, N. and Sota, T. (2010) 'Factors determining the direction of ecological specialization in snail-feeding carabid beetles', *Evolution*, 65(2), S. 408–418. doi:10.1111/j.1558-5646.2010.01150.x.

Kromp, B. (1999) 'Carabid beetles in sustainable agriculture: A review on pest control efficacy, cultivation impacts and enhancement', *Agriculture, Ecosystems & Environment*, 74(1–3), S. 187–228. doi:10.1016/s0167-8809(99)00037-7.

S. 74–75 Ninkovic, *V. et al.* (2013) 'Ladybird footprints induce aphid avoidance behavior', *Biological Control*, 65(1), S. 63–71. doi:10.1016/j.biocontrol.2012.07.003.

Roy, H.E. and Pell, J.K. (2000) 'Interactions between entomopathogenic fungi and other natural enemies: Implications for biological control', *Biocontrol Science and Technology*, 10(6), S. 737–752. doi:10.1080/09583150020011708.

S. 76–77 Strong, D.R., Lawton, J.H. and Southwood, R. (1984) *Insects on plants: Community patterns and Mechanisms*. Oxford: Blackwell Scientific Publications.

Bagchi, R. *et al.* (2014) 'Pathogens and insect herbivores drive rainforest plant diversity and composition', *Nature*, 506(7486), S. 85–88. doi:10.1038/nature12911.

S. 84–85 Morgan, T. *et al.* (2016) 'Floral Sonication is an innate behaviour in bumblebees that can be fine-tuned with experience in manipulating flowers', *Journal of Insect Behavior*, 29(2), S. 233–241. doi:10.1007/s10905-016-9553-5.

Alem, S. *et al.* (2016) 'Associative mechanisms allow for social learning and cultural transmission of string pulling in an insect', *PLOS Biology*, 14(10). doi:10.1371/journal.pbio.1002564.

Bridges, A.D. *et al.* (2023) 'Bumblebees acquire alternative puzzle-box solutions via Social Learning', *PLOS Biology*, 21(3). doi:10.1371/journal.pbio.3002019.

Barbier, Y. *Atlas Hymenoptera*. Available at: **www.atlashymenoptera.net/pagetaxon.aspx?tx_id=3042**

Raiol, R.L. *et al.* (2021) 'Specialist bee species are larger and less phylogenetically distinct than generalists in tropical plant–bee interaction networks', *Frontiers in Ecology and Evolution*, 9. doi:10.3389/fevo.2021.699649.

Schmid-Hempel, P. *et al.* (2007) 'Invasion success of the bumblebee, *Bombus terrestris*, despite a drastic genetic bottleneck', *Heredity*, 99(4), S. 414–422. doi:10.1038/sj.hdy.6801017.

Tang, Q. *et al.* (2018) 'Global spread of the German cockroach, Blattella Germanica', *Biological Invasions*, 21(3), S. 693–707. doi:10.1007/s10530-018-1865-2.

Ali, J.G. and Agrawal, A.A. (2012) 'Specialist versus generalist insect herbivores and plant defense', *Trends in Plant Science*, 17(5), S. 293–302. doi:10.1016/j.tplants.2012.02.006.

Tosh, C.R., Powell, G. and Hardie, J. (2003) 'Decision making by generalist and specialist aphids with the same genotype', *Journal of Insect Physiology*, 49(7), S. 659–669. doi:10.1016/s0022-1910(03)00066-0.

Fericean, L.M. *et al.* (2012) 'The behaviour, life cycle and biometrical measurements of Aphis fabae.' *Research Journal of Agricultural Science*, 44(4), S. 31-37.

S. 90–91 Reeves, W.K. and Lloyd, J.E. (2019) 'Louse flies, Keds, and bat flies (hippoboscoidea)', *Medical and Veterinary Entomology*, S. 421–438. doi:10.1016/b978-0-12-814043-7.00020-0.

Small, R.W. (2005) 'A review of Melophagus Ovinus (L.), the Sheep Ked', *Veterinary Parasitology*, 130(1–2), S. 141–155. doi:10.1016/j.vetpar.2005.03.005.

Barton, S., Virgo, J. and Krenn, H.W. (2023) 'The mouthparts of female blood-feeding frog-biting midges (Corethrellidae, Diptera)', *Insects*, 14(5), S. 461. doi:10.3390/insects14050461.

Ambrozio-Assis, A. *et al.* (2018) 'Preferences for anuran calls in hematophagous corethrellids (Diptera: Corethrellidae) from Southern Brazil', *Austral Entomology*, 58(3), S. 622–628. doi:10.1111/aen.12376.

Onmaz, A.C. *et al.* (2012) 'Vectors and vector-borne diseases of horses', *Veterinary Research Communications*, 37(1), S. 65–81. doi:10.1007/s11259-012-9537-7.

Ashworth, M., Falk, S. and Clements, D.K. (2023) 'The genome sequence of the thick-headed fly, *myopa tessellatipennis* (motschulsky, 1859)', *Wellcome Open Research*, 8, S. 115. doi:10.12688/wellcomeopenres.19108.1.

S. 98–99 https://www.english-heritage.org.uk/learn/conservation/clothes-moth-research/understanding-clothes-moths/

S. 102–103 Wilson, E.O. (1987) 'The little things that run the world* (the importance and conservation of invertebrates)', *Conservation Biology*, 1(4), S. 344–346. doi:10.1111/j.1523-1739.1987.tb00055.x.

Hance, J. (2011) 'The value of the little guy, an interview with Tyler Prize-winning entomologist May Berenbaum', *Mongabay*, 6 April. Available at: **https://news.mongabay.com/2011/04/the-value-of-the-little-guy-an-interview-with-tyler-prize-winning-entomologist-may-berenbaum/**

S. 108–109 Basset, Y. *et al.* (2012) 'Arthropod diversity in a tropical forest', *Science*, 338(6113), S. 1481–1484. doi:10.1126/science.1226727.

Ellwood, M.D. and Foster, W.A. (2004) 'Doubling the estimate of invertebrate biomass in a rainforest canopy', *Nature*, 429(6991), S. 549–551. doi:10.1038/nature02560.

S. 112–113 *FAO Soils Portal: Facts and Figures, Food and Agriculture Organization of the United Nations.* Available at: **https://www.fao.org/soils-portal/soil-biodiversity/facts-and-figures/en/**

Orgiazzi, A. *et al.* (2016) *Global Soil Biodiversity atlas*. Luxembourg: European Commission, Publications Office of the European Union.

No Dig. Charles Dowding. Available at: **www.charlesdowding.co.uk/**

S. 122–123 *Mud-puddling* (2024) *Wikipedia*. Available at: **https://en.wikipedia.org/wiki/Mud-puddling**

Jones, C. (2024) Restoring 'ghost ponds', Farm Wildlife. Available at: **https://farmwildlife.info/2022/03/10/restoring-ghost-ponds/**

S. 124–125 Lambret, P., Cohez, D. and Janczak, A. (2009) '*Lestes macrostigma* (Eversmann, 1836) en Camargue et en Crau (Département des Bouches-du-Rhône) (Odonata, Zygoptera, Lestidae)', *Martinia*, 25(2), S. 51–65.

Martinou, A.F. and Roy, H.E. (2018) 'From local strategy to global frameworks: effects of invasive non-native species on health and well-being', in *Invasive Species and Human Health*. Wallingford: CABI Publishing, S. 11–22.

Martinou, A.F. *et al.* (2020) 'A call to arms: Setting the framework for a code of Practice for Mosquito Management in European wetlands', *Journal of Applied Ecology*, 57(6), S. 1012–1019. doi:10.1111/1365-2664.13631.

Encyclopedic Entry: Marsh. National Geographic | Education. Available at: **https://education.nationalgeographic.org/resource/marsh/**

Aedes detritus/Aedes coluzzii - current known distribution (*2023*) European Centre for Disease Prevention and Control and European Food Safety Authority. Available from: **https://ecdc.europa.eu/en/disease-vectors/surveillance-and-disease-data/mosquito-maps**

S. 126–127 Cheng, L. (1976) *Marine insects*. Amsterdam: North-Holland Pub. Co.

Cheng, L. (1977) 'The elusive sea bug Hermatobates (Heteroptera)', *Pan-Pacific Entomologist*, 53, S. 87–97.

Cheng, L. and Hashimoto, H. (1978) 'The marine midge pontomyia (Chironomidae) with a description of females of p.oceana tokunaga', *Systematic Entomology*, 3(3), S. 189–196. doi:10.1111/j.1365-3113.1978.tb00115.x.

Cheng, L. and Collins, J.D. (1980) 'Observations on behavior, emergence and reproduction of the Marine Midges Pontomyia (Diptera: Chironomidae)', *Marine Biology*, 58(1), S. 1–5. doi:10.1007/bf00386872.

Cheng, L. (2009) 'Marine insects', *Encyclopedia of Insects*, S. 600–604. doi:10.1016/b978-0-12-374144-8.00167-3.

Cheng, L. and Mishra, H. (2022) 'Why did only one genus of insects, halobates, take to the high seas?', *PLOS Biology*, 20(4). doi:10.1371/journal.pbio.3001570.

Huang, D. and Cheng, L. (2011) 'The flightless marine midge Pontomyia (Diptera: Chironomidae): Ecology, distribution, and Molecular Phylogeny', *Zoological Journal of the Linnean Society*, 162(2), S. 443–456. doi:10.1111/j.1096-3642.2010.00680.x.

S. 130–131 Baldock, K.C. *et al.* (2015) 'Where is the UK's pollinator biodiversity? the importance of urban areas for flower-visiting insects', *Proceedings of the Royal Society B: Biological Sciences*, 282(1803), S. 20142849. doi:10.1098/rspb.2014.2849.

Anderson, M., Rotheray, E.L. and Mathews, F. (2023) 'Marvellous moths! pollen deposition rate of bramble (*Rubus fruticosus* L. agg.) is Greater at night than day', *PLOS ONE*, 18(3). doi:10.1371/journal.pone.0281810.

Knop, E. *et al.* (2017) 'Artificial light at night as a new threat to pollination', *Nature*, 548(7666), S. 206–209. doi:10.1038/nature23288.

Boyes, D.H. *et al.* (2021) 'Street lighting has detrimental impacts on local insect populations', *Science Advances*, 7(35). doi:10.1126/sciadv.abi8322.

Macgregor, C.J. *et al.* (2016) 'The Dark Side of street lighting: Impacts on moths and evidence for the disruption of nocturnal pollen transport', *Global Change Biology*, 23(2), S. 697–707. doi:10.1111/gcb.13371.

Peach Blossom. Butterfly Conservation. Available at: **https://butterfly-conservation.org/moths/peach-blossom**

Red Mason Bee (*2022*) Bumblebee Conservation Trust. Available at: **https://www.bumblebeeconservation.org/redmasonbee/**

Red Mason Bee. The Wildlife Trusts. Available at: **https://www.wildlifetrusts.org/wildlife-explorer/invertebrates/bees-and-wasps/red-mason-bee**

Theodorou, P. *et al.* (2020) 'Urban areas as hotspots for bees and pollination but not a panacea for all insects', *Nature Communications*, 11(1). doi:10.1038/s41467-020-14496-6.

McKinney, M.L. (2008) 'Effects of urbanization on species richness: A review of plants and animals', *Urban Ecosystems*, 11(2), S. 161–176. doi:10.1007/s11252-007-0045-4.

Gardiner, M.M., Burkman, C.E. and Prajzner, S.P. (2013) 'The value of urban vacant land to support arthropod biodiversity and Ecosystem Services', *Environmental Entomology*, 42(6), S. 1123–1136. doi:10.1603/en12275.

Splitt, A. *et al.* (2021) 'Keep trees for bees: Pollen collection by *Osmia bicornis* along the urbanization gradient', *Urban Forestry & Urban Greening*, 64, S. 127250. doi:10.1016/j.ufug.2021.127250.

S. 132–133 Bartlett, J.C., Convey, P. and Hayward, S.A. (2020) 'Surviving the antarctic winter—life stage cold tolerance and ice entrapment survival in the invasive chironomid midge Eretmoptera Murphyi', *Insects*, 11(3), S. 147. doi:10.3390/insects11030147.

Hayward, S.A. *et al.* (2007) 'Slow dehydration promotes desiccation and freeze tolerance in the antarctic midge *belgica antarctica*', *Journal of Experimental Biology*, 210(5), S. 836–844. doi:10.1242/jeb.02714.

Kelley, J.L. *et al.* (2014) 'Compact genome of the antarctic midge is likely an adaptation to an extreme environment', *Nature Communications*, 5(1). doi:10.1038/ncomms5611.

Kozeretska, I. *et al.* (2021) '*belgica antarctica* (Diptera: Chironomidae): A natural model organism for extreme environments', *Insect Science*, 29(1), S. 2–20. doi:10.1111/1744-7917.12925.

Matthews, T.J. and Triantis, K. (2021) 'Island biogeography', *Current Biology*, 31(19), S. R1201-R1207. doi:10.1016/j.cub.2021.07.033.

Sugiura, S. (2010) 'Can Hawaiian carnivorous caterpillars attack invasive ants or vice versa?', *Nature Precedings* [Preprint]. doi:10.1038/npre.2010.5374.1.

Teets, N.M. and Denlinger, D.L. (2014) 'Surviving in a frozen desert: Environmental stress physiology of terrestrial Antarctic arthropods', *Journal of Experimental Biology*, 217(1), S. 84–93. doi:10.1242/jeb.089490.

S. 134–135 Hamilton, W.J. and Seely, M.K. (1976) 'Fog basking by the Namib Desert beetle, *Onymacris unguicularis*', *Nature*, 262(5566), S. 284–285. doi:10.1038/262284a0.

O'Donnell, M.J. (1977) 'Site of water vapor absorption in the desert cockroach, *arenivaga investigata*.', *Proceedings of the National Academy of Sciences*, 74(4), S. 1757–1760. doi:10.1073/pnas.74.4.1757.

Potter, K., Davidowitz, G. and Woods, H.A. (2009) 'Insect eggs protected from high temperatures by limited homeothermy of plant leaves', *Journal of Experimental Biology*, 212(21), S. 3448–3454. doi:10.1242/jeb.033365.

Smolka, J. *et al.* (2012) 'Dung beetles use their dung ball as a mobile thermal refuge', *Current Biology*, 22(20), S. R863-864. doi:10.1016/j.cub.2012.08.057.

Wehner, R., Marsh, A.C. and Wehner, S. (1992) 'Desert ants on a thermal tightrope', *Nature*, 357(6379), S. 586–587. doi:10.1038/357586a0.

S. 138–139 Culver, D.C. and Pipan, T. (2019) *The biology of caves and other subterranean habitats*. 2nd edn. Oxford: Oxford University Press.

Resh, V.H., Cardé, R.T. and Howarth, F.G. (2009) 'Cave Insects', in *Encyclopedia of insects*. Amsterdam: Elsevier/Academic Press, S. 139–143. doi:10.1016/b978-0-12-374144-8.00047-3

Mammola, S. (2018) 'Finding answers in the dark: Caves as models in Ecology Fifty Years after Poulson and white', *Ecography*, 42(7), S. 1331–1351. doi:10.1111/ecog.03905.

von Byern, J. *et al.* (2016) 'Characterization of the fishing lines in Titiwai (=arachnocampa Luminosa Skuse, 1890) from New Zealand and Australia', *PLOS ONE*, 11(12). doi:10.1371/journal.pone.0162687.

S. 147 Barber-James, H.M. *et al.* (2007) 'Global diversity of mayflies (Ephemeroptera, Insecta) in freshwater', *Hydrobiologia*, 595(1), S. 339–350. doi:10.1007/s10750-007-9028-y.

Brittain, J.E. and Sartori, M. (2003) 'Ephemeroptera', in *Encyclopedia of Insects*. Amsterdam: Academic Press, S. 373–380.

Elliott, J.M., Humpesch, U.H. and Macan, T.T. (2012) *Mayfly larvae (ephemeroptera) of Britain and Ireland Keys and a review of their ecology*. Ambleside, Cumbria: Freshwater Biological Association.

S. 150–151 Greenfield, M. (2012) 'Songs of Love, Orthoptera-style', *PLoS Biology*, 10(2). doi:10.1371/journal.pbio.1001275.

Bennet-Clark, H.C. and Bailey, W.J. (2002) 'Ticking of the clockwork cricket: The role of the Escapement Mechanism', *Journal of Experimental Biology*, 205(5), S. 613–625. doi:10.1242/jeb.205.5.613.

Sarria-S, F.A. *et al.* (2014) 'Shrinking wings for ultrasonic pitch production: Hyperintense ultra-short-wavelength calls in a new genus of Neotropical katydids (Orthoptera: Tettigoniidae)', *PLoS ONE*, 9(6). doi:10.1371/journal.pone.0098708.

Bennet-Clark, H.C. (1970) 'The mechanism and efficiency of sound production in mole crickets', *Journal of Experimental Biology*, 52(3), S. 619–652. doi:10.1242/jeb.52.3.619.

Davranoglou, L., Taylor, G.K. and Mortimer, B. (2023) 'Sexual selection and predation drive the repeated evolution of stridulation in heteroptera and other arthropods', *Biological Reviews*, 98(3), S. 942–981. doi:10.1111/brv.12938.

S. 154–155 Bian, X., Elgar, M.A. and Peters, R.A. (2015) 'The swaying behavior of *extatosoma tiaratum*: Motion camouflage in a stick insect?', *Behavioral Ecology*, 27(1), S. 83–92. doi:10.1093/beheco/arv125.

Brock, P.D. and Büscher, T.H. (2022) *Stick and leaf-insects of the world phasmids*. Verrieres le buisson, France: NAP Editions.

Freitas, S. *et al.* (2023) 'Evidence for cryptic sex in parthenogenetic stick insects of the genus timema', *Proceedings of the Royal Society B: Biological Sciences*, 290(2007). doi:10.1098/rspb.2023.0404.

Hennemann, F.H. and Conle, O.V. (2008) 'Revision of Oriental phasmatodea: The Tribe pharnaciiniGünther, 1953, including the description of the world's longest insect, and a survey of the family Phasmatidae Gray, 1835 with keys to the subfamilies and tribes (phasmatodea: "anareolatae": Phasmatidae)', *Zootaxa*, 1906(1), S. 1–316. doi:10.11646/zootaxa.1906.1.1.

Jaron, K.S. *et al.* (2022) 'Convergent consequences of parthenogenesis on stick insect genomes', *Science Advances*, 8(8). doi:10.1126/sciadv.abg3842.

Morgan-Richards, M., Langton-Myers, S.S. and Trewick, S.A. (2019) 'Loss and gain of sexual reproduction in the same stick insect', *Molecular Ecology*, 28(17), S. 3929–3941. doi:10.1111/mec.15203.

Vickery, V.R. (1993) 'Revision of *timema scudder* (PHASMATOPTERA: Timematodea) including three new species', *The Canadian Entomologist*, 125(4), S. 657–692. doi:10.4039/ent125657-4.

S. 164–165 Campbell, H. and Blanchard, B. (2023) *Ants: A Visual Guide*. Princeton, NJ: Princeton University Press.

van Noort, S. and Broad, G. (2024) *Wasps of the World: A Guide to Every Family*. Princeton, NJ: Princeton University Press.

Packer, L. (2023) *Bees of the World: A Guide to Every Family*. Princeton, NJ: Princeton University Press.

Sumner, S. (2022) *Endless Forms: Why We Should Love Wasps*. HarperCollins UK.

S. 172 Durden, L.A. and Hinkle, N.C. (2019) 'Fleas (Siphonaptera)', in *Medical and veterinary entomology*. Cambridge, MA: Academic Press, S. 145–169.

Krasnov, B.R. (2008) *Functional and evolutionary ecology of Fleas: A model for ecological parasitology*. Cambridge: Cambridge University Press. doi:10.1017/cbo9780511542688.

Griffiths, H.J. (1978) *A Handbook of Veterinary Parasitology: Domestic Animals of North America*. Minneapolis: University of Minnesota Press.

S. 180–181 Harrington, R. *et al.* (2012) 'The Rothamsted Insect Survey: old traps, new tricks', *Aspects of Applied Biology*, 117, S. 157–164.

S. 182–183 State of nature 2023 - report on the UK's current biodiversity (*2023*) *State of Nature. Available at*: **https://stateofnature.org.uk/**

van Klink, R. *et al.* (2022) 'Emerging technologies revolutionise insect ecology and monitoring', *Trends in Ecology & Evolution*, 37(10), S. 872–885. doi:10.1016/j.tree.2022.06.001.

Fit counts: Help us monitor pollinators. PoMS. Available at: **https://ukpoms.org.uk/fit-counts**

iNaturalist. Available at: **https://www.inaturalist.org/**

Powney, G.D. (2019) 'Widespread losses among pollinating insects in Britain', *UK Centre for Ecology & Hydrology*, 26 March. Available at: **https://www.ceh.ac.uk/news-and-media/news/widespread-losses-among-pollinating-insects-britain**

Powney, G.D. *et al.* (2019) 'Widespread losses of pollinating insects in Britain', *Nature Communications*, 10(1). doi:10.1038/s41467-019-08974-9.

S. 184–185 Erwin, T.L. (1983) 'Tropical Forest Canopies: The last biotic frontier', *Bulletin of the Entomological Society of America*, 29(1), S. 14–20. doi:10.1093/besa/29.1.14.

International Commission on Zoological Nomenclature (ICZN). Available at: **https://www.iczn.org/**

Linnæus, C. (1758) *Systema naturæ per regna tria naturæ, secundum classes, ordines, genera, species, cum characteribus, differentiis, synonymis, locis Vol 1.* Stockholm: Holmiae, Impensis Direct, Laurentii Salvii.

Tihelka, E. *et al.* (2021) 'The evolution of Insect Biodiversity', *Current Biology*, 31(19), S. R1299–R1311. doi:10.1016/j.cub.2021.08.057.

Ashworth, J. (2023) 'Insect trapped in amber reveals the evolutionary battles of ancient Europe', *Natural History Museum*, 13 November. Available at: **https://www.nhm.ac.uk/discover/news/2023/november/insect-trapped-amber-reveals-evolutionary-battles-ancient-europe.html**

S. 194–195 Lawton, J. et al. (2010) *Making Space for Nature: a review of England's wildlife sites and ecological network*. Report to the Department for Environment, Food and Rural Affairs (Defra). Available at: **https://webarchive.nationalarchives.gov.uk/ukgwa/20130402170324mp_/http://archive.defra.gov.uk/environment/biodiversity/documents/201009space-for-nature.pdf**

The state of the UK's butterflies: 2022 report (2022) *Butterfly Convervation*. Available at: **https://butterfly-conservation.org/sites/default/files/2023-01/State%of%UK%Butterflies%2022%Report.pdf**

S. 198–199 Roy, H. E. *et al.* (2024) 'IPBES Invasive Alien Species Assessment: Summary for Policymakers'. *Zenodo*. doi: 10.5281/zenodo.10521002.

S. 202–203 Brownbill, A. and Dutton, A. (2019) 'UK natural capital: urban accounts'. Office of National Statistics (ONS). Available at: **https://www.ons.gov.uk/economy/environmentalaccounts/bulletins/uknaturalcapital/urbanaccounts**

Salisbury, A. *et al.* (2015) 'Editor's choice: Enhancing gardens as habitats for flower-visiting aerial insects (pollinators): Should we plant native or exotic species?', *Journal of Applied Ecology*, 52(5), S. 1156–1164. doi:10.1111/1365-2664.12499.

Boyes, D.H. *et al.* (2020) 'Is light pollution driving moth population declines? A review of causal mechanisms across the life cycle', *Insect Conservation and Diversity*, 14(2), S. 167–187. doi:10.1111/icad.12447.

S. 204–205 Young, M.R. and Barbour, D.A. (2004) 'Conserving the new forest burnet moth (*Zygaena viciae* ([Denis and schiffermueller])) in Scotland; responses to grazing reduction and consequent vegetation changes', *Journal of Insect Conservation*, 8(2–3), S. 137–148. doi:10.1023/b:jico.0000045811.28261.d1.

The Great Fen. Available at: **https://www.greatfen.org.uk/**

The Wildlife Trust for Lancashire, Manchester and North Merseyside (2023) 'Rare manchester argus butterflies flourishing after reintroduction', *The Wildlife Trust*, 15 June. Available at: **https://www.lancswt.org.uk/news/rare-manchester-argus-butterflies-flourishing-after-reintroduction**

S. 228–229 Carlson, O. (2019) 'Microcosms: An examination of insects in 17th-century Dutch still lifes', *Scholarly Horizons: University of Minnesota, Morris Undergraduate Journal*, 6(2). doi:10.61366/2576-2176.1079.

S. 232–233 *How I learned to Stop Worrying and Love the Bug* (2019) Outside/In Radio, 24 October. Available at: **http://outsideinradio.org/transcript-how-i-learned-to-stop-worrying-and-love-the-bug**

REGISTER

I

J

K

L

T

U, V

W

Z

REGISTER DER ARTEN

ÜBER DIE AUTORINNEN UND AUTOREN

ASHLIE AKE ist Doktorandin der Veterinärbiomedizin an der Kansas State University. Sie interessiert sich sehr für Insekten und andere Arthropoden und hat bereits Bienen erforscht, Milben gesammelt und Käfer gezüchtet. Sie unterrichtet Zoologie und begeistert auch ihre Studierenden für die Entomologie.

LUCY ALFORD ist Dozentin für die Physiologie der Wirbellosen an der Universität Bristol. Sie interessiert sich für Ökophysiologie und Naturschutz. Ihre Forschung konzentriert sich auf das Zusammenspiel von Landschaft und Klima und deren Auswirkungen auf Insekten. Die Erkenntnisse sollen bei Landschaftspflege- und Naturschutzmaßnahmen nützliche Insekten fördern.

GUDBJORG INGA (GIA) ARADOTTIR ist Entomologin und seit 2020 Schatzmeisterin der Royal Entomological Society. Früher war sie als Wissenschaftlerin auf Insekten spezialisiert, die Schäden in der Landwirtschaft verursachen. Heute berät sie Start-ups, Wissenschaftsorganisationen und Regierungsbehörden.

SARAH ARNOLD forscht im Bereich der angewandten Entomologie bei NIAB, einer britischen Gartenbauorganisation. Sie untersucht das Verhalten und die Ökologie von Insekten, die im Gartenbau eine wichtige Rolle spielen, wie Schädlinge, räuberische Insekten und Bestäuber und deren Rolle in den Ökosystemen.

GAIL ASHTON ist Naturfotografin, Autorin und Illustratorin und hat sich auf Insekten spezialisiert. Sie spricht unaufhörlich über Insekten, schreibt Bücher und Artikel über sie und fotografiert für die RSPB. Gail setzt sich für den Schutz seltener Insektenarten und ihrer Lebensräume im Vereinigten Königreich ein. Der Tatzenkäfer gehört zu ihren Lieblingsinsekten.

DIMITRIOS N. AVTZIS ist Forschungsleiter im Fachbereich Forstentomologie am Institut für Waldforschung der Hellenic Agricultural Organization Demeter in Griechenland. Nach zwei Jahrzehnten, vielen Manuskripten und unvergesslichen Momenten begeistert er sich immer noch für die sechsbeinigen Wunder der Evolution.

JENNIFER BANFIELD-ZANIN koordiniert die Redaktion der Royal Entomological Society und ist für Bücher und Fachzeitschriften der Gesellschaft zuständig. Als Entomologin hat sie ihren Doktortitel am Imperial College in London erworben und war in der angewandten Forschung tätig. Sie erforscht v. a. die Interaktionen von Insekten und Pflanzen und die Dynamik von Schädlingspopulationen.

HELEN BARBER-JAMES ist leitende Kuratorin bei den National Museums Northern Ireland. Ihr Forschungsschwerpunkt sind Insekten der Süßwasserökosysteme. Zuvor leitete sie die Abteilung für Wirbellose der Süßgewässer im Albany Museum in Grahamstown, Südafrika. 2022 zog sie ins Vereinigte Königreich.

MEGHAN BARRETT ist Assistant Professor für Biologie an der Indiana University und Direktorin der Insect Welfare Research Society. Sie hat mehr als 30 Veröffentlichungen zur Neurologie und Physiologie der Insekten sowie zu ethischen Aspekten in der Entomologie verfasst.

MAX BLAKE ist Leiter der Abteilung Entomologie bei Forest Research, der Forschungsagentur der Forestry Commission. Max leitet ein Team von 30 Entomologinnen und Doktoranden, die in der Beratung und Diagnostik, dem Erstellen politischer Richtlinien und der praktischen Forschung für die DEFRA, die Forestry Commission und die dezentralen Verwaltungen tätig sind.

OCTAVIA BRAYLEY ist Postdoktorandin an der Universität Birmingham und der British Antarctic Survey und untersucht die ökologischen Auswirkungen einer invasiven Insektenart in der Antarktis. Octavia ist außerdem Teilzeit-Tutorin, STEM-Botschafterin, Schulbeirätin und Co-Leiterin für Bildung und Öffentlichkeitsarbeit beim UK Polar Network.

JOANNA BREBNER ist Entomologin und begeistert sich für alle Arthropoden. Sie hat den größten Teil ihrer Karriere damit verbracht, Bienen zu beobachten. Sie ist Postdoktorandin der Fyssen Foundation im BeeAntCe-Team an der Universität Paul Sabatier, Toulouse III (Frankreich). Zuvor promovierte sie bei Professor Chittka an der Queen Mary University in London.

HEATHER CAMPBELL ist Dozentin für Entomologie an der Harper Adams University. Für National Geographic ging sie auf Reisen, und sie war an Forschungsprojekten zur Biodiversität und Ökologie der Insekten beteiligt. Sie ist auf soziale Insekten spezialisiert und hat mehrere Bücher geschrieben, u. a. *Ants: A Visual Guide* und *30-Second Ecology*.

LANNA CHENG ist Herausgeberin des einzigen Fachbuchs über Meeresinsekten, das 1976 veröffentlicht wurde. Sie ist wahrscheinlich die weltweit führende Expertin für *Halobates*, die einzige bekannte Insektengattung, die auf dem offenen Meer vorkommt.

ANDREW CHICK ist Lektor an der University of Cumbria, wo er Entomologie für Zoologie- und Forensik-Studierende unterrichtet. Er wurde von der Linnean Society of London mit dem Trail-Crisp Award für seine Arbeit zu Präpariertechniken ausgezeichnet.

CLAIRE CRESSWELL ist Dozentin für Wildtierökologie, Naturschutz und Landwirtschaft am University Centre Sparsholt. Sie leitet außerdem die Cresswell Wildlife Consultancy, die Insekten überwacht und erforscht. Claire interessiert sich für die Interaktionen von Insekten mit Wiesenpflanzen.

JORDAN CUFF ist Entomologe und auf molekulare Ökologie spezialisiert. Er erforscht die Ökologie von Insekten und anderen Wirbellosen anhand ihrer DNA und anderer Moleküle. Besonders interessiert ist er an den Interaktionen von räuberischen Wirbellosen mit ihrer Beute.

DARRON A. CULLEN ist Dozent für Biologische Wissenschaften an der Universität Hull, wo er Zoologie, Genetik und Verhaltensbiologie unterrichtet. Er erforscht die molekulare und physiologische Steuerung des Verhaltens, insbesondere bei Heuschrecken, Grillen und Gottesanbeterinnen. Darron ist Mitglied der Royal Entomological Society.

BRÓNAGH D'ARCY COBAIN ist Ökologin und lebt in Edinburgh, Schottland. Sie interessiert sich sehr für Entomologie, besonders für Verhaltensökologie und Naturschutz. Ihre Leidenschaft für Wirbellose entdeckte sie in ihrer Kindheit in Glasgow, wo sie bei ihrer Großmutter aufwuchs.

ELEANOR DRINKWATER ist Dozentin am Writtle University College. Früher erforschte sie das Verhalten von Wirbellosen. Derzeit konzentriert sich ihre Forschung auf die kommerzielle Zucht wirbelloser Tiere und auf die öffentliche Wahrnehmung der Zucht von Wirbellosen als Lebensmittel und Tierfutter.

HELMUT VAN EMDEN ist emeritierter Professor für Gartenbau an der Universität Reading, wo er 40 Jahre lang Entomologie in der Landwirtschaft unterrichtete. Er war in 27 Ländern tätig. Zu seinen 240 Veröffentlichungen gehören 13 Bücher, darunter das *Handbook of Agricultural Entomology* (2013).

MICHAEL S. ENGEL ist eine Autorität auf dem Gebiet lebender und fossiler Insekten und verfügt über Fachwissen zur Evolution von Bienen und Termiten. Er ist der Autor von *Innumerable Insects* (2018) und Mitautor von *Evolution of the Insects* (2005).

MARION ENGLAND ist Stipendiatin am Pirbright Institute im Fachbereich der Ökologie von Vektoren. Hier leitet sie Projekte zur Erforschung von Insekten, die Krankheiten auf Tiere und Menschen übertragen (insbesondere Stechmücken). Ihre Arbeit konzentriert sich auf die Ökologie und die Verhaltensweisen sowie auf die Auswirkungen des Klimawandels auf die Verbreitung von Krankheiten.

SEELAVARN GANESHAN hat einen PhD in Angewandter Entomologie der University of London. Er verfügt über 40-jährige Erfahrung im Management von Schädlingen an Zuckerrohr, Kartoffeln, Tomaten, Mais und anderen Nutzpflanzen in mehreren Ländern. Er engagiert sich leidenschaftlich für biologischen Pflanzenschutz und biologische Schädlingsbekämpfung.

BEULAH GARNER ist Entomologin und auf die Klassifikation und Evolution der Käfer (Coleoptera) spezialisiert. Sie hat in abgelegenen tropischen Regionen gearbeitet, um ihre faszinierende Vielfalt zu erforschen und neue Arten zu entdecken. Sie möchte die Entomologie fördern und kommunizieren und Insekten und ihre Lebensräume schützen.

DION GARRETT ist Entomologe bei Rothamsted Research und verfügt über Fachwissen zur Biologie der Insekten und ihrer Bestimmung, zu molekularen Techniken und zum biologischen Pflanzenschutz. Er ist fasziniert von der Natur und setzt sich dafür ein, sie zu bewahren. Sein Lieblingsinsekt ist seit seiner Kindheit der Gelbrandkäfer.

FRANCIS GILBERT war während seiner gesamten Karriere an der Universität Nottingham tätig und arbeitet hauptsächlich (aber nicht ausschließlich) mit Insekten. Sein Schwerpunkt ist die Evolutionsbiologie der Schwebfliegen (Syrphidae).

ALEXIS GKANTIRAGAS ist Doktorand an der Queen Mary University in London und erforscht die Molekularbiologie von Hummeln. Er ist an mehreren wissenschaftlichen Veröffentlichungen, Beiträgen und Flash Fiction beteiligt und seine Arbeit wurde unter anderem in den Magazinen *FastCompany* und *TechXplore* vorgestellt.

H. CHARLES J. GODFRAY ist Direktor der Oxford Martin School und ehemaliger Professor für Entomologie an der Universität Oxford. Er ist Populationsbiologe und arbeitet in der Grundlagenforschung und der angewandten Forschung. Besonders interessiert er sich für parasitoide Wespenarten und ihre Naturgeschichte.

JIM HARDIE ist emeritierter Professor am Imperial College in London und Ökophysiologe mit einer Vorliebe für Blattläuse und Fliegenmaden. Jim ist seit über 40 Jahren Mitglied der Royal Entomological Society und war auch ihr Präsident. Derzeit ist er für die Gesellschaft als Entomologe tätig.

RICHARD HARRINGTON erforschte in Zusammenarbeit mit der Rothamsted Insect Survey die Faktoren, die die Populationen von Blattläusen beeinflussen, um Vorhersagen über Schädlingsbefall machen zu können, sodass Bekämpfungsmaßnahmen nur bei Bedarf durchgeführt werden. Er ist Ehrenmitglied der Royal Entomological Society und hat in vielen ihrer Ausschüsse mitgewirkt.

ADAM HART ist Entomologe und Ökologe mit einem besonderen Interesse an sozialen Insekten und Naturschutz. Er ist Professor für Wissenschaftskommunikation an der Universität Gloucestershire, wo er die Forschung und Lehre mit Wissenschaftskommunikation verbindet. Er tritt im Rundfunk auf und schreibt für ein breites Publikum.

WILL HAWKES erforscht in Nordwales Insektenwanderungen. Er verbrachte seine Kindheit damit, Insekten zu jagen, und daran hat sich bis heute nichts geändert. Seine Zeit verbringt er damit, ins Gebirge oder auf abgelegene Inseln zu reisen, um wandernde Insekten zu erforschen und anderen Menschen von ihren bemerkenswerten Reisen zu berichten.

SIMON HELLEMANS ist Belgier und leidenschaftlicher Entomologe. Er unterrichtete die Interaktionen von Pflanzen und Insekten und war an Sammelexkursionen in tropischen Ökosystemen beteiligt. Er kombiniert klassische ökologische Methoden und Next-Generation-Sequencing und erforscht hauptsächlich die Evolutionsgeschichte der Termiten, ihre Symbiosen mit Mikroorganismen und ihre Fortpflanzungsstrategien.

DIANA AMEYALLI (AME) HERNÁNDEZ MÁRQUEZ ist von Insekten fasziniert, besonders von Bienen. Sie hat sie in Mexiko und Europa erforscht und sich während ihres Masterstudiums in evolutionärer Ökologie und Verhaltensökologie auf die Auswirkungen des Klimawandels auf das Verhalten der Bienen konzentriert. Sie hofft, sich noch viele Jahre mit Bienen beschäftigen zu können.

THOMAS HESSELBERG ist Dozent an der Universität Oxford. Sein Forschungsschwerpunkt ist die Verhaltensökologie von Insekten und Spinnen, wobei er sich insbesondere auf Anpassungen von Radnetzspinnen an verschiedene Lebensräume konzentriert, wie Höhlen, Inseln und städtische Gebiete. Er ist Mitglied der Royal Entomological Society.

STEPHEN HIGGS forscht seit 1985 zu den Interaktionen von Mücken, Viren und Wirbeltieren und hat über 200 Publikationen dazu verfasst. Er erhielt die Harry Hoogstraal Medal für herausragende Leistungen in der medizinischen Entomologie und den Bial Award für bedeutende Veröffentlichungen über einen Zeitraum von zehn Jahren. Er ist Direktor des Biosecurity Research Institute.

WERNER E. HOLZINGER lebt in Graz in Österreich und beobachtet bereits sein Leben lang die Natur und die Tiere, besonders die Insekten. Seine Forschungsschwerpunkte sind Libellen, Zikaden und Blattläuse. Er ist Leiter von Oekoteam, einer Umweltberatung, und Professor an der Universität Graz, wo er Naturschutz unterrichtet.

AMELIA HOOD ist Ökologin und Sozialwissenschaftlerin. Sie hat über Ölpalmenplantagen in Indonesien promoviert, und dabei wurde ihre Faszination für soziale Insekten geweckt, besonders für Termiten. Derzeit ist sie Postdoktorandin an der Universität Reading.

DAEGAN INWARD ist Entomologe bei Forest Research (Forestry Commission). Er untersucht die Ökologie und die Auswirkungen von Insekten, die Schäden in Wäldern anrichten sowie deren Interaktionen mit Wirtsbäumen. Seine entomologische Laufbahn begann am Natural History Museum London, wo er die Biogeographie und Evolution von Mistkäfern und Termiten erforschte.

HAYLEY JONES ist leitende Entomologin bei der Royal Horticultural Society. Ihre Arbeit konzentriert sich darauf, Gärtnerinnen und Gärtner zur nachhaltigen und ökologischen Behandlung von Pflanzenkrankheiten zu beraten. Sie möchte alle inspirieren, die wirbellosen Tiere im Garten zu bewundern und zu schätzen. Hayleys Lieblingsinsekten sind Nachtfalter.

KELLY JOWETT ist Entomologin bei Rothamsted Research. Sie arbeitet mit Landwirten zusammen und berät zu nachhaltigen Bewirtschaftungsmethoden, bei denen nützliche Käferarten gefördert werden. Sie hat einen Hintergrund in Ökologie, Forstwirtschaft und Ernährungssicherung. Seit ihrer Kindheit interessiert sie sich besonders für Käfer, liebt aber alle wirbellosen Tiere.

TIFFANY KI erforscht die Biodiversität und die Reaktionen von Ökosystemen auf menschliche Einflüsse. Dabei möchte sie diese Dynamiken miteinander in Beziehung setzen, um herauszufinden, wie Bautätigkeiten und Naturschutz in Einklang gebracht werden können. Besonders fasziniert ist Tiffany von Insekten, entomologischen Sammlungen in Museen und deren Auswertung, um Veränderungen der Biodiversität zu verstehen und Naturschutzkonzepte entwickeln zu können.

MERI LÄHTEENARO ist seit ihrer Kindheit von Insekten fasziniert. Derzeit arbeitet sie an ihrer Promotion am Naturhistoriska Riksmuseet in Stockholm und erforscht die Systematik der Fächerflügler (*Stylops*). Zuvor hat Meri zur Erstellung der Roten Liste der Ordnung Strepsiptera in Finnland beigetragen.

PAUL LATHAM ist pensionierter Offizier der Heilsarmee. Er hat mehr als 20 Jahre in Afrika gearbeitet und dort vor allem Landwirte ausgebildet. Vor kurzer Zeit war er an einem Projekt zur Haltung von Bienen und essbaren Raupen in der Demokratischen Republik Kongo beteiligt. Nun lebt er mit seiner Frau in Schottland.

OWEN LEWIS ist Professor für Ökologie am Department of Biology der Universität Oxford. Er erforscht die Vielfalt der Insekten in verschiedenen Ökosystemen, insbesondere in tropischen Regenwäldern. Vor allem interessiert es ihn, wie Insektenpopulationen auf Umweltveränderungen reagieren und wie sich dies auf die Ökosystemdienstleistungen auswirkt.

SOPHIE MALLET ist Doktorandin an der Cardiff University. Bei ihrer Arbeit untersucht sie mit innovativen Methoden die Ökologie von Ameisen auf verschiedenen Kontinenten. Sophie hat 2021 einen Bachelor of Science am Imperial College London erworben und erforschte an der Universität Kopenhagen die mutualistischen Beziehungen von Pilzen und Blattschneiderameisen.

ANGELIKI F. (KELLY) MARTINOU ist leitende Entomologin der Joint Services Health Unit der British Forces Cyprus. Sie versucht zu verstehen, wie menschliche Einflüsse medizinisch relevante Insekten wie Mücken und nützliche Insektenarten beeinflussen.

TOM MASSEY gestaltet im Vereinigten Königreich und im Ausland preisgekrönte Gärten für Privatkunden und Firmen sowie für Festivals. Er bemüht sich dabei, mit der Natur zusammenzuarbeiten, um nachhaltige, ökologische und schön gestaltete Grünflächen zu schaffen, die Wildtieren Lebensräume bieten und die Biodiversität fördern.

DUANE MCKENNA ist Professor für Biologie im Department of Biological Sciences der University of Memphis (USA), wo er Gründungsdirektor des Center for Biodiversity Research ist. Er forscht im Bereich der Systematik, Genomik, Evolution und Biodiversität von Insekten. Sein Schwerpunkt sind Käfer und die Interaktionen von Insekten und Pflanzen.

LEIGH MCMAHON interessiert sich sehr für Naturgeschichte, insbesondere für die Entomologie. Sie ist Volontärin in der Abteilung für Diptera des Natural History Museum und macht ihren Master-Abschluss in Museum Studies. Leigh ist eine begeisterte Naturforscherin. Ihre Liebe zur Entomologie entdeckte sie, als sie in einem Museum in Paraguay arbeitete und Schmetterlinge erforschte.

SARAH MEREDITH ist Mitarbeiterin bei Naturschutzprojekten der Royal Entomological Society. Sie ist für die Durchführung von Naturschutzmaßnahmen zuständig. Sie hat bei vielen Projekten mitgearbeitet, einschließlich der Wiederansiedlung des Schwarzfleckigen Ameisenbläulings im Vereinigten Königreich. Sarah hat einen Master of Science in »Wildlife Management and Conservation« der Universität Reading. Ihr Schwerpunkt war das Kleine Wiesenvögelchen.

AMPARO MORA lebt und arbeitet seit 2002 als Biologin im spanischen Nationalpark Picos de Europa. Sie ist Mutter von zwei Kindern und schließt derzeit ihre Promotion zur Ökologie von Schmetterlingen ab. Amparo liebt Bücher und die Natur.

GAIA MORTIER ist Postdoktorandin an der Universität Reading und erforscht, welche Informationen Parasiten in Insektensammlungen liefern können, die unbeabsichtigt konserviert wurden. Sie setzt sich dafür ein, dass auch unscheinbare Insektenarten geschätzt werden, die zum Gleichgewicht der Natur beitragen.

MUSONDA MOSES ist Doktorand im Fachbereich Entomologie der Universität Sambia und Beauftragter der Royal Entomological Society. Er interessiert sich für die Verbreitung der Malariaerreger und die Entomologie und ist maßgeblich an der Forschung in diesen Bereichen beteiligt. Sein Ziel sind Verbesserungen in der öffentlichen Gesundheit.

IMOGEN NEWENS-HILL wurde im Norden Londons geboren. Sie ist im Chester Zoo für wirbellose Tiere und die Zucht bedrohter Arten in menschlicher Obhut zuständig. Zu ihren Qualifikationen gehören ein Master of Research in Entomologie der Universität Reading und ein Bachelor of Science in Zoologie der Universität Sheffield.

YAMNI NIGAM ist Professorin an der Swansea University und leitet die »Maggot Research Group«. Ihr Team hat Moleküle untersucht, die von Goldfliegenmaden (*Lucilia sericata*) ausgeschieden werden und bei Madentherapien eine Rolle spielen. Sie leitet das Projekt »Love a Maggot!«, das dem negativen Image von Maden entgegenwirken soll.

DARREN J. PARKER ist Evolutionsbiologe und an der Bangor University tätig. Er erforscht, wie sich verschiedene Fortpflanzungsstrategien von Insekten entwickeln, wie z. B. von Stabschrecken, Fliegen, Käfern und Grillen.

ROSE PEARSON ist Bibliothekarin und Archivarin der Royal Entomological Society. Sie hat am University College London einen Master-Abschluss in Bibliotheks- und Informationswissenschaften erworben und verfügt über eine zehnjährige Erfahrung in der Bibliotheksarbeit. Sie schreibt in *Antenna*, dem Magazin der Royal Entomological Society, über spezielle Bücher.

TOM POPE ist Dozent für Entomologie und Schädlingsmanagement an der Harper Adams University, einer führenden Universität für Landwirtschaft im Vereinigten Königreich. Als Mitglied der Royal Entomological Society konzentriert sich Dr. Pope in seiner Forschung auf die Entwicklung und Umsetzung nachhaltiger Pflanzenschutzmethoden.

MARK RAMSDEN ist Entomologe und auf das ganzheitliche Management von Wirbellosen in der Landwirtschaft spezialisiert. Er beschäftigte sich in seiner Promotion mit der Förderung von Insekten, die für Nutzpflanzen wichtig sind. Mark arbeitet mit landwirtschaftlichen Netzwerken zusammen, um Schädlinge möglichst nachhaltig zu bekämpfen.

STUART REYNOLDS ist emeritierter Professor für Biologie an der Universität Bath und Ehrenmitglied sowie ehemaliger Präsident der Royal Entomological Society. Er interessiert sich besonders dafür, wie die Insekten zur evolutionär erfolgreichsten Tiergruppe wurden.

JOE ROBERTS ist Entomologe und Dozent für integrierten Pflanzenschutz an der Harper Adams University. Er untersucht Interaktionen von Pflanzen und Insekten, um neue Methoden der Schädlingsbekämpfung zu entwickeln, die die Abhängigkeit von synthetischen Insektiziden verringern. Dr. Roberts ist Mitglied der Royal Entomology Society.

ELVA J. H. ROBINSON ist Professorin für Ökologie an der University of York und erforscht die Organisation sozialer Tiergruppen. Ameisen dienen ihr als Modellorganismen. Sie untersucht ihr Verhalten, ihre Evolution und Ökologie, um zu verstehen, wie diese faszinierenden Lebewesen miteinander und mit ihrer Umwelt interagieren.

CHARLIE ROSE ist begeisterter Naturforscher und von Insekten fasziniert. Er hat ihnen seine bisherige Karriere gewidmet und tauscht sich mit privaten und öffentlichen Organisationen zu Themen wie der Ökologie wirbelloser Tiere, ihrer Populationsdynamik und einer für sie vorteilhaften Landnutzung aus.

MICHAEL J. SAMWAYS ist emeritierter Professor mit Ehrendoktorwürde der Universität Stellenbosch in Südafrika und auf den Schutz von Insekten spezialisiert. Er ist Träger des Marsh Award der Royal Entomological

Society, der John Herschel Medal der Royal Society of South Africa sowie der Gold Medal der Academy of Science South Africa.

MANU E. SAUNDERS ist Ökologin und Wissenschaftskommunikatorin. Ihr Forschungsschwerpunkt sind Insektengemeinschaften und ihre Funktion in Ökosystemen. Insbesondere interessiert sie, wie Insekten bei Menschen die Liebe zur Natur wecken können.

FRANCISCA SCONCE möchte ihre Begeisterung für Insekten und die Entomologie anderen Menschen vermitteln. Sie hat in der Forschung gearbeitet und ist heute bei der Royal Entomological Society für Öffentlichkeitsarbeit und Bildung zuständig. Seit 2012 organisiert sie Aktivitäten und arbeitet mit Menschen mit unterschiedlichsten Hintergründen.

LUIGI SEDDA leitet die »Lancaster Ecology and Epidemiology Group« an der Universität Lancaster. Sein Forschungsschwerpunkt sind räumliche Analysen von durch Vektoren übertragenen Krankheiten bei Menschen und Tieren und die Einschätzung von Gesundheitsrisiken im Zusammenhang mit der Verbreitung von Erregern in der Luft.

DAVID SIMCOX führte wissenschaftliche Studien durch, die zur erfolgreichen Wiederansiedlung des Schwarzfleckigen Ameisenbläulings in Großbritannien beitrugen. Dies gelang in Zusammenarbeit mit vielen engagierten Naturschützern und seinen langjährigen Kollegen Jeremy Thomas und Sarah Meredith.

BRENT SINCLAIR ist in Neuseeland aufgewachsen, promovierte an der University of Otago und arbeitete als Postdoktorand in Südafrika und Las Vegas. Er erforscht die Physiologie und Überwinterungsstrategien von Insekten. Derzeit ist er Professor für Biologie an der University of Western Ontario in Kanada.

SANDY SMITH ist auf Forstentomologie sowie die Ökologie und das biologische Management invasiver Waldinsekten am Institute of Forestry & Conservation der Universität Toronto spezialisiert. Sie hat 65 Abschlussarbeiten betreut, mehr als 160 Artikel veröffentlicht, an der Universität unterrichtet und war in zahlreichen Wissenschafts- und Naturschutzorganisationen tätig.

PETER SMITHERS interessiert sich dafür, wie Insekten wahrgenommen werden. Um die Öffentlichkeit zu begeistern, organisiert er Ausstellungen und Konferenzen über die Beziehung der Entomologie zur Kunst. Er hat sich auch mit entomologisch inspiriertem zeitgenössischen Tanz und Opern beschäftigt.

JEROEN VAN STEENIS ist ein niederländischer autodidaktischer Entomologe, der sich seit seinem 14. Lebensjahr für Schwebfliegen interessiert und Mitglied der niederländischen Jugend-Naturschutzorganisation. Er veröffentlichte auch wissenschaftliche Arbeiten und gründete die »Syrphidae Foundation« und das *Journaal van Syrphidae*.

NIGEL STORK ist Entomologe und Ökologe tropischer Regionen sowie emeritierter Professor. Als einer der Ersten erforschte er die Kronenregion von Wäldern. Nach seinem Studium an der Universität Manchester arbeitete er im Natural History Museum in London. 1995 zog er nach Australien, um das nationale Regenwaldforschungszentrum zu leiten. 2016 ging er in den Ruhestand.

JANE STOUT ist Professorin für Ökologie am Trinity College Dublin. Sie ist Mitglied der Royal Entomological Society, Expertin für Bestäubungsökologie und eine prominente Stimme für den Wert der Artenvielfalt. Jane arbeitet fächerübergreifend mit verschiedenen Interessengruppen zusammen, um Verbesserungen im Umweltschutz zu erreichen.

SEIRIAN SUMNER ist Professorin für Verhaltensökologie am University College London. Sie erforscht soziale Insekten und hat eine besondere Vorliebe für Wespen. Sie ist Mitbegründerin des Citizen-Science-Projekts Big Wasp Survey und Autorin des populärwissenschaftlichen Buches *Endless Forms: Why You Should Love Wasps*.

JEREMY THOMAS forschte 50 Jahre lang zur Ökologie und zum Schutz europäischer Schmetterlingsarten. Er war Direktor des CEH Dorset Laboratory des Natural Environment Research Council, bevor er Professor für Ökologie an der Universität Oxford wurde. Außerdem ist er ein ehemaliger Präsident der Royal Entomological Society.

DANA VANLANDINGHAM ist Professorin am College of Veterinary Medicine der Kansas State University, wo sie zu Mücken und den Viren forscht, die sie auf Menschen und Tiere übertragen. Sie hat über 100 wissenschaftliche Artikel veröffentlicht und zahlreiche nationale und internationale Auszeichnungen für ihre Arbeit erhalten.

IAN WALLACE promovierte an der Universität Newcastle zu Köcherfliegenlarven und setzte die Forschung während seiner 40-jährigen Tätigkeit als Kurator für wirbellose Tiere im World Museum Liverpool fort. Ian dokumentiert die Verbreitung von Köcherfliegen und erstellt Bestimmungsschlüssel.

EMMA N. I. WEEKS ist Entomologin. Sie forscht zu medizinischen und veterinärmedizinischen Fragestellungen, die mit dem Verhalten von Gliederfüßern, chemischer Ökologie und biologischer Schädlingsbekämpfung zu tun haben. Derzeit arbeitet sie in Nordspanien als freiberufliche Redakteurin.

ASHLEIGH WHIFFIN ist Entomologin und Museumskuratorin. Früher forschte sie in der forensischen Entomologie, was dazu führte, dass sie sich auf Aaskäfer spezialisierte. Es liegt ihr am Herzen, dass auch weniger beliebte Insekten Beachtung finden und sie trug zur Einrichtung eines nationalen Dokumentationsprogramms für diese Gruppe bei.

JIM WHITFIELD ist emeritierter Professor der Universität Illinois und Mitautor des Lehrbuchs *Introduction to Insect Biology and Diversity*. Er ist Experte für die Systematik und Evolution kleiner Wespen, die Raupen parasitieren und Viren übertragen. Derzeit lebt er an der Südküste von Cornwall.

ANDREW WHITTINGTON liebt Insekten seit seiner Kindheit und bestimmt sie heute beruflich, nachdem er sein Studium in Botanik und Entomologie abgeschlossen und als Museumskurator gearbeitet hat. Er war an weltweiten Feldforschungsprojekten beteiligt und veröffentlichte zahlreiche Fachartikel sowie Buchkapitel über Insekten.

CHARLIE WOODROW ist Nachwuchsforscher der Fachgebiete Entomologie und Biophysik. Er hat an der Universität Lincoln über die Evolution der Lauterzeugung und des Hörens bei Heuschrecken (Orthoptera) promoviert. Darüber hinaus ist er an Projekten zur Erforschung der Sprungfähigkeiten von Insekten und der Biomechanik der Bienenbestäubung beteiligt.

ROGER S. WOTTON ist emeritierter Professor für Biologie am University College London (UCL), wo er Biologie unterrichtete und einen ganzheitlichen Ansatz zur Untersuchung von Gewässern verfolgt. Seit seiner Pensionierung beschäftigt er sich außerdem mit Kunstgeschichte und viktorianischer Naturgeschichte, schreibt zu diesen Themen und hält Vorträge.

CHARLOTTE WRIGHT ist Doktorandin im Tree of Life-Programm am Wellcome Sanger Institute. Mit Methoden der Genomik erforscht sie die Evolution von Schmetterlingen, um mehr über die genetischen Grundlagen der Diversifizierung dieser Gruppe herauszufinden.

HERAUSGEBERINNEN UND HERAUSGEBER

EMILIE AIMÉ ist für die Veröffentlichungen der Royal Entomological Society und für die Themenauswahl der Bücher und Zeitschriften der Gesellschaft verantwortlich. Sie war 15 Jahre lang für verschiedene Gesellschaften und Verlage tätig, hauptsächlich im Bereich wissenschaftlicher Veröffentlichungen und Zeitschriften. Ihr akademischer Hintergrund ist die Zoologie, und sie liebt die Natur seit ihrer Kindheit.

JANE K. HILL ist Ökologin an der Universität York (Vereinigtes Königreich). Sie war Treuhänderin und Präsidentin der Royal Entomological Society (2022–2024) und forscht seit über 30 Jahren zur Ökologie von Insekten. Jane untersucht, wie Insekten auf den Klimawandel reagieren und sich an ihn anpassen. Sie konnte zeigen, dass verschiedene europäische Arten in größere Höhenlagen und nach Norden wandern. Ihre Forschung befasst sich unter anderem damit, wie die Fragmentierung und Zerstörung von Lebensräumen diese Verschiebungen der Habitate beeinflussen und wie sich Schutzgebiete und vernetzte Naturgebiete auf die Vielfalt der Insekten auswirken.

HELEN ROY ist Ökologin beim UK Centre for Ecology & Hydrology und an der Universität Exeter. Ihre Forschung konzentriert sich darauf, wie Umweltveränderungen die Biodiversität und besonders die Insekten beeinflussen. Sie begeistert auch andere gern für Insekten und führt Citizen-Science-Projekte durch. Zudem gehört sie dem Vorstand des »UK Ladybird Survey« an. In den letzten Jahren wurde ihre Forschung zu invasiven Arten herangezogen, um politische Entscheidungen zu treffen. Sie war Co-Vorsitzende der Intergovernmental Science-Policy Platform on Biodiversity and Ecosystem Services (IPBES), die sich mit invasiven Arten und deren Kontrolle befasst. Helen ist Ehrenmitglied und ehemalige Präsidentin der Royal Entomological Society.

ALLAN WATT hat zu vielen Insekten geforscht, von der Kieferneule im Norden Schottlands bis hin zu Ameisen in den Wäldern Kameruns. Nachdem er sich mit Schädlingen in der Landwirtschaft (insbesondere Blattläusen an Getreide) und forstwirtschaftlichen Themen beschäftigt hatte, verlagerte er seinen Schwerpunkt auf die Untersuchung der Faktoren, die die Biodiversität in tropischen Wäldern und europäischen Lebensräumen beeinflussen. Die meisten seiner Forschungsprojekte führte er im Rahmen seiner Tätigkeit für das UK Centre for Ecology & Hydrology durch. Derzeit konzentriert er sich darauf, das Alternet-Netzwerk aufzubauen, um die Forschungskapazitäten zur Biodiversität in Europa zu koordinieren. Er ist Redakteur der Zeitschriften *Agricultural and Forest Entomology* und *Antenna* der Royal Entomological Society.

DANK

ROYAL ENTOMOLOGICAL SOCIETY

Die Herausgeberinnen und Herausgeber dieses Buches möchten sich bei all jenen bedanken, die zu diesem einzigartigen Projekt beigetragen haben. An erster Stelle danken wir den großartigen Autorinnen und Autoren. Nach einer offenen Anfrage an die Mitglieder der Royal Entomological Society erhielten wir Rückmeldung von 263 Freiwilligen, die bereit waren, mitzuwirken. Wir bedauern, dass wir nicht alle einbeziehen konnten, aber die große Resonanz hat uns sehr gefreut und ermutigt. Mehr als 90 Insektenbegeisterte haben schließlich zu diesem Buch beigetragen, von Wissenschaftlerinnen und engagierten Amateuren bis hin zu Experten in bestimmten Fachbereichen. Jeder Beitrag wurde von einer Expertin oder einem Experten der Royal Entomological Society verfasst. All die Beiträge zu einem spannenden und kohärenten Buch zu vereinen war eine Herausforderung, aber auch eine große Freude.

Besonders möchten wir Jim Hardie und Richard Harrington für ihre schnelle Reaktion auf unsere zahlreichen Anfragen sowie für ihr außergewöhnliches Fachwissen danken. Außerdem danken wir Beulah Garner und Shaun Winterton für ihre taxonomische Expertise. Großartig war auch die redaktionelle Unterstützung von Jen Banfield Zanin von der Royal Entomological Society, deren durchdachte und effiziente Arbeit von allen Beteiligten sehr geschätzt wurde.

Das großartige Team von DK und die externen Mitwirkenden begleiteten uns während des gesamten Arbeitsprozesses. Barbara Zuniga und Vicky Read danken wir für das schöne Design und Peter Bull, Dan Crisp und Stuart Jackson-Carter für die wunderbaren Illustrationen. Vielen Dank für eure Geduld bei der Bearbeitung all unserer Vorschläge! Becky Gee, wir danken dir, dass du die Texte großartig lektoriert hast – wir wissen, dass es manchmal nicht ganz einfach war, und schätzten deine konstruktiven Kommentare sehr. Abschließend danken wir Sophie Blackman und Lucy Sienkowska für die professionelle Koordinierung des Projekts. Die Zusammenarbeit war eine Freude. Wir hoffen, dass es euch ebenso viel Spaß bereitet hat, in die faszinierende Welt der Insekten einzutauchen.

DORLING KINDERSLEY

Der Verlag dankt Aditya Kaytal für die Klärung der Bildrechte und Ruth Ellis für das Erstellen des Registers.

DK | Penguin Random House

DK London
Lektorat Katie Cowan, Ruth O'Rourke, Sophie Blackman, Lucy Sienkowska, Becky Gee
Gestaltung und Bildredaktion Maxine Pedliham, Barbara Zuniga, Heather Blagden, Vicky Read, Giulia Garbin
Umschlaggestaltung Emily Cannings, Izzy Poulson
Herstellung Tony Phipps, Samantha Cross
Illustrationen Peter Bull Art Studio, Dan Crisp, Stuart Jackson-Carter

Für die deutsche Ausgabe:
Projektbetreuung Manuela Stern
Herstellungskoordination Katharina Schäfer
Herstellung Sabine Hüttenkofer

Titel der englischen Originalausgabe: Insects

© Dorling Kindersley Limited, London, 2024
Ein Unternehmen der Penguin Random House Group, 20 Vauxhall Bridge Road, London SW1V 2SA
Alle Rechte vorbehalten

© der deutschsprachigen Ausgabe: 2026
Dorling Kindersley Verlag GmbH, Arnulfstr. 124, 80636 München
Alle deutschsprachigen Rechte vorbehalten

Jegliche – auch auszugsweise – Verwertung, Wiedergabe, Vervielfältigung oder Speicherung, ob elektronisch, mechanisch, durch Fotokopie oder Aufzeichnung, bedarf der vorherigen schriftlichen Genehmigung durch den Verlag.

Die automatisierte Analyse des Werkes, um daraus Informationen, insbesondere über Muster, Trends und Korrelationen gemäß § 44b UrhG (Text und Data Mining) zu gewinnen, ist untersagt.

Übersetzung Eva Sixt
Lektorat Barbara Kiesewetter

ISBN 978-3-8310-5228-8
5902-342100-24051-01

Druck und Bindung Leo Paper Products, China

www.dk-verlag.de

Hinweis
Die Informationen und Ratschläge in diesem Buch sind von den Autoren und vom Verlag sorgfältig erwogen und geprüft, dennoch kann eine Garantie nicht übernommen werden.
Eine Haftung der Autoren bzw. des Verlags und seiner Beauftragten für Personen-, Sach- und Vermögensschäden ist ausgeschlossen.

Ein Hinweis zu geschlechtlichen Identitäten
Der DK Verlag erkennt alle geschlechtlichen Identitäten an. Nach Möglichkeit wird im Buch eine gendergerechte Sprache berücksichtigt, sofern dies inhaltlich sinnvoll ist bzw. den historischen Fakten entspricht; stellenweise wird aus Platzgründen oder Gründen der besseren Lesbarkeit jedoch das generische Maskulinum verwendet.

BILDNACHWEIS

Der Verlag dankt folgenden Personen und Organisationen für die freundliche Genehmigung zum Abdruck von Fotos:

(Abkürzungen: o = oben; u = unten; m = Mitte; g = ganz; l = links; r = rechts)

Alamy Stock Photo: Impaint 228 um; The Protected Art Archive 228 mlo; **Biodiversity Heritage Library:** Metamorphosis insectorum surinamensium, Amsterdam: Voor den auteur, als ook by G. Valck,[1705]. biodiversitylibrary.org / page / 4139874 227; **Bridgeman Images:** © Look and Learn 231 ul; **Dan Crisp:** 1, 2, 5, 6, 7, 8, 11, 15, 17, 19, 22, 24, 35, 36, 39, 40, 45, 49, 51, 52-53, 54, 59, 60, 63, 71, 73, 74, 77, 80, 85, 86, 89, 94, 100, 104, 105, 106, 109, 111, 113, 114, 117, 118-119, 120, 123, 125, 128-129, 131, 133, 135, 138-139, 140, 143, 178, 181, 187, 192, 196, 200, 203, 205, 206, 209, 212, 222, 233; **Peter Bull Art Studio:** 12, 13, 89, 123, 127, 144–177; **PLoS Biology:** Illustrationen adaptiert von © 2022 Cheng, Mishra, Cheng L., Mishra H. (2022) Why did only one genus of insects, Halobates, take to the high seas? PLoS Biol 20(4): e3001570. https://doi.org/10.1371/journal.pbio.3001570, CC BY 4.0 DEED; Attribution 4.0 International- https://creativecommons.org/licenses/by/4.0/ 127 u; **Stuart Jackson-Carter:** 21, 22, 26, 27, 29, 31, 33, 42, 45, 47, 54, 57, 65, 67, 69, 79, 82, 91, 93, 97, 109, 127, 137, 189, 199, 215, 219, 221, 224.

Alle anderen Abbildungen © Dorling Kindersley

ZITATNACHWEIS

Der DK Verlag hat sich bemüht, alle Rechteinhaber ausfindig zu machen. Eventuelle Auslassungen werden wir bei entsprechendem Hinweis gern zu einer späteren Auflage korrigieren.
98: Thomas Eisner. For Love of Insects, Harvard University Press, 2025, frei übersetzt
102: May Berenbaum. The value of the little guy, an interview, Mongabay, 6. April 2011, https://news.mongabay.com/2011/04/the-value-of-the-little-guy-an-interview-with-tyler-prize-winning-entomologist-may-berenbaum/
frei übersetzt
182: Jane Goodall. With Love: Ten heartwarming Stories of Chimpanzees in the Wild, Scholastic, Incorporated, 1994, frei übersetzt
190: Meghan Barrett, Bob Fischer und Stephen Buchmann. Informing policy and practice on insect pollinator declines: Tensions between conservation and animal welfare, 2023, https://www.frontiersin.org/journals/ecology-and-evolution/articles/10.3389/fevo.2022.1071251/full
frei übersetzt
194: E. O. Wilson. My wish: Build the Encyclopedia of Life, TED Talk, 2007,
https://www.ted.com/talks/e_o_wilson_my_wish_build_the_encyclopedia_of_life
frei übersetzt
S. 211: Sarah Luke et al.
Grand challenges in entomology: Priorities for action in the coming decades, 2023, https://resjournals.onlinelibrary.wiley.com/doi/10.1111/icad.12637
frei übersetzt
217: Arnold van Huis. Potential of Insects as Food and Feed in Assuring Food Security. Annual Review of Entomology, Vol. **58:** 563–583, 2013, https://www.annualreviews.org/content/journals/10.1146/annurev-ento-120811-153704
frei übersetzt

NOCH MEHR SPASS
UND LESEFREUDE

ISBN 978-3-8310-4541-9

ISBN 978-3-8310-5087-1

ISBN 978-3-8310-4972-1

ISBN 978-3-8310-5197-7

DK

www.dk-verlag.de

Neugierig auf mehr?